Salahoddin Shokranian

Uma Introdução à Teoria dos Números

2ª Edição

Revista e Ampliada

EDITORA CIÊNCIA MODERNA

Uma Introdução à Teoria dos Números – 2ª Edição Revista e Ampliada

Editor: Paulo André P. Marques
Produção Editorial: Dilene Sandes Pessanha
Capa: Cristina S. Hodge
Diagramação: Daniel Jara
Copidesque: Equipe Ciência Moderna

FICHA CATALOGRÁFICA

SHOKRANIAN, Salahoddin

Uma Introdução à Teoria dos Números – 2ª Edição Revista e Ampliada

Rio de Janeiro: Editora Ciência Moderna Ltda., 2022.

1. Matemática 2. Álgebra
I — Título

ISBN: 978-65-5842-193-1 CDD 510
512

Editora Ciência Moderna Ltda.
R. Alice Figueiredo, 46 – Riachuelo
Rio de Janeiro, RJ – Brasil CEP: 20.950-150
Tel: (21) 2201-6662/ Fax: (21) 2201-6896
E-MAIL: LCM@LCM.COM.BR
WWW.LCM.COM.BR **08/22**

Para Zilda

Prefácio

Números primos dominam uma grande parte da matemática, e os estudos sobre eles pertencem à Teoria dos Números.

O objetivo deste livro é apresentar a Teoria dos Números num contexto mais acessível e elementar, e ao mesmo tempo, mais atualizada para alcançar alguns estudos profundos sobre números primos. Este livro tem sete capítulos e contém muitos exemplos e exercícios.

Os Números primos são fundamentais em questões de Criptografia e Teoria de Códigos, e por isso, a tecnologia moderna digital demanda um estudo profissional de Teoria dos Números.

Salahoddin Shokranian (Salahoddin.shokranian@gmail.com)

Brasília, Janeiro de 2008

Prefácio da 2ª Edição

Nesta segunda edição, os erros cometidos na primeira edição foram corrigidos para que a leitura desse livro fique mais fácil e mais prática. A primeira edição desse livro está esgotada e por recomendação da Editora Ciência Moderna, a segunda edição está revisada e ampliada.

As soluções dos exercícios desse livro foram publicadas como um livro separado, em 2016, pela mesma editora, com o título: Soluções e Comentários dos 457 Exercícios do Livro: Uma Introdução à Teoria dos Números do Mesmo Autor.

Será escrita como [Sho 457] na referência no final do presente livro.

Todo nosso esforço é para melhorar a apresentação do texto em teoria dos números para graduação, para que os leitores possam aprender o básico sobre essa área fascinante da matemática.

Nesta segunda edição vamos fazer nos esforçar para chamar a atenção dos interessados em teoria dos números num livro mais fácil e prático, para que os professores e estudantes possam aproveitar ainda mais os conteúdos do livro.

Por fim, esta segunda edição contém mais exercícios e mais comentários.

Salahoddin Shokranian (Salahoddin.shokranian@gmail.com)

Brasília, Julho de 2022

Sumário

Capítulo 1

Números Naturais

Historicamente, a contagem de objetos semelhantes ou idênticos deu início ao que conhecemos hoje como números naturais. Denotaremos por $\mathbb{N}$ o conjunto de números naturais e nos referimos aos axiomas de Peano[1] para uma definição formal de números naturais.

Axiomas de Peano

(1) $\mathbb{N}$ contém o número 1:

(2) Existe uma função $\delta: \mathbb{N} \to \mathbb{N}$ chamada de função sucessora que associa a cada $n \in \mathbb{N}$ o seu sucessor $\delta(n)$. A função δ é injetora e para todo $n \in \mathbb{N}$ vale a desigualdade $\delta(n) \neq 1$;

(3) Se um subconjunto S de $\mathbb{N}$ tem a seguinte propriedade:

(a) $1 \in S$;

(b) Se $n \in \mathbb{N}$ implica $\delta(n) \in S$.

Então, $S = \mathbb{N}$.

A condição (3) é chamada axioma da Indução ou condição da indução.

[1] Giuseppe Peano (1858-1932).

Peano deu grandes passos para o desenvolvimento da teoria de conjuntos, mas, certamente, o Cantor[2] que é considerado como o criador de teoria moderna de conjuntos transfinitos[3].

Como os axiomas de Peano nos mostram através do número 1 podemos definir outros números naturais, e pelo 1, e um número n, podemos definir o número $n+1$ o sucessor de n. Isso também mostra que a suposição de existir somente um número finito de números naturais é falsa. Em outras palavras, o conjunto $\mathbb{N}$ possui infinitos elementos. O conjunto

$$\mathbb{N} = \{1,2,3,\cdots,2010,\cdots\}$$

começa com 1 e pode ser continuado para sempre. Este é o conjunto dos números naturais. Por meio dele, outros conjuntos de números já conhecidos para nós são construídos. Neste conjunto existe uma ordem entre seus elementos de moda que se $m, n \in \mathbb{N}$ são dois elementos distintos então, ou $n > m$ (n é maior que m) ou que $m > n$ (m é maior do que n). Portanto, o número 1 é o menor elemento de $\mathbb{N}$ e o primeiro número natural. A descoberta de número zero só aconteceu mais tarde e a utilidade desse número foi realmente demonstrada por Descartes[4] nos seus estudos da geometria analítica e aplicações, e também números negativos, no contexto de sistema de coordenados. Os sistemas de coordenadas nos trabalhos de Descartes devem ser considerados como a origem de uma vasta área da matemática chamada “Geometria Algébrica”.

Acrescentando número zero ao conjunto $\mathbb{N}$ resulta num conjunto

$$\mathbb{N}' = \{0\} \cup \mathbb{N}$$

Chamado o conjunto de inteiros não negativos. Alguns autores consideram este como o conjunto de números naturais. Neste livro exclusivamente $\mathbb{N}$ é o conjunto de números naturais.

---

[2] Georg Cantor (1845- 1918).

[3] Uma introdução à vida e aos trabalhos de Cantor é apresentada no livro [Dau].

[4] Renê Descartes (1596 -1650).

De um ponto de vista histórico, é uma curiosidade, por que os números negativos e suas aplicações não foram descobertos antes de Descartes? Uma maneira de responder essa pergunta é olhando as obras dos séculos anteriores, como no livro de Al-Khawarazmi[5] intitulado "Algabr-val Moughabelah", podemos ver que as equações como $2x + 5 = 0$ não foram discutidas, e que elas não poderiam ser resolvidas, uma vez que não existia "conceito de números negativos". Os problemas resolvidos representavam as situações reais da vida ligada com divisões da herança, entre outros.

Acrescentando os números negativos $-1, -2, \cdots, -n, \cdots$ ao conjunto $\mathbb{N}'$ chegaremos ao conjunto $\mathbb{Z}$ de números inteiros:

$$\mathbb{Z} = \{\cdots, \cdots, -2, -1, 0,1,2, \cdots, \cdots\}.$$

Da mesma maneira que existe uma ordenação no conjunto $\mathbb{N}$, existe também uma ordenação no conjunto $\mathbb{N}'$, onde o menor elemento é o número zero, e no conjunto $\mathbb{Z}$ a ordenação é de moda que os números negativos satisfazem as ordens $-n - 1 < -n < -n + 1 < \cdots < -1 < 0$. No conjunto de números inteiros, os números positivos, que são números naturais, possuem um "oposto". Pela definição, o oposto de um número natural n é o número inteiro $-n$. Ser oposto quer dizer que vale a igualdade

$$n + (-n) = 0.$$

Portanto, oposto de número 0 é ele mesmo. O negativo de 0 é ele mesmo.

Apesar de não ter falado nada sobre a soma (adição) e sobre outras operações aritméticas de números naturais ou números inteiros, de fato os dois símbolos $+$ e – foram empregados nas discussões supracitadas.

---

[5] Matemático Pérsico do século IX.

1.1 Observações com números

São muitas as observações a respeito de números, e de fato, essas são alicerces para formação de Teoria dos Números como um grande campo da matemática.

Dentro dos conjuntos $\mathbb{N}$, $\mathbb{N}'$ e $\mathbb{Z}$ a soma de números é uma operação fechada (ou operação binária) no sentido de que a soma de quaisquer dois números de $\mathbb{N}$, respectivamente $\mathbb{N}'$ou $\mathbb{Z}$, é um único número de $\mathbb{N}$, respectivamente de $\mathbb{N}'$ ou $\mathbb{Z}$. No conjunto $\mathbb{N}'$ ou $\mathbb{Z}$ o número zero possui propriedades fundamentais:

(1) $0 + 0 = 0$;

(2) O único número somando com ele mesmo que é igual a ele mesmo é o zero.

(3) $0 = -0$.

No conjunto $\mathbb{N}$, respectivamente $\mathbb{N}'$ou $\mathbb{Z}$, existem as operações de multiplicação que é uma forma mais geral de adição e essas são operações fechadas (ou operações binárias) no sentido de que a multiplicação de quaisquer dois números de $\mathbb{N}$ é um número de $\mathbb{N}$, respectivamente $\mathbb{N}'$ou $\mathbb{Z}$. A multiplicação de dois números m, n desses conjuntos é denotada como mn ou $m \cdot n$ ou $m \times n$. Ainda com respeito ao número zero, vale a seguinte e única propriedade que distingui entre número zero e os não nulos:

(4) Para qualquer número m vale $m \cdot 0 = 0 \cdot m = 0$ e se $m \cdot n = 0$ tem se $m = 0$ ou $n = 0$.

Essa propriedade também pode ser reescrita como a seguinte:

(4)´ Para quaisquer dois inteiros não nulos, o produto deles é não nulo.

O número zero não é o único número que tem propriedades peculiares, o número 1 também possui certas propriedades de multiplicação:

(5) $1 \cdot a = a$ para todo número inteiro $a \in \mathbb{Z}$;

(6) Se $a \in \mathbb{Z}$, então $1 \cdot a = 1$ se, e somente se $a = 1$.

Para definir a operação de subtração podemos combinar duas operações, a adição e multiplicação por -1 da seguinte maneira:

(7) $a - b = a + (-1)b$ para todos os números inteiros $a, b \in \mathbb{Z}$.

Obviamente, a operação de subtração para o conjunto dos números naturais ou inteiros não negativos pode não resultar num elemento do mesmo conjunto como $2 - 3 = 2 + (-1)3 = -1$ que não é um número natural e nem um inteiro não negativo. Por isso, nesses conjuntos a operação de subtração não é fechada.

A seguir, vamos formalizar certas propriedades algébricas de operações de soma e de multiplicação no conjunto dos números inteiros.

(8) A operação adição (operação soma) no conjunto dos números inteiros $\mathbb{Z}$ é uma operação comutativa no sentido de que para todos os dois números inteiros a e b vale a identidade

$$a + b = b + a.$$

(9) No conjunto $\mathbb{Z}$, multiplicação é uma operação comutativa. Em outras palavras, para todos os dois números inteiros a e b vale a identidade

$$a \cdot b = b \cdot a.$$

(10) Para todo $a, b, c \in \mathbb{Z}$ vale a propriedade distributiva com respeito de soma e multiplicação na identidade seguinte:

$$a \cdot (b + c) = a \cdot b + a \cdot c.$$

Sem uma definição clara de divisão não se pode falar se a divisão é ou não uma operação fechada nos conjuntos como $\mathbb{N}$, $\mathbb{N}'$ ou $\mathbb{Z}$. Sem uma definição para divisão também não temos como explicar o que é o conjunto de números racionais (ou números fracionários).

Definição 1.1. Sejam $a, b \in \mathbb{Z}$ e $b \neq 0$. Nós dizemos que b divide a em $\mathbb{Z}$ quando existe um único inteiro c tal que $a = bc$. Neste caso, também dizemos que b é um divisor de a ou que a é divisível por b.

De acordo com essa definição todo número inteiro a tem pelo menos dois divisores inteiros, os números 1 e -1. De fato, sempre pode ser determinado o único inteiro c tal que $a = 1 \cdot c$, ou que $a = -1 \cdot c$. Para $b = 1$ o número $c = a$ e para $b = -1$ o número $c = -a$.

Mas, nem sempre um número inteiro possui divisores diferentes de 1 e -1, e isso nos direciona a outro conjunto de números, os números racionais.

Um número racional é um número fracionário de forma $\frac{a}{b}$ onde $a, b \in \mathbb{Z}$ e $b \neq 0$. Nesta, a definição da divisão nos inteiros (Definição 1.1) é generalizada de forma que $c = \frac{a}{b}$. Logo, $a = \frac{a}{c} \cdot c$.

O conjunto dos números racionais, também como os conjuntos $\mathbb{N}$, $\mathbb{N}'$ ou $\mathbb{Z}$ é um conjunto infinito que possui infinitos elementos. Neste conjunto também existem as operações da soma e multiplicação. Denotaremos por $\mathbb{Q}$ o conjunto de números racionais. Neste conjunto a operação de soma e a multiplicação são definidas respectivamente da seguinte maneira:

$$\frac{a}{b} + \frac{c}{d} = \frac{ad+cb}{bd}, \text{ respectivamente } \frac{a}{b} \cdot \frac{c}{d} = \frac{ac}{bd}.$$

A definição de soma e multiplicação no conjunto de números racionais mostra que uma fração $\frac{a}{b}$ é zero se, e somente se $a = 0$, pois quando $\frac{a}{b} = 0$ então, $a = 0b = 0$. Também, se $a = 0$ então, $\frac{0}{b}$ =c implica que $0 = bc$ e daí $c = 0$ sendo $b \neq 0$.

O oposto de um número racional $\frac{a}{b}$ é o seu negativo $-\frac{a}{b}$. Isso quer dizer que $\frac{a}{b} - \frac{a}{b} = 0$. A diferença de dois números racionais é definida como soma com o oposto, em outras palavras:

$$\frac{a}{b} - \frac{c}{d} = \frac{a}{b} + \left(-\frac{c}{d}\right) = \frac{ad - cb}{bd}$$

Proposição 1.2. (1) dois números racionais $\frac{a}{b}$ e $\frac{c}{d}$ são iguais se, e somente se $ad = bc$.

(2) Se $c = \frac{a}{b}$ é um número racional então, $c = \frac{ak}{bk}$ para todo número inteiro não nulo k. Obviamente, isso também vale para todo número racional não nulo k.

Demonstração. Se $\frac{a}{b} = \frac{c}{d}$ então, $\frac{a}{b} - \frac{c}{d} = 0$. Logo, $\frac{ad-cb}{bd} = 0$. Isso implica que $ad - cb = 0$ então $ad = cb$. Reciprocamente, da igualdade $ad = cb$ após divisão por bd segue $\frac{a}{b} = \frac{c}{d}$. Para demonstrar o item (2) observamos que se $c = \frac{a}{b}$ então $a = bc$, e para todo número inteiro k vale a igualdade $ak = cbk$. Vamos supor que $k \neq 0$ então $c = \frac{ak}{bk}$. Reciprocamente, se $c = \frac{ak}{bk}$, onde k é um número inteiro não nulo, temos que $cbk = ak$. Isso implica que $(cb - a)k = 0$, mas sendo $k \neq 0$, então $cb = a$, ou seja, $c = \frac{a}{b}$. O caso geral para k , um número racional não nulo, é semelhante. □

Resumindo, podemos anunciar o seguinte teorema:

Teorema 1.3. Um número racional c é igual a uma fração $\frac{a}{b}$ se, e somente se $c = \frac{ak}{bk}$ para todo número inteiro não nulo k.

Outra propriedade envolvendo números inteiros e racionais é a seguinte cadeia de inclusões:

$$\mathbb{N} \subset \mathbb{N}' \subset \mathbb{Z} \subset \mathbb{Q}, \tag{1.1}$$

onde como sabemos $\mathbb{Q}$ é o conjunto de números racionais e pelo teorema precedente pode ser definido como

$$\mathbb{Q} = \left\{\frac{a}{b} \,\middle|\, a, b \in \mathbb{Z}, b \neq 0\right\} \tag{1.2}$$

De fato, a última inclusão de (1.1) deve ser lida como "$\mathbb{Z}$ é identificado como um subconjunto de $\mathbb{Q}$". Essa identificação é dada explicitamente pela seguinte função:

$$n \to \frac{n}{1},$$

que associa um número inteiro n qualquer o número racional $\frac{n}{1}$.

Neste momento, nós não entraremos na discussão de números reais e complexos ou p-ádicos e sistemas de numeração não comutativos, mas todos esses sistemas de numeração são fundamentais para criação e resolução de certos problemas em teoria dos números. Por enquanto, mencionamos que na época de Fermat[6] o estudo de números no contexto de uma área da matemática conhecida hoje com o nome de Teoria dos Números se limitava aos estudos e usos de números naturais e inteiros. Com o avanço do tempo e aumento de conhecimentos, gradualmente outros sistemas de números como racionais, reais, complexos e p-ádicos foram mais e melhor entendidos e ficaram à disposição de estudos de teoria dos números e seus problemas mais avançados e mais complicados, e assim, esses sistemas foram aplicados cada vez mais nesta área da matemática.

[6] Pierre de Fermat (1601 – 1665).

Como contrapartida de números racionais existem os números irracionais. Nós não estamos definindo números reais neste livro[7], mas estamos utilizando em várias ocasiões "números reais". Uma maneira para imaginar que números reais existem é considerar o eixo Ox do sistema de coordenadas. Todos os elementos neste eixo são números reais. Pode também marcar os números naturais e inteiros, mas não é possível marcar os números racionais e reais. Dentro de conjunto de números reais um número real é chamado número irracional se, e somente se ele não é racional. A existência de números irracionais é uma das descobertas da escola grega antiga. Os gregos sabiam que a hipotenusa de um triângulo retângulo isósceles com lados iguais à unidade (número um) não poderia ser um número racional (fração de dois números inteiros). A observação deles não estava baseada na aritmética, mas estava baseada na geometria de conceitos geométricos de medidas de segmentos de reta. Mas hoje é uma tarefa fácil de demonstrar que $\sqrt{2}$ é um número irracional. No próximo capítulo veremos como é provado este fato.

1.2 Algarismos

Todos os números naturais podem ser reescritos como uma soma e potenciação de dez números do conjunto

$$\{0,1,2,3,4,5,6,7,8,9\}$$

Esse é o conjunto de base decimal (ou decimais naturais). Seja

$$a = a_{n-1}a_{n-2}\cdots a_1a_0 \tag{1.3}$$

um número natural cujos decimais naturais são $a_{n-1}, a_{n-2}, \cdots, a_1, a_0$, onde $a_{n-1} \neq 0$. O número n é igual à quantidade de decimais naturais utilizada para escrever a. O número a_0 é chamado de unidade, o número a_1 é chamado de dezena, o número a_2 é chamado de centena etc. Quando um

---

[7] Para uma definição de números reais baseada no conceito de limite de certas sequências de números racionais veja o livro [Sho alg1].

número natural está escrito na forma anterior (1.3) dizemos que ele foi escrito em representação decimal (ou na base decimal). Obviamente, o que nós conhecemos dos números naturais são representados em geral na base decimal como todos os números do conjunto $\{0,1,2,3,4,5,6,7,8,9\}$, como números $1001, 20, 14390201$ e todos os outros. Para explicar a terminologia de base decimal notamos que o número a na expressão (1.3) pode ser reescrito como a seguinte soma de potências:

$$a = a_{n-1}10^{n-1} + a_{n-2}10^{n-2} + \cdots + a_1 10 + a_0, \qquad (1.4)$$

onde $a_{n-1} \neq 0$. A representação acima (1.4) será chamada de representação na base decimal (ou representação potenciação) de a Para separar os conceitos e definições chamaremos os números $a_{n-1}, a_{n-2}, \cdots, a_{1,} a_0$ de coeficientes da representação da base decimal. Ela mostra que todo número natural pode ser escrito de uma forma única como soma de seus decimais naturais vezes potências de número 10.

Por exemplo, $1001 = 1 \times 10^3 + 0 \times 10^2 + 0 \times 10 + 1$, ou o número $20 = 2 \times 10 + 0$, e o número 14390201 possui 8 decimais naturais, portanto $n = 8$. Então, tem se

$$14390201 = 1 \times 10^7 + 4 \times 10^6 + 3 \times 10^5 + 9 \times 10^4 + 0 \times 10^3 + 2 \times 10^2 + 0 \times 10 + 1.$$

Agora, formalmente definimos o algarismo.

Definição 1.4. Nas representações anteriores de um número natural, os decimais naturais $a_{n-1}, a_{n-2}, \cdots, a_{1,} a_0$ são chamados de algarismos[8] de a e o n é a quantidade de algarismos (ou o número de algarismos) de a.

Por exemplo, os números que somente têm um algarismo são exatamente os decimais naturais (0 até 9). Os números de dois algarismos são de 10 até 99. A lista de números naturais com três algarismos começa

[8] Em homenagem a Al-Khawarazmi, o matemático de século IX.

com 100 e termina em 999. Essas duas últimas listas podem ser reescritas como o conjunto de números naturais entre 10^1 até $10^2 - 1$ e de 10^2 até $10^3 - 1$, respectivamente. Portanto, temos o seguinte resultado:

Proposição 1.5. A lista dos números naturais de n algarismos começa com 10^{n-1} e termina em$10^n - 1$.

Demonstração. Para um dado número natural a de n algarismos na sua representação decimal como na expressão (1.4) a potência 10^{n-1} representa a maior potência de 10, que é exatamente o menor número natural de n algarismos quando todos os números a_{n-2} até a_0 são zero e $a_{n-1} = 1$. E então 10^{n-1} representa o menor número natural com n algarismos. Por outro lado, o número $10^n - 1$ representa um número natural na sua base decimal com seus coeficientes todos iguais a 9. Logo, este número é o maior número natural com n algarismos. Também podemos contar a lista dos números naturais que começa com 10^{n-1} e termina em $10^n - 1$ para saber quantos números naturais de n algarismos existem. Quantos? □

Notação 1.6. O símbolo ‖ n ‖ denota o número de algarismos de um número natural n.

Observamos que nem todos os números naturais são escritos de forma que facilmente podemos contar seus números de algarismos como, por exemplo, os números $2^{15}, 3^{10}, 81^{100}$ ou números como $2^n - 1$, $n!$, etc. Baseado neste fato, podemos nos perguntar se há uma maneira de calcular o número de algarismos desses e outros números naturais?

Começamos a responder essa pergunta com a seguinte notação.

Notação 1.7. (1) Para um número real x, $\lfloor x \rfloor$ denota o seu chão, e ele é igual ao maior número inteiro menor ou igual a x.

Por exemplo, $\lfloor 8{,}02 \rfloor = 8$, $\lfloor -9{,}8 \rfloor = -10$, $\lfloor 0 \rfloor = 0$, $\lfloor 11 \rfloor = 11$.

(2) $\lceil x \rceil$ denota o teto de x. Ele é igual ao menor número inteiro maior ou igual a x.

Por exemplo, $\lceil 8{,}02 \rceil = 9$, $\lceil 9{,}8 \rceil = 10$, $\lceil \pi \rceil = 4$, $\lceil 0 \rceil = 0$, $\lceil 11 \rceil = 11$.

(3) Denotaremos por $\lceil x \rfloor$ o número inteiro mais próximo a x. Mais precisamente definimos que

$$\lceil x \rfloor = \left\lfloor x + \frac{1}{2} \right\rfloor$$

Então, $\lceil \pi \rfloor = 3$, $\lceil 9{,}02 \rfloor = 9$, $\lceil -9{,}8 \rfloor = -10$, $\lceil 3{,}5 \rfloor = 4$, e $\lceil -3{,}5 \rfloor = -3$ pela igualdade precedente.

Proposição 1.8. Seja a um número inteiro não negativo e k um número natural. Então,

$$\| a^k \| = 1 + \lfloor k \log_{10} a \rfloor$$

Demonstração. Seja $n = \| a^k \|$. Existem números naturais $b_{n-1}, b_{n-2}, \cdots, b_1, b_0$ tal que a representação de a^k na base decimal pode ser escrita como:

$$a^k = b_{n-1}10^{n-1} + b_{n-2}10^{n-2} + \cdots + b_1 10 + b_0$$

Reescrevemos essa igualdade como:

$$a^k = 10^{n-1}\left(b_{n-1} + \frac{b_{n-2}}{10} + \cdots + \frac{b_1}{10^{n-2}} + \frac{b_0}{10^{n-1}}\right) = 10^{n-1}B$$

onde $\left(b_{n-1} + \frac{b_{n-2}}{10} + \cdots + \frac{b_1}{10^{n-2}} + \frac{b_0}{10^{n-1}}\right) = B$, e os coeficientes dessa soma satisfazem às desigualdades $1 \le b_{n-1} \le 9,\ 0 \le b_{n-2} \le 9,\ \cdots, 0 \le b_0 \le 9$. Por essas desigualdades têm-se que:

$$\log_{10} a^k = \log_{10} 10^{n-1} + \log_{10} B$$

Então $k \log_{10} a = n - 1 + \log_{10} B$, e daí,

$$n - 1 = k \log_{10} a - \log_{10} B$$

Sendo $B < 10$ temos que $\log_{10} B < 1$. Isso implica que $n - 1 = \lfloor k \log_{10} a \rfloor$, o mesmo que $n = \| a^k \| = 1 + \lfloor k \log_{10} a \rfloor$. Isso completa a demonstração □

O mesmo método utilizado na demonstração da proposição anterior rende a seguinte fórmula geral para calcular o número de algarismos dos números naturais n (veja Exercício 70 no final desse capítulo):

$$\| n \| = 1 + \lfloor \log_{10} n \rfloor \tag{1.5}$$

Por exemplo, com referência à proposição precedente pode calcular que 2^{15} é um número natural de 5 algarismos. De fato, tem-se:

$$\| 2^{15} \| = 1 + \lfloor n \log_{10} 2 \rfloor = 1 + \lfloor 15(0{,}3010299) \rfloor = 1 + 4 = 5$$

Para confirmar o nosso cálculo, notamos que $2^{15} = 2^5 \cdot 2^5 \cdot 2^5 = 32 \times 32 \times 32 = 32768$.

Como outro exemplo, o número 81^{100} possui $1 + \lfloor 100 \log_{10} 81 \rfloor = 191$ algarismos. Perguntas semelhantes podem aparecer, por exemplo, qual é o número de algarismos de números de forma $a^k + m$? Essa pergunta pode não ter uma resposta definitiva quando os valores de a, k e m não são indicados. Mas, em certos casos, podemos dar uma resposta final como no próximo exemplo.

Exemplo 1.9. (1) Vamos calcular o número de algarismos de números de forma $2^k - 1$. Esses números são geralmente denotados M_k e são chamados números de Mersenne. Observamos que 2^k não é igual a uma potência de 10, digamos 10^ℓ para algum número natural ℓ, pois as unidades de 2^k somente podem ser $2, 4, 6$ ou 8. Portanto, não pode ser interpretado o número $2^k - 1$ como um número natural na sua representação decimal. Agora, o número de algarismos desse número é exatamente igual ao número de algarismos de 2^k (isso pode ser visto e demonstrado trocar 10 por 2 na

Proposição 1.5). Por outro lado, o número de algarismos de 2^k é igual a $1 + \lfloor k \log_{10} 2 \rfloor$. Daí, temos que

$$\| M_k \| = 1 + \lfloor k \log_{10} 2 \rfloor = 1 + \lfloor k \cdot 3{,}0078125 \rfloor \qquad (1.6)$$

(2) Em outro caso importante, vamos calcular o número de algarismos de números de forma $2^{2^n} + 1$ que geralmente são denotados F_n e são conhecidos como números de Fermat. De novo, como no caso anterior, a unidade de 2^{2^n} não pode ser o número 9 e, portanto, os números F_n e 2^{2^n} têm os mesmos números de algarismos. Logo, temos que:

$$\| F_n \| = 1 + \lfloor 2^n \log_{10} 2 \rfloor = 1 + \lfloor 2^n \cdot 3{,}0078125 \rfloor \qquad (1.7)$$

Como consequências de fórmulas (1.6) e (1.7) temos que o número de algarismos de M_{111} é 34 e o número de algarismos de F_{10} é 309.

Continuando com as perguntas relacionadas à questão de número de algarismos de números naturais, em geral não é possível dar uma resposta definitiva as essas perguntas tratando de número de algarismos de soma ou diferença de números naturais, exceto, possivelmente, dar uma estimativa às quantidades de números de algarismos. Por exemplo, a soma de dois números 21 e 314 é 335. Enquanto 21 possui dois algarismos e 314 possui 3 algarismos, o número 335 possui também três algarismos. Como outro exemplo, $\| 99 \| = 2$ e $\| 1 \| = 1$, mas $\| 99 + 1 \| = \| 100 \| = 3$.

Não somente sobre a soma ou diferença de números, não sabemos como dar uma resposta definitiva de números de algarismos, sobre o produto de números também não temos uma resposta final. Por exemplo, enquanto produto de dois números como 2 e 4 cada um de um algarismo possui também um algarismo, mas o produto de 2 e 5 possui dois algarismos. As nossas experiências de soma e produto de números naturais nos leva a anunciar o seguinte resultado que pode ser utilizado para dar uma estimativa de número de algarismos.

Proposição 1.10. Sejam m e n dois números naturais. Então valem as seguintes desigualdades:

(1) $\| m+n \| \leq \| m \| + \| n \|$; (Desigualdade de triângulo)

(2) $\| mn \| \leq \| m \| + \| n \|$.

O leitor deve notar que a desigualdade como

$$\| mn \| \leq \| m \| \cdot \| n \|$$

em geral, é falsa. Por exemplo, $2 = \| 3 \cdot 4 \| \leq \| 3 \| \cdot \| 4 \| = 1$ é obviamente impossível.

1.2.1 Divisão e multiplicação

Na matemática, a divisão pode ser definida como uma aplicação da multiplicação. Quando dizemos que a fração $\frac{a}{b} = c$ (com $b \neq 0$), estamos garantindo que $a = bc$. Essa definição era uma situação de debate no contexto da filosofia grega, pois para alguns filósofos, em geral, a fração e divisão não foram consideradas na forma que vimos hoje. Para eles o conceito da fração de dois números não nulos deveria ter definido independente de uso da multiplicação. Mas, hoje em dia, nós aceitamos que a definição de divisão envolve o conceito da multiplicação. Aqui essa discussão será deixada de lado e vamos considerar a seguir o conceito da divisão e divisor. Queremos, inicialmente, definir divisão no conjunto de números naturais $\mathbb{N}$. De fato, de acordo com a Definição 1.1 em vez de $\mathbb{Z}$ pode se considerar $\mathbb{N}$ e a definição será a mesma.

Então quando um número natural não nulo b divide um número natural a existe único número natural c tal que

$$a = bc = cb$$

Quando b divide a, b é um divisor de a. Além disso, o número c é chamado resultado da divisão é também um divisor de a, pois ele também divide a pela mesma definição e neste caso b é resultado da divisão. Quando b divide a usaremos a notação

$$b|a$$

Quando b não divide a usaremos a notação

$$b \nmid a$$

Quando $b|a$, dizemos que a é divisível por b. Portanto, todo número natural é divisível por 1. E como já tínhamos explicado todos os números inteiros são divisíveis por 1 e -1. Denotaremos por $Div(a)$ o conjunto dos divisores de um número natural a. Este é um conjunto finito que sempre contém o número 1. E, em resumo temos o seguinte:

$$Div(a) = \{x \in \mathbb{N} | \ x|a\} \tag{1.8}$$

Baseado nisto temos o seguinte resultado.

Lema 1.11. $Div(a)$ é um conjunto não vazio, finito e sempre contém os números 1 e a.

Demonstração. Os divisores b de a satisfazem a igualdade $b \leq a$. Por outro lado, $b \geq 1$. Logo, $1 \leq b \leq a$, pois a sempre divide ele mesmo, de fato $a = a \cdot 1$. A última desigualdade limita as possibilidades de b ser um divisor de a. Também é claro que 1 divide a, pois sempre $a = 1 \cdot a$. Logo, $1 \in Div(a)$, e então ele não é vazio, e existe um número finito de possibilidades para divisores $1 \leq b \leq a$. □

Entre os divisores de a alguns têm nomes específicos, em particular, chamaremos a de divisor impróprio de a. Todos os outros são divisor próprio.

Por exemplo, $Div(1) = \{1\}$, $Div(2) = \{1, 2\}$, $Div(3) = \{1,3\}$, $Div(8) = \{1,2,4,8\}$, $Div(212) = \{1,2,4,53,106,212\}$ e $Div(2007) = \{1,3,9,223,2007\}$.

Uma vez que entendemos o que são os divisores de um número natural podemos definir a importante noção de números primos.

Definição 1.12. Um número natural $p > 1$ é um número primo se, e somente se ele possui somente dois divisores, 1 e p. Em outras palavras se, e somente se $Div(p) = \{1, p\}$.

Definição 1.13. Para dois números naturais definimos o maior divisor comum (ou máximo divisor comum) deles ser o maior número natural que divide ambos.

Geralmente, denotamos por $[a, b]$ (ou por $mdc(a, b)$) o maior divisor comum de a e b. Em particular, temos que $[a, b]$ é o maior número que existe na interseção $Div(a) \cap Div(b)$. E nós dizemos que dois números são coprimos (ou primos entre si) se, e somente se, o maior número que divide os dois é o número 1.

Exemplo 1.14. (1) A definição de números coprimos mostra que se a e b são coprimos então $Div(a) \cap Div(b) = \{1\}$.

(2) Se b é um número natural então, a igualdade precedente mostra que $[a, b] = 1$.

(3) Se p e q são números primos distintos então, $[p, q] = 1$, pois neste caso $Div(p) \cap Div(q) = \{1\}$.

(4) Sempre vale a igualdade $[a, b] = [b, a]$. Chamaremos isso de propriedade comutativo de máximo divisor comum.

1.2.2 O máximo divisor comum em $\mathbb{Z}$, valor absoluto em $\mathbb{Q}$

Podemos estender a definição de máximo divisor comum de conjunto dos números naturais ao conjunto de números inteiros. Para isso e para uso de futuro é importante começar com a definição de valor absoluto, que é muito utilizada em análise de variável real e complexa.

Definição 1.15. O valor absoluto de um número racional x é definido mesmo como x se ele é não negativo, e definido como $-x$ se x é não positivo. Nessa está encapsulado que o valor absoluto do número zero é zero.

Logo, como é costume denotamos o valor absoluto de x pelo $|x|$. A definição precedente mostra que o valor absoluto é uma função de conjunto de números racionais $\mathbb{Q}$ em conjunto de números racionais não negativos $\mathbb{Q}_{\geq 0}$. Podemos resumir a definição precedente como

$$|x| = \begin{cases} x & \text{se } x \geq 0 \\ -x & \text{se } x \leq 0 \end{cases} \tag{1.9}$$

Obviamente, essa definição serve também para os subconjuntos de $\mathbb{Q}$, como $\mathbb{Z}$. Assim, o valor absoluto de um número inteiro não nulo sempre é um número natural.

A propriedade de valor absoluto pode ser vista como algumas das propriedades de normas (veja, por exemplo, o livro [Sho ex4]). Nós mencionaremos que o valor absoluto satisfaz as seguintes propriedades básicas. Para todos os números racionais x e y:

(1) $|x \cdot y| = |x| \cdot |y|$ (Propriedade multiplicativo);

(2) $|x + y| \leq |x| + |y|$ (Desigualdade de triângulo);

(3) $\big||x|\big| = |x|$ (Preservação pelo valor absoluto).

Nós podemos considerar o conjunto de números naturais como um subconjunto de números inteiros e assim considerar a questão de determinar os divisores de um número natural dentro do conjunto de números inteiros. A expectativa para responder esta questão é que o número dos divisores vai dobrar. De fato, os divisores inteiros de um número natural a são todos os números inteiros que dividem a. Portanto, se b é um divisor natural de a então além de b, o número inteiro $-b$ também divide a no conjunto $\mathbb{Z}$. Algumas vezes para indicar que estamos interessados nos divisores de um número natural no conjunto dos números inteiros utilizamos a notação $Div_{\mathbb{Z}}(a)$.

Por exemplo, para um número primo p temos que:

$$Div_{\mathbb{Z}}(p) = \{1, -1, p, -p\}$$

que é um conjunto de quatro elementos, ao contrário do conjunto de dois elementos $Div(p) = \{1, p\}$.

Daqui por diante, nós geralmente escrevemos $Div(a)$ para $Div_{\mathbb{Z}}(a)$ a menos que seja difícil para entender qual conjunto de divisores estamos considerando.

A noção de divisor comum ou maior divisor comum pode ser estendida aos números inteiros $\mathbb{Z}$ sem grande dificuldade utilizando o valor absoluto de números inteiros.

Definição 1.16. Como antes relembramos que se a e $b \in \mathbb{Z}$ e $b \neq 0$ dizemos que b divide a se, e somente se existe um único número inteiro c tal que $a = bc = cb$. Agora desconsiderando os sinais dos números (positivo ou negativo) temos que o valor absoluto $|b|$ também divide a e $|a|$. Por isso podemos definir que o máximo divisor comum de dois números inteiros a e b é dada pela

$$[a, b] = [b, a] = [|a|, |b|]$$

Se $a = 0$, mas $b \neq 0$, então temos que $[0, b] = [0, |b|] = |b|$.

Observamos que para o número zero também podemos definir o conjunto $Div_{\mathbb{Z}}(0)$. De fato

$$Div_{\mathbb{Z}}(0) = \mathbb{Z} - \{0\}, \tag{1.10}$$

pois, todo número não nulo divide zero. É claro que $b|0$, pois sempre vale a igualdade $0 = b \cdot 0$. Notamos também que $[0,0]$ não é definido, isso é consequência de fato de que não existe um único (ou seja maior) número que divide 0.

Proposição 1.17. Sejam a e $b \in \mathbb{Z}$. Se $m \in Div(a) \cap Div(b)$ então, $m \in Div(a+b)$, $m \in Div(a-b)$, $m \in Div(a \cdot b)$, e $m \in Div(xa+yb)$ para todo número inteiro x e número inteiro y.

Demonstração. Quando $m \in Div(a) \cap Div(b)$ então existem números inteiros c e d tais que $a = mc$ e $b = md$ respectivamente. Logo, $a + b = m(c+d)$ que implica $m \in Div(a+b)$. E a igualdade $a - b = m(c-d)$ implica que $m \in Div(a-b)$. A multiplicação $ab = m(mcd)$ mostra que $m \in Div(ab)$. Por outro lado, temos que $m|xa$, e $m|yb$. Logo, $m|xa+yb$. Isso quer dizer que $m \in Div(xa+yb)$. □

A demonstração da seguinte proposição será dada na Seção 1.4.

Proposição 1.18. Para todos os números inteiros não nulos a e b valem as seguintes:

(1) $[a,b]|\,|a|$, $[a,b]|\,|b|$;

(2) $[a,b] \leq |a|$, $[a,b] \leq |b|$;

(3) $[a,a] = |a|$;

(4) $[a,b]$ é o maior inteiro que satisfaz item (1);

(5) $[a+b,b] = [a,b] = [a,a+b]$;

(6) $[a-b,b] = [a,b] = [a,a-b]$;

(7) Em geral para todos os números inteiros não nulos x e y vale:

$$[a+yb,b] = [a,b] = [a,xa+b]$$

Veja Exercício (68) com respeito do item (7) dessa proposição.

1.3 O princípio da minimalidade

Esta seção começa com o seguinte princípio matemático cuja simplicidade não deixa de ser de grande aplicação nos assuntos a seguir, e em toda a teoria dos números e muitos lugares de matemática.

Princípio 1.19. Todo conjunto não vazio de números naturais possui um menor número, a ser chamado elemento mínimo.

Este princípio que também é conhecido como princípio de boa ordenação pode ser visto como um fato óbvio para conjuntos de números naturais que não são vazios, e também serve para conjunto de números não negativos. A razão disso são esses conjuntos, como já tínhamos explicado, possuírem uma "ordenação", a ordenação de um número ser maior que outro (denotado $>$) ou menor ($<$) entre seus elementos. Mas, nem todos os conjuntos de números satisfazem o princípio de boa ordenação. Por exemplo, o conjunto dos números racionais e qualquer subconjunto infinito dele não satisfazem a boa ordenação, pois entre cada dois números racionais sempre existem infinitos números racionais. Para ter uma situação melhor nas aplicações de princípio de boa ordenação para certos conjuntos de números maiores do que os números naturais, devemos impor a condição de que todos os elementos devem ser maiores que um dado elemento n_0. Isto é, por exemplo, no conjunto dos números inteiros $\mathbb{Z}$ que não possui o menor número podem ser considerados os subconjuntos como $M_0 = \{x \in \mathbb{Z}\,|x > n_0\}$ para um dado número inteiro n_0. Agora esse conjunto certamente satisfaz a condição da boa ordenação e o princípio da minimalidade.

Antes de prosseguir vamos oficializar o fato de que alguns subconjuntos infinitos de números racionais não satisfazem o princípio de minimalidade. De fato, seja r_0 um número racional. Considere o subconjunto $A = \{x \in \mathbb{Q}\,|x > r_0\}$. Este subconjunto não possui o menor número. Primeiramente $r_0 \notin A$, e se $a \in A$ sempre existe uma sequência infinita entre a e r_0. Mais precisamente, $r_0 < \frac{a+r_0}{2} < a$ que pode ser verificada de imediato. Agora se $r_1 = \frac{a+r_0}{2}$, então $r_0 < r_1 < \frac{a+r_1}{2} < a$, e da mesma forma se $r_2 = \frac{a+r_1}{2}$, tem se $r_0 < r_1 < r_2 < \frac{a+r_2}{2} < a$. Assim, será formada a seguinte sequência:

$$r_0 < \frac{a+r_0}{2}, \frac{a+r_1}{2}, \frac{a+r_2}{2}, \cdots, \frac{a+r_n}{2}, \cdots < a$$

Ou a seguinte:

$$r_0 < r_1 < r_2 < \cdots < r_n < \cdots < a$$

onde, $r_k = \frac{a+r_{k-1}}{2}$ para todo número natural $k \geq 1$. Obviamente, a nossa definição para esta sequência, inicialmente é feita por meio de definir números médias para dois números r_0 e a, que é o número r_1, e r_2 é a média dos números r_1 e a, e assim por diante, o número r_k é a média de r_{k-1} e a. De fato essa é uma sequência que tende para o número a.

É uma sequência entre a e r_0 que não possui o menor elemento. Mas é claro que um subconjunto de números racionais como $B = \{x \in \mathbb{Q} \,|x \geq r\}$ possui o elemento mínimo que é r. Da mesma forma que o conjunto A não possui um elemento mínimo, os subconjuntos como $C = \{x \text{ número real } |x > t\}$ para qualquer número real t também não possuem elemento mínimo.

É uma razão "topológica" que conjuntos como M_0 satisfazem o principio de minimalidade, mas que outros como A e C não satisfazem essa propriedade. Em simples palavras, pois M_0 é um subconjunto "discreto" de $\mathbb{Z}$ com uma cota inferior, o número n_0.

A nossa apresentação de princípio da minimalidade serve bem para o importante conceito matemático conhecido como indução matemática.

1.3.1 Indução Matemática

Uma das aplicações mais concretas do princípio de minimalidade é a Indução Matemática, cujo potencial nas demonstrações de resultados matemáticos é bem conhecido. Indução Matemática é uma maneira teórica para provar algumas proposições matemáticas que são funções de números naturais, ou números inteiros com uma cota inferior. Mas precisamente, definimos que números inteiros com uma cota inferior são aqueles conjuntos que são limitados pela esquerda por um número inteiro n_0. Em outras palavras, são conjuntos $\mathbb{Z}_{n_0}$ definidos como:

$$\mathbb{Z}_{n_0} = \{n \in \mathbb{Z} \mid n \geq n_0\} \tag{1.11}$$

O conjunto $\mathbb{Z}_{n_0}$ é obviamente não vazio, pois mesmo o número n_0 é um elemento dele, e na verdade contém enumeráveis elementos (números inteiros). Como um exemplo, observamos que $\mathbb{N} = \mathbb{Z}_1$ para $n_0 = 1$, e $\mathbb{N}' = \mathbb{Z}_0$ para $n_0 = 0$.

Para iniciar a apresentação de Indução Matemática, denotamos por $S(n)$ uma proposição matemática definida como uma função de elementos de $n \in \mathbb{Z}_{n_0}$ para um dado $n_0 \in \mathbb{Z}$. O seguinte é o teorema básico com respeito da Indução Matemática:

Teorema 1.20 (Teorema de Indução Matemática**)**. Seja $S(n)$ uma proposição matemática satisfazendo as seguintes duas condições. Então $S(n)$ é verdadeira para todo $n \in \mathbb{Z}_{n_0}$:

(1) $S(n_0)$ é verdadeira;

(2) para cada número $n \in \mathbb{Z}_{n_0}$, o fato de $S(n)$ ser verdadeira implica $S(n+1)$ também ser verdadeira.

Demonstração. Definimos o conjunto dos números onde $S(n)$ é falsa:

$$F = \{\ell \in \mathbb{Z}_{n_0} \mid S(\ell) \text{ é falsa}\}$$

Se esse conjunto é vazio então não há nada para demonstrar e o teorema é verdadeiro. Vamos supor então que $F \neq \emptyset$. Em outras palavras, suponhamos que existem números $\ell \in \mathbb{Z}_{n_0}$ tal que a proposição $S(\ell)$ não é verdadeira. Queremos provar que esta suposição nos guia a uma contradição (a um absurdo). Agora, pelo princípio de minimalidade o conjunto F contém o menor elemento. Já que pelo item (1) a proposição no caso n_0 é verdadeira, então, o elemento mínimo de F é algum número $\ell_0 > n_0$. Mas, pela hipótese, o item (2), sabemos que $S(n_0 + 1)$ é verdadeira. Continuando assim as proposições $S(n_0 + 2), \cdots, S(n_0 + k)$ são todas verdadeiras e então $S(\ell_0)$ também é verdadeira. Portanto, $F = \emptyset$. Isso é a contradição desejada. A demonstração está completa. □

Especialmente a condição (2) do teorema acima merece uma discussão. Na prática devemos conseguir deduzir o caso de $S(m)$ para algum número $m \in \mathbb{Z}_{n_0}$ através do caso $S(m-1)$ para todo $m < n$. Isso é uma situação em cadeia, quer dizer que cada passo deve ser deduzido do passo anterior na verificação de $S(n)$, para saber se ela é verdadeira ou não. Devemos notar que a Indução Matemática está completamente baseada nas hipóteses e explicações mencionadas acima. Casos naturais como o nascimento diário do sol não é uma coisa que pode se demonstrar por meio da Indução Matemática, pois o nascimento do sol hoje não é uma proposição matemática, no sentido de que esse fenômeno não é consequência do mesmo de ontem, ou antes, de ontem. Para dar um exemplo de aplicação da Indução Matemática compreensível para este livro vamos considerar o seguinte, que é um exemplo clássico e histórico.

Exemplo 1.21. A soma dos primeiros n números naturais é o número $\frac{n(n+1)}{2}$ (como veremos este é um número "triangular"). Seja $S(n)$ a proposição na qual queremos demonstrar que

$$1 + 2 + \cdots + n = \frac{n(n+1)}{2}$$

Aplicamos a Indução Matemática à n. Para $n = 1$ sabemos que $S(1)$ é um caso verdadeiro, pois tem se:

$$1 = \frac{1(1+1)}{2}$$

Agora, suponhamos que $n > 1$ e que $S(n-1)$ para todo n é verdadeira (isto é a condição (2) do teorema anterior). Então devemos deduzir dessa hipótese e provar que $S(n)$ também é verdadeira para todos os números $n \in \mathbb{Z}_{n_0}$. Pela nossa hipótese temos que:

$$1 + 2 + \cdots + n - 1 = \frac{(n-1)(n-1+1)}{2} = \frac{(n-1)n}{2}$$

A essa igualdade verdadeira adicionamos o número n de ambos os lados. Isto implica que

$$1 + 2 + \cdots + n - 1 + n = \frac{(n-1)n}{2} + n = \frac{n(n+1)}{2}$$

Isso completa a solução pela Indução Matemática.

Utilizar Indução Matemática precisa de cuidado. Existem casos onde podemos provar proposições totalmente falsas aplicando Indução Matemática sem cuidado. Por exemplo, podemos provar que pela "Indução Matemática" todo número inteiro não negativo é zero. Para provar este resultado falso considere a proposição $S(n): n = 0$ que diz $n = 0$ para todo $n \in \mathbb{N}'$. No primeiro passo para o caso $n = 0$ a proposição $S(n)$ é verdadeira. No segundo passo supondo que ela é verdadeira para todo $k < n$. Então escrevendo $n = a + b$ para dois números naturais a e b, deduzimos que $S(a) = S(b) = 0$, portanto $n = 0 + 0$. Isso é uma situação de falsa indução. De fato, o que aconteceu é que nós não deduzimos que se a proposição é verdadeira para n então é verdadeira para $n + 1$ também, em outras palavras o item (2) do Teorema 1.20 não foi verificado, e certamente o resultado não é verdadeiro.

Na prática, é melhor tentar ver que um caso particular de $S(n)$ implica o caso seguinte $S(n+1)$. Na observação acima sobre falsa indução não podemos deduzir que $1 = 0$ se n for igual a 1, através de saber que $0 = 0$ (caso verdadeiro para $n = 0$).

1.3.2 O teorema de Euclides para divisão

O seguinte teorema é conhecido em diversos nomes, como o "Teorema de Euclides", como o Teorema da divisão de Euclides, e Algoritmo de Euclides. A seguir vamos apresentar e demonstrar este importante teorema.

Teorema 1.22 (Teorema de Euclides). Sejam $a, b \in \mathbb{Z}$ e $b > 0$. Então, existe um único número inteiro q e um único número inteiro r tal que vale a seguinte:

$$a = bq + r, \text{ com a condição } 0 \leq r < b \tag{1.12}$$

Demonstração. A demonstração desse teorema é outra aplicação de princípio de minimalidade. Inicialmente vamos considerar o conjunto $M = \{m \in \mathbb{Z} \,|m = a - bt, t \text{ varia em todo } \mathbb{Z}\}$. Quando um conjunto como M é definido, a primeira coisa é ver se ele é vazio ou não. Vamos mostrar que o conjunto M não é vazio. Obviamente $a \in M$, pois para $t = 0$ tem se $a - bt = a$. Então, $M \neq \emptyset$. Agora, seja

$$M^+ = \{m \in M \mid m \geq 0\}$$

Pelo princípio de minimalidade sabemos que existe um elemento mínimo no M^+ que de fato é único. Seja este elemento r que é obtido para certa escolha de t, a ser chamado por nós de q, então $r = a - bt = a - bq$. Daí,

$$a = bq + r,$$

onde $0 \leq r$, é não negativo, pois $r \in M^+$. Agora queremos provar que $r < b$. Para isso, notamos que se $r \geq b$, então $a - bq \geq b$ acarretaria $a -$

$(q+1)b \geq 0$. Logo, $a-(q+1)b \in M^+$. Mas, por outro lado, temos que $a-(q+1)b < a-bq = r$, contradizendo a minimalidade r. Portanto,

$$0 \leq r < b$$

Para terminar a demonstração falta provar que a representação (1.12) é única. Então, se, $a = bq' + r'$ é outra possibilidade para representação de a onde os números q' e r' também satisfazem as condições em (1.12), sem perda de generalidade podemos supor que $r \geq r'$. Mas, como $a = bq + r = bq' + r'$, temos que $r - r' = b(q' - q)$. Assim, valem as desigualdades $0 \leq b(q'-q) < b$. Logo, após cancelamento por b de dois lados da desigualdade do lado direito tem-se $0 \leq q' - q < 1$. Para número inteiro $q' - q$ essa última desigualdade é impossível exceto quando $q' - q = 0$. Portanto, $q = q'$ e consequentemente $r = r'$. Isso completa a demonstração. □

O teorema precedente pode ser estendido a caso mais geral onde $b \neq 0$. Para fazer isso, basta provar uma versão do teorema acima para o caso $b < 0$. Veja o Exercício 86 para esta generalização no fim do capítulo.

Definição 1.23. O número r determinado no teorema acima é chamado de resto da divisão de Euclides.

A seguir para prosseguirmos, precisamos apresentar um pouco de álgebra com respeito de operação de soma e multiplicação nos números inteiros.

1.3.3 Ideal de $\mathbb{Z}$

Uma ferramenta algébrica na álgebra e teoria dos números é um conceito chamado ideal. Esse conceito pode ser definido no contexto geral em álgebra de anéis (veja o livro [Sho alg1]), mas, para nossos propósitos será suficiente defini-lo em conjunto de números inteiros.

Definição 1.24. Um ideal de $\mathbb{Z}$, é um subconjunto não vazio $I \subseteq \mathbb{Z}$ satisfazendo as seguintes condições:

(1) $x + y \in I$ para todo $x, y \in I$;

(2) $ax \in I$ para todo $a \in \mathbb{Z}$ e todo $x \in I$.

Notamos em particular que as duas condições da definição precedente implicam que $x - y \in I$ para todo $x, y \in I$. De fato, pela segunda condição tem-se $-y = (-1)y \in I$, e pela primeira condição vale $x - y \in I$.

Notação 1.25. Para um número natural m, denotamos:

$$m\mathbb{Z} = \{mt \ |t \text{ Varia em todo } \mathbb{Z}\} \tag{1.13}$$

Logo, $m\mathbb{Z}$ é formado pelos múltiplos inteiros de m, é um conjunto infinito que também contém o número 0.

Lema 1.26. O conjunto $m\mathbb{Z}$ é um ideal de $\mathbb{Z}$.

Demonstração. É claro que $m\mathbb{Z} \neq \emptyset$, pois para $t = 0$, tem se $mt = 0 \in m\mathbb{Z}$. Para provar a primeira condição da definição precedente vamos considerar dois elementos de $m\mathbb{Z}$. Sejam $x = mk \in m\mathbb{Z}$ e $y = m\ell \in m\mathbb{Z}$. Então, $x + y = m(k + \ell) \in m\mathbb{Z}$. Agora, para provar a segunda condição considere $a \in \mathbb{Z}$ e $x \in m\mathbb{Z}$. Daí, $ax = amk = m(ak) \in m\mathbb{Z}$. A demonstração está completa. □

Queremos demonstrar que todo ideal de $\mathbb{Z}$ é de forma $m\mathbb{Z}$ para algum número natural m. Para isso é utilizado o teorema de Euclides e também o princípio de minimalidade. Veja o lema a seguir.

Lema 1.27. Todo ideal I de $\mathbb{Z}$ é igual $m\mathbb{Z}$ para algum número natural m.

Demonstração. Seja I^+ o subconjunto de todos os elementos (números) não negativos de I. Logo, pelo princípio de minimalidade I^+ possui um elemento mínimo, digamos m_0. Querermos provar que $I = m_0\mathbb{Z}$. É claro que $m_0\mathbb{Z} \subset I$, pois $m_0 \in I$ e logo $m_0 a \in I$ para todo $a \in \mathbb{Z}$. Agora, suponha que $x \in I^+$ e $x \neq 0$, um elemento qualquer. Para x e m_0 podemos usar a divisão de Euclides e escrever $x = qm_0 + r$, onde $0 \leq r < m_0$. Por outro lado, $r = x - qm_0 \in I$, pois $x \in I$ e $qm_0 \in I$. Daí tem-se uma contradição de que $0 \leq r < m_0$, pois m_0 é o menor elemento positivo de I. Logo, $r = 0$ é única opção. Isso implica que $x \in m_0\mathbb{Z}$. Portanto, $m_0\mathbb{Z} = I$. Isso completa a demonstração. □

Observamos que a interseção de quaisquer dois ideias de $\mathbb{Z}$ é sempre não vazio pela simples razão que ambos possuem o número zero.

1.4 A equação $ax + by = c$

Nesta seção consideramos a equação

$$ax + by = c \tag{1.14}$$

de duas variáveis x e y. Os coeficientes a e b são números inteiros dados e c é o termo constante que também é um número inteiro dado.

São vários os objetivos de estudar a equação (1.14). Entre outros nesta seção, queremos mostrar que o máximo divisor comum de dois números inteiros a e b não nulos pode ser realizado (calculado) como a soma $ar + bs$ para certos números inteiros r e s.

A equação (1.14) é uma espécie das chamadas equações diofantinas[9]. A questão é em geral resolver esta equação e achar as soluções no conjunto dos números inteiros $\mathbb{Z}$ De fato, as equações diofantinas formam um grande e celebrado capítulo em teoria dos números. Nesta seção veremos que a equação (1.14) é solúvel, e que a existência da solução como dois números inteiros α e β para x e y respecivamente depende de o máximo divisor comum de a e b. Para isso, iniciamos com a seguinte:

---

[9] Em homenagem ao matemático grego Diáfano de Alexandria do século III.

Proposição 1.28. Sejam $a, b \in \mathbb{Z}$. Então, existe $c \in \mathbb{Z}$ tal que valem as seguintes:

(1) $c|a$ e $c|b$;

(2) Existem r e $s \in \mathbb{Z}$ tais que $c = ar + bs$;

(3) Se $c' \in \mathbb{Z}$ e $c'|a$ e $c'|b$ então, $c'|c$.

Demonstração. É claro que no item (1) sempre existe a possibilidade de $c = 1$, mas a proposição tem mais itens. Para demonstrar, seja:

$$I = \{ax + by \,|x, y \text{ Variam em todo } \mathbb{Z}\}$$

Esse é um conjunto não vazio, pois $0 \in I$. É fácil ver que I é um ideal de $\mathbb{Z}$. Logo, de acordo com o lema precedente, $I = c\mathbb{Z}$ para algum número natural c. Sendo $a, b \in I$ (quando $x = 1,\ y = 0$, tem que $a \in I$, quando $x = 0,\ y = 1$, temos que $b \in I$), logo, $a = ck$ e $b = c\ell$ para alguns números inteiros k e ℓ. Portanto, $c|a$ e $c|b$. Para demonstrar o item (2) observe que $c \in c\mathbb{Z}$, logo, $c \in I$ e então, existem números inteiros r e s tal que $c = ar + bs$. Para demonstrar o item (3) note que se $c'|a$ e $c'|b$, então $c'|ar + bs$, e isso quer dizer que $c'|c$. A demonstração está completa. □

Corolário 1.29. A equação $ax + by = c$ é solúvel (em $\mathbb{Z}$) se, e somente se $[a, b]|c$.

Demonstração. Primeiro, quando se fala da equação (1.14) implicitamente sabemos que os coeficientes a, b são não nulos. Agora, se $[a, b]|c$ então, $c = k[a, b]$ para certo número inteiro k. Considerando a equação $ax + by = [a, b]$, ela possui solução pelo item (2) da proposição anterior. Se r e s são as soluções dessa equação então,

$$ar + bs = [a, b]$$

Agora, multiplicando ambos os lados da igualdade por k teremos que

$$akr + bks = [a, b]k = c$$

Logo, $x_0 = kr$ e $y_0 = ks$ são as soluções da equação (1.14). Por outro lado, se a equação (1.14) tiver solução digamos u_0 e v_0, temos então, que $au_0 + bv_0 = c$ e pelo fato de que $[a, b]|a$ e $[a, b]|b$ sendo $[a, b]$ máximo divisor comum, concluímos que $[a, b]|\, au_0 + bv_0$. Portanto, $[a, b]|c$. A demonstração está completa. □

Corolário 1.30. Sejam $a, b \in \mathbb{Z}$, onde pelo menos um deles é não nulo. Então, todos os divisores inteiros de a e de b dividem o máximo divisor deles que é $[a, b]$.

Demonstração. Primeiro, observamos que o máximo divisor comum de dois números a e b sempre existe e é único. Pelo item (1) e item (3) da proposição anterior temos que todos os divisores c' de a e b satisfazem $c'|[a, b]$. □

Corolário 1.31. Sejam $a, b \in \mathbb{Z}$ números não nulos. Então,

$$[a, b] = ar + bs \tag{1.15}$$

para alguns números inteiros r e s.

Demonstração. No item (1) e item (2) da proposição anterior considere $c = [a, b]$ o máximo divisor comum. □

Agora podemos demonstrar a seguinte:

Demonstração da Proposição 1.18. Uma vez que $[a, b]$ divide a e b então ela divide o valor absoluto $|a|$ e $|b|$ também. Isso prova o item (1) na Proposição 1.18. Sendo $[a, b]$ um divisor de $|a|$ e de $|b|$ logo ele é menor ou igual a esses dois números. Para provar o item (3) observamos que o máximo divisor comum é sempre positivo, então vale a igualdade desse item. O item (4) é uma consequência da definição de máximo divisor comum. No item (5) vamos somente provar que $[a + b, b] = [a, b]$. Para isso, seja $d = [a, b]$ e $d' = [a + b, b]$. Logo, $d|a$ e $d|b$. Por outro lado, $d'|a + b$ e $d'|b$ então $d'|a$.

Daí pelo Corolário 1.30 $d'|d$ e $d|d'$. Mas, d e d' são números positivos, então $d = d'$. A demonstração do item (6) é como a demonstração do item (5). Para demonstrar o item (7) seja $d = [a, b]$ e $d' = [a + by, b]$. Então $d|a$ e $d|b$. Também $d'|a + by$ e $d'|b$. Portanto, $d'|a$. Então, pelo Corolário 1.30 temos que $d|d'$ e $d'|d$. Daí, $d = d'$ sendo os dois números positivos. A demonstração está completa. □

1.4.1 O mínimo múltiplo comum

O máximo divisor comum tem uma relação importante com o chamado mínimo múltiplo comum a ser apresentado a seguir. Para explicar e entender essa relação, apesar de termos usado a frase "múltiplos inteiros" na Notação 1.25, devemos formalmente definir o que é o mínimo múltiplo comum de um número inteiro b.

Definição 1.32. Os múltiplos de um número inteiro b é o conjunto de todos os números naturais e seus negativos que são divisíveis por valor absoluto $|b|$.

Denotaremos por $Mul(b)$ o conjunto de todos os múltiplos de b.

Proposição 1.33. Valem as seguintes propriedades para $Mul(b)$:

(1) $Mul(0) = \emptyset$;

(2) Se $b \neq 0$ então, $Mul(b) = \{kb \mid \text{onde } k \text{ varia em todo } \mathbb{Z}\}$;

(3) Se $b \neq 0$ então, $Mul(b) \neq \emptyset$ e é um conjunto infinito.

Demonstração. Primeiro 0 não divide nenhum número a. De fato, se $0|a$ então deve existir um único número inteiro c tal que $a = 0 \cdot c$. Mas isso é impossível, para $a \neq 0$ e também é impossível se $a = 0$, pois neste caso c não é único. Isso mostra a validade do item (1). Para demonstrar o item (2) relembramos que se $|b|$ divide $|a|$ então, $|a| = |b| \cdot c$ para algum número natural c. Logo, $a = bc$ para $c \in \mathbb{Z}$. Daí segue o item (2), pois todo número $|bk|$ é divisível por $|b|$. A demonstração do item (3) é uma consequência do item (2) a razão disso é o fato de que o conjunto $Mul(b)$ possui tantos elementos quanto $\mathbb{Z}$ (por quê?). □

Para definir o menor múltiplo não nulo de b devemos observar que ele nem sempre existe no conjunto $\mathbb{Z}$ é como dizer não existe o menor número neste conjunto. Por exemplo, qual dos seguintes números deve ser considerado como o menor múltiplo de -3 e 5, o número -15 ou 15? Se menor é no sentido de ordenação de números obviamente -15 é menor que 15, mas, a lista pode continuar para incluir muitos outros números como -45 e 45 ou -60 e 60 etc. De fato, nos queremos nos limitar ao conjunto de números naturais para ter uma única opção de escolha. Para superar a dificuldade de escolher, existem pelo menos duas maneiras, considerar valor absoluto dos números ou considerar o menor elemento de interseção seguinte que na prática é como considerar os valores absolutos.

$$mul(b) = Mul(b) \cap \mathbb{N} \tag{1.16}$$

Neste conjunto do lado esquerdo da igualdade certamente existe o menor elemento (número), pois para o conjunto de números naturais o princípio de minimalidade é verdadeiro.

Definição 1.34. Para dois números inteiros a e b definimos o menor múltiplo comum (ou mínimo múltiplo comum) denotado $< a, b >$ como o menor número natural divisível por a e por b.

Obviamente nesta definição o número zero é excluído. Os seguintes três resultados são óbvios e não são formalmente demonstrados.

Corolário 1.35. Temos que $< a, b >$ é o menor elemento da interseção $mul(a) \cap mul(b)$.

Corolário 1.36. Para todo número inteiro a o menor múltiplo comum $< a, 0 >$ não está definido em $\mathbb{N}$.

Baseado neste corolário podemos ainda dizer que o mínimo múltiplo comum de dois números inteiros onde um deles é zero deve ser zero. Neste caso devemos considerar em vez da igualdade (1.16) a seguinte:

$$mul'(b) = Mul(b) \cap \mathbb{N}' \qquad (1.16)'$$

Neste sentido se $a \neq 0$ tem se $< a, 0 > = 0$.

Corolário 1.37. Para quaisquer dois números inteiros não nulos a e b vale a igualdade $< a, ab > = |ab|$.

Vamos apresentar alguns exemplos. $< -2, 10 > = 10$, $< 2, -10 > = 10$, $< 2,10 > = 10$, $< 3,15 > = 15$, $< -3, -15 > = 15$, $< 3, -15 >=< -3,5 > = 15$. Se p e q são dois números primos distintos (isto é $p \neq q$) então $< p, q > = pq$.

Números primos são definidos em Definição 1.12, eles são de destaque em toda teoria dos números e suas aplicações. Como veremos, existe número primo par e existem os ímpares. Historicamente os números pares e ímpares são definidos para números naturais como aqueles que são múltiplos de 2 ou não são respectivamente. Mas em geral devemos considerar a seguinte definição.

Definição 1.38. Dizemos que um número inteiro é um número par se, e somente se ele é divisível por 2. Em particular concordamos que zero é um número par. Um número inteiro é dito número ímpar quando ele não é par. Isso é equivalente a dizer que ele não é divisível por 2.

Por exemplo, na base decimal de 0 até 9 existem cinco números pares $0,2,4,6,8$ e cinco números ímpares que são $1,3,5,7,9$.

A relação entre o máximo divisor comum e o mínimo múltiplo comum é explicada no seguinte teorema.

Teorema 1.39. Sejam a e $b \in \mathbb{Z}$ dois números não nulos. Então vale a seguinte identidade:

$$ab =< a, b > [a, b] \tag{1.17}$$

Demonstração. Seja $k = \frac{ab}{[a,b]}$. Sendo $[a, b]$ um divisor de a e de b, temos então que $k \in \mathbb{Z}$, e que k é um múltiplo de a, e um múltiplo de b. Logo, k é maior ou igual a mínimo múltiplo comum $< a, b >$. Nosso objetivo é provar que $k =< a, b >$. Se $m =< a, b >$ então, $m = ta$, e $m = ub$ para alguns números inteiros t e u. Por outro lado vamos calcular a fração $\frac{m}{k}$ e mostrar que $k|m$. Para isso, temos que:

$$\frac{m}{k} = \frac{m[a, b]}{ab} = \frac{m(ar + bs)}{ab} = \frac{mar}{ab} + \frac{mbs}{ab} = \frac{mr}{b} + \frac{ms}{a} = ur + ts \in \mathbb{Z},$$

onde na segunda igualdade foi usado o Corolário 1.31 que garante a igualdade $[a, b] = ar + bs$ para certos números inteiros r e s. Daí, pela nossa computação, $\frac{m}{k} \in \mathbb{Z}$ e logo $k\ m$. Em particular $k \leq< a, b >$ como consequência. Junto com $k \geq< a, b >$, temos que $k =< a, b >$. A demonstração está completa. □

Lema 1.40. Sejam a e $b \in \mathbb{Z}$, tais que $[a, b] = 1$. Então, se $b|ac$, tem se que $b|c$.

Demonstração. Pelo Corolário 1.31 existem números inteiros r e s tais que $ar + bs = [a, b] = 1$. Multiplicando ambos os lados por c, chegamos à igualdade $acr + bcs = c$. Como $b|ac$ e $b|bc$, então, $b|c$. □

Lema 1.41. Sejam p, q e r três números primos. Se $p|qr$ então, $p = q$ ou $p = r$.

Demonstração. Se esses números primos são iguais, não há nada para demonstrar. Se $p \neq q$ então, $[p, q] = 1$. Logo, pelo lema precedente $p|r$ que implica em $p = r$ pela definição de números primos. □

Em outras palavras, este lema está nos dizendo que se $p \neq q \neq r$ são três números primos distintos, um deles não pode dividir produto de outros dois. Por exemplo, $2 \neq 3 \neq 5$ e logo nenhum deles divide o produto de outros dois.

Uma versão mais geral de lema precedente é o seguinte:

Corolário 1.42. Sejam $q_1, q_2, \cdots, q_k$ números primos. Suponha que p é um número primo que divide o produto $q_1 q_2 \cdots q_k$. Então, $p = q_j$ para algum $1 \leq j \leq k$.

Demonstração. Pode ser aplicada Indução Matemática junto com Lema 1.40. □

1.4.2 A solução da equação $ax + by = c$

Existem algumas maneiras para resolver a equação do título, a equação (1.14), caso ela possua solução, pois nem todas as equações têm alguma solução. Nesta seção queremos apresentar duas maneiras de resolver esta equação diofantina. Começamos com um exemplo.

Exemplo 1.43. Considere a equação $3x + 5y = 4$. Pelo fato de que $[3,5]|4$ esta equação tem solução. Reescrevendo ela como $3x = 4 - 5y$ e dividindo os dois lados por 3 que é o coeficiente de x temos que

$$x = \frac{4}{3} - \frac{5}{3}\,y$$

Separando os números inteiros do lado direito temos que $x = 1 + \frac{1}{3} - y - \frac{2}{3}y$ que pode ser reescrita como

$$x = 1 - y + (\tfrac{1}{3} - \tfrac{2}{3}y) \qquad (1.18)$$

Sendo x e y números inteiros, demandamos $(\frac{1}{3} - \frac{2}{3}y)$ também seja um número inteiro. Isso nos leva a uma nova equação $\frac{1}{3} - \frac{2}{3}y = z \in \mathbb{Z}$. Então, temos que resolver esta nova equação $2y + 3z = 1$. Aplicamos a mesma ideia de divisão por coeficiente de uma das incógnitas e computamos y. Para isso, temos $y = \frac{1}{2} - \frac{3}{2}z$. Separando as partes inteiras, temos que:

$$y = -z + \frac{1}{2} - \frac{1}{2}z \tag{1.19}$$

De novo, sendo y e z números inteiros, temos que ter $\frac{1}{2} - \frac{1}{2}z \in \mathbb{Z}$. Isso nós dará $1 - z \in 2\mathbb{Z}$. Portanto, mais uma vez chegamos a uma nova equação que é $1 - z = 2t$ para alguma incógnita $t \in \mathbb{Z}$. Pela consequência temos a seguinte equação também diofantina

$$z = 1 - 2t \tag{1.20}$$

Uma vez que t é permitido variar em todo $\mathbb{Z}$, têm se valores para z. Por exemplo, se $t = 0$ então, $z = 1$, se $t = 1$ então, $z = -1$, e quando $t = -1$ temos que $z = 3$. Portanto, de acordo com os valores de z podemos determinar os valores para y usando a equação (1.19). Os valores de y serão respectivamente iguais a números -1, 2 e -4. Usando os valores de y na equação (1.18) chegaremos a algumas respostas de nossa equação original que são: $x = 3, y = -1$; $x = -2, y = 2$ e $x = 8, y = -4$.

A outra maneira de resolver uma equação diofantina $ax + by = c$ é com aplicação repetidas vezes da divisão de Euclides. Desta maneira é calculado o máximo divisor comum entre os coeficientes a e b.

Exemplo 1.44. Calcular o máximo divisor comum entre $a = 43$ e $b = 24$. Utilizar a resposta e resolver a equação $43x + 24y = 5$.

Para resolver esta questão fazemos os seguintes cálculos:

$$\begin{aligned}
\mathbf{43}&=\mathbf{24}\cdot 1+\mathbf{19} \Rightarrow a = 43,\ b = 24,\ q = 1,\ r = 19\\
\mathbf{24}&=\mathbf{19}\cdot 1+\mathbf{5} \Rightarrow a_1 = 24,\ b_1 = 19,\ q_1 = 1,\ r_1 = 5\\
\mathbf{19}&=\mathbf{5}\cdot 3+\mathbf{4} \Rightarrow a_2 = 19,\ b_2 = 5,\ q_2 = 3,\ r_2 = 4\\
\mathbf{5}&=\mathbf{4}\cdot 1+\mathbf{1} \Rightarrow a_3 = 5,\ b_3 = 4,\ q_3 = 1,\ r_3 = 1\\
\mathbf{4}&=\mathbf{1}\cdot 4+\mathbf{0} \Rightarrow a_4 = 4,\ b_4 = 1,\ q_4 = 4,\ r_4 = 0
\end{aligned}$$

O fim dessa operação é marcado quando o último resto $r_n = 0$. Neste caso $r_4 = 0$. Logo, o máximo divisor desejado é $r_3 = 1$. No exemplo seguinte aplicamos este resultado para resolver a referida equação.

Exemplo 1.45. Podemos primeiro resolver a equação $43r + 24s = [43{,}24] = 1$ com as incógnitas r e s. Se a solução desta equação é chamada r_0 e s_0, então a solução da equação $43x + 24y = 5$ será $5r_0$ e $5s_0$ respectivamente. Para resolver a equação $43r + 24s = 1$ aplicamos os dados obtidos na tabela do exemplo precedente, mas na reversa ordem. Então

$$1 = \mathbf{5} - \mathbf{4} \cdot 1$$

$$1 = \mathbf{5} - (\mathbf{19} - \mathbf{5} \cdot 3) \cdot 1 = \mathbf{5} \cdot 4 - \mathbf{19} \cdot 1$$

$$1 = (\mathbf{24} - \mathbf{19} \cdot 1) \cdot 4 - \mathbf{19} \cdot 1 = \mathbf{24} \cdot 4 - \mathbf{19} \cdot 5$$

$$1 = \mathbf{24} \cdot 4 - (\mathbf{43} - \mathbf{24} \cdot 1) \cdot 5 = -\mathbf{43} \cdot 5 + \mathbf{24} \cdot 9$$

Portanto, $r_0 = -5$ e $s_0 = 9$. Daí, $x = -25$ e $y = 45$.

1.4.3 Frações continuadas

Nesta seção vamos apresentar o conceito de frações continuadas. Essas são frações que algumas vezes envolvem infinitos denominadores, mas não é só por isso que são chamadas frações continuadas, como se fosse uma fração infinita, mas também podem ter um número finito de denominadores. Elas são interessantes principalmente no estudo de representação de números racionais e por si mesmo oferecem algumas questões em teoria dos números, e na representação de um número racional por uma fração continuada onde a divisão de Euclides pode ser utilizada. Por isso e outras propriedades, vale à pena dedicar uma seção à teoria de frações continuadas. Em resumo, elas podem ser geralmente da seguinte forma:

$$a_0 + \cfrac{1}{a_1 + \cfrac{1}{a_2 + \cfrac{1}{a_3 + \cfrac{1}{\cdots}}}} \qquad a_0 + \cfrac{1}{a_1 + \cfrac{1}{a_2 + \cfrac{1}{a_3}}}$$

A primeira é infinita, mas a segunda tem número finito de denominadores. Os números a_i para $i \geq 1$ são números não nulos, quando são inteiros eles são positivos. Uma fração continuada pode ser representada pelo símbolo $(a_0, a_1, \cdots, a_k, \cdots)$ se ela for infinita. Caso ela seja finita pode ser representada pela $(a_0, a_1, \cdots, a_k)$. Quando os números a_i são inteiros, a fração $(a_0, a_1, \cdots, a_k)$ é chamada de fração continuada finita simples. Essas representações serão chamadas por nós de representação vetorial de frações continuadas. Existem diferentes formas de frações continuadas, como por exemplo,

$$a_0 + \cfrac{r_0}{a_1 + \cfrac{r_1}{a_2 + \cfrac{r_2}{a_3 + \cfrac{r_3}{\cdots}}}}$$

onde os números $r_0, r_1, \cdots$ podem ser números racionais. Mas, em geral para ter uma representação única vetorial de uma fração continuada é suposto que esses números sejam todos igual a 1.

Exemplo 1.46. (1) Uma fração como $\frac{3}{2}$ pode ser representada por uma fração continuada (1,2), então é igual a $1 + \frac{1}{2} = \frac{3}{2}$.

(2) A fração $\frac{250}{47}$ tem a representação continuada que é determinada pela separação de parte inteira dessa e assim por diante. Mais precisamente temos que:

$$\frac{250}{47} = 5 + \frac{15}{47} = 5 + \cfrac{1}{\cfrac{47}{15}} = 5 + \cfrac{1}{3 + \cfrac{2}{15}} = 5 + \cfrac{1}{3 + \cfrac{1}{\cfrac{15}{2}}} =$$

$$5+\cfrac{1}{3+\cfrac{1}{7+\cfrac{1}{2}}}$$

O mesmo que (5,3,7,2) formado pelas partes inteiras das frações $\frac{250}{47}, \frac{47}{15}$ e $\frac{15}{2}$ respectivamente.

Obviamente, a operação de transformar uma fração continuada como nos exemplos precedentes é uma tarefa fácil, pois somente envolve soma de frações. Mas, a operação contrária de transformar uma fração (número racional) a uma representação continuada é mais elaborada. Podemos aplicar a divisão de Euclides, como no exemplo a seguir

Exemplo 1.47. Aplicamos a divisão de Euclides e determinamos a representação continuada da fração $\frac{250}{47}$ do exemplo anterior. Temos:

$$\mathbf{250} = \mathbf{47} \cdot 5 + \mathbf{15} \Rightarrow a_0 = 5$$

$$\mathbf{47} = \mathbf{15} \cdot 3 + \mathbf{2} \Rightarrow a_1 = 3$$

$$\mathbf{15} = \mathbf{2} \cdot 7 + \mathbf{1} \Rightarrow a_2 = 7$$

$$\mathbf{2} = \mathbf{1} \cdot 2 + \mathbf{0} \Rightarrow a_3 = 2.$$

Essas são repetidas divisões de Euclides aplicadas os pares dos números inteiros que são numerador e denominador de uma fração nas seguintes, respectivamente:

$$\frac{\mathbf{250}}{\mathbf{47}} = 5 + \frac{\mathbf{15}}{47}, \; \frac{\mathbf{47}}{\mathbf{15}} = 3 + \frac{\mathbf{2}}{15}, \; \frac{\mathbf{15}}{\mathbf{2}} = 7 + \frac{\mathbf{1}}{2}, \; \frac{\mathbf{2}}{\mathbf{1}} = 0 + \mathbf{2},$$

onde, na última, a parte inteira é zero.

Exemplo 1.48. (1) A representação como frações continuadas de $\frac{2}{3}$ é uma fração continuada finita

$$\frac{2}{3} = 0 + \frac{1}{\frac{3}{2}} = 0 + \frac{1}{1+\frac{1}{2}},$$

obviamente, neste caso $a_0 = 0$ e a representação vetorial dessa fração continuada é $(0, 1, 2)$. No seguinte item veremos que a representação vetorial de frações continuadas não é única.

(2) A representação como frações continuadas de $\frac{4}{5}$ é

$$\frac{4}{5} = 0 + \frac{1}{\frac{5}{4}} = 0 + \frac{1}{1+\frac{1}{4}}$$

(3) No geral, a representação continuada de $\frac{a}{a+1}$ para $a \in \mathbb{N}$ é

$$\frac{a}{a+1} = 0 + \frac{1}{\frac{a-1}{a}} = 0 + \frac{1}{1+\frac{1}{a}}$$

Veja o Exercício 104 para representação de um número racional como uma fração continuada.

1.5 Exercícios do capítulo 1

As soluções e comentários dos seguintes exercícios e questões são encontradas no livro [Sho 457].

(1) Mostre as seguintes propriedades de números pares e ímpares:

(a) Soma de dois números pares é par;

(b) Soma de dois números ímpares é par;

(c) Produto de dois números pares é par;

(d) Produto de dois números ímpares é ímpar;

(e) Soma de um número par e um número ímpar é ímpar;

(f) Produto de um número par e um número ímpar é par;

(g) Existe uma função bijetora entre o conjunto de números pares e o conjunto de números ímpares;

(h) Pode dar uma condição necessária e suficiente para que as raízes de um polinômio quadrático com coeficientes inteiros sejam números inteiros?

(2) Mostre as alternativas para números racionais:

(a) Soma de dois números racionais é racional;

(b) Produto de dois números racionais é racional;

(c) Entre cada dois números racionais diferentes existem infinitos números racionais;

(d) Zero é um número racional;

(e) Se $\frac{a}{b}$ é um número racional não nulo, $\frac{b}{a}$ é chamado inverso de $\frac{a}{b}$. Quando a soma de um número racional com seu inverso é um número inteiro? Pode dar uma condição necessária e suficiente para que $\frac{a}{b}+\frac{b}{a}$ seja um número inteiro?

(f) Mostre que quando $a, b \in \mathbb{N}$ então $\frac{a}{b}+\frac{b}{a}>1$.

(g) Mostre que existe uma função bijetora entre os conjuntos $\mathbb{N}$ e $\mathbb{Z}$, $\mathbb{N}'$ e $\mathbb{Q}$, respectivamente.

(h) Mostre que existem sequências de números racionais cujos limites é um número inteiro.

(k) Mostre que existem sequências de números racionais com limites de números irracionais.

Sugestão: $\sqrt{2}$ é irracional. Pode considerar uma sequência $\{a_n\}$ de números racionais pela: $a_0 = 1$ e $a_{n+1} = \frac{4a_n}{2+a_n^2}$. Mostre que esta sequência é crescente e tem cota superior de moda que $a_n^2 < 2$ para todo número natural n. Para maiores detalhes e generalizações veja o livro [Sho uvc].

(i) Sejam a, b, c e d números inteiros com b e d não nulos. Mostre que a equação $bdx^2 - (ad + bc)x + ac = 0$ possui raízes racionais.

(j) Dê uma condição necessária e suficiente para que uma equação quadrática com coeficientes números inteiros possua raízes racionais.

(3) Mostre que quando um número real x satisfaz a condição $0 < x < 1$ então o chão $\lfloor x^n \rfloor = 0$ para todo número natural n.

(4) Mostre que todo número real x pode ser escrito como $x = \lfloor x \rfloor + x_0$, onde x_0 é um número real positivo menor que 1.

(5) Seja a um número inteiro e x um número real. Mostre que:

$$\lfloor a + x \rfloor = a + \lfloor x \rfloor$$

(6) Mostre que para todo número real x vale um dos seguintes itens:

$$\lceil x \rceil - \lfloor x \rfloor = 0 \quad \text{ou} \quad \lceil x \rceil - \lfloor x \rfloor = 1$$

(7) Mostre que para todo número natural n e todo número real positivo x vale a desigualdade $\lfloor nx \rfloor \geq n\lfloor x \rfloor$.

(8) Mostre que para todo número real x e todo número real y valem as seguintes opções:

$$\lceil x + y \rceil \leq \lceil x \rceil + \lceil y \rceil \text{ (desigualdade de triângulo)}$$

$$\lfloor x + y \rfloor \geq \lfloor x \rfloor + \lfloor y \rfloor \text{ (desigualdade anti-triângulo)}$$

(9) Mostre que para todo número real x vale a seguinte igualdade:

$$\lceil x \rceil = -\lfloor -x \rfloor$$

(10) Mostre que para todo número natural n o número $n^2 - n$ é divisível por 2, que quer dizer, é sempre um número par.

(11) Mostre que se n é um número ímpar então, $n^2 - 1$ é um número par.

(12) Mostre que o quadrado de um número ímpar é ímpar. Mostre que o quadrado de um número par é par.

(13) Dois números inteiros são da mesma paridade se ambos são pares ou se ambos são ímpares. Mostre que quando a e b são dois números inteiros da mesma paridade então $a - b, a + b, a^2 - b^2$ são números pares e a paridade de produto ab é a mesma que a paridade de a ou de b.

(14) Calcule o número de algarismos de 50.

(15) O número $50!$ termina com quantos zeros?

Resposta. 12. Para uma teoria geral sobre como calcular o número de zeros da final de $n!$ veja o próximo capítulo, basicamente o Lema 2.14.

(16) Calcule uma fórmula geral para $\| n! \|$.

(17) Calcule $\| 2^{200} \|$.

(18) Quais são os últimos algarismos do lado direito (unidade) dos seguintes números:

$$2^1, 2^2, 2^3, \cdots, 2^{200}$$

Pode achar uma fórmula geral para dizer qual é a unidade de 2^n?

(19) Achar um número de forma 2^n com 121 algarismos. Pode achar um número dessa forma com k algarismos?

(20) Quais números são as possíveis unidades de $3^m, 4^m, 5^m, 6^m, 7^m$, 8^m e 9^m?

(21) Mostre que para todo número natural n o número $3^{n^2} + 1$ é par.

(22) Mostre que números $2^n + 1$ e $2^n - 1$ sempre são ímpares.

(23) Para qual (quais) número (s) n, a unidade do número $2^n + 2$ é zero?

(24) Em quantas maneiras pode calcular 2^{201}. Qual é o caminho mais curto (tiver menos operação de multiplicação)?

(25) Para dois números naturais m, n definimos o conjunto divisores comum pelo $Div(m, n) = \{d \in \mathbb{N} \,|d|m \text{ e } d|n\}$.

(a) Mostre que $Div(m, n) = Div(m) \cap Div(n)$.

(b) Mostre que dois números m e n são coprimos se, e somente se $Div(m, n) = \{1\}$.

(c) Mostre que $Div(m) \cap Div(n) \subseteq Div(m - n)$ e $Div(m) \cap Div(n) \subseteq Div(m + n)$.

(d) Mostre que $Div(m + n) \cap Div(m - n) \subseteq Div(2m, 2n)$.

(26) Mostre que para todo número natural k vale a igualdade:

$$Div\left(2^k + 1, 2^{k+3} + 1\right) = \{1,3\}$$

(27) Mostre que para todo número natural k vale a igualdade:

$$Div\left(2^k - 1, 2^{k+2} - 1\right) = \{1,3\}$$

(28) Você consegue achar alguns valores de k tal que $2^k + 1$ seja um múltiplo de 3? Consegue achar todas?

(29) Ache todos os números naturais n entre 1 e 10 tal que

$$\sum_{k \in Div(n)} k = n$$

(30) Ache alguns valores para número natural k tal que $3^k + 1$ seja um múltiplo de 2. Consegue achar todos os valores?

(31) Calcule os seguintes máximos divisores comuns

$$[-1000, -1200], [1000, -1200], [1000, 1200], [-1000,1200]$$

Também calcule $[2^5 \cdot 3^8, 4^2 \cdot 9^3]$. Para todos os números ímpares de k de 1 até 10 calcule $[2^k + 1, 2^{k+2} + 1]$. Isso pode ser feito para todos os números ímpares naturais k?

(32) Calcule o máximo divisor comum $[2^k + 1\,, 2^k - 1]$ para todo número natural k. Calcule $[3^k - 1, 2^k]$ para todo número natural k de 1 até 10. Ache uma fórmula geral para esse máximo divisor comum para todo número natural k. Qual é o máximo divisor comum quando k é ímpar?

(33) Para três números inteiros ou mais, $a_1, a_2, \cdots, a_n$ definimos o máximo divisor comum desses como

$$[a_1, a_2, \cdots, a_n] = [a_1, [a_2, \cdots, a_n]]$$

(1) Mostre resultados semelhantes à Proposição 1.18 para $[a_1, a_2, \cdots a_n]$.

(2) Calcule $[102, 1002, 10002]$.

(3) Calcule $[2^k, 2^2 - 1, 2^k - 2, 2^k - 3]$ para todo número natural k.

(34) Calcule os seguintes mínimos múltiplos comuns:

$$< -524, 243 >, < 7^3 \cdot 2^8, 7^2 \cdot 5 >, < 291, -3 >$$

(35) Calcule $< 2^k - 1, 2^k + 1 >$ para todo número natural k.

(36) Calcule $< 5^k - 3^k, 2 >$ para todo número natural k.

(37) Para três números inteiros ou mais $a_1, a_2, \cdots, a_n$ definimos o mínimo múltiplo comum pelo

$$< a_1, a_2, \cdots, a_n > = < a_1, < a_2, \cdots, a_n \gg$$

(a) Mostre um resultado semelhante ao Corolário 1.35 para $< a_1, a_2, \cdots, a_n >$.

(b) Mostre um resultado semelhante ao Teorema 1.39 para mínimo múltiplo comum $< a_1, a_2, \cdots, a_n >$.

(c) Mostre um resultado semelhante ao Corolário 1.31 para máximo divisor comum de $a_1, a_2, \cdots, a_n$.

(38) Demonstrar os seguintes itens usando Indução Matemática:

(a) $2 + 4 + 6 + \cdots + 2n = n(n + 1)$;

(b) $1 + 3 + 5 + \cdots + 2n - 1 = n^2$.

(39) Sem utilizar a Indução Matemática deduza o item (b) do item (a) no Exercício precedente.

(40) Mostre as seguintes identidades usando Indução Matemática:

(a) $3 + 6 + 9 + \cdots + 3n = \frac{3}{2} n(n + 1)$;

(b) $2 + 5 + 8 + \cdots + 3n - 1 = \frac{3n^2+n}{2}$;

(c) $1 + 4 + 7 + \cdots + 3n - 2 = \frac{3n^2-n}{2}$.

(41) Sem usar Indução Matemática deduzir os itens (b), (c) do exercício precedente, do item (a).

(42) Seja k um número natural. Por meio da Indução Matemática mostre que:

$$k + (k+1) + (k+2) + \cdots + (k+n) = (n+1)(k + \frac{n}{2})$$

(43) Sejam a e b números naturais. Por meio da Indução Matemática mostre que:

$$b + a + b + 2a + b + \cdots + na + b = (n+1)\left(b + \frac{na}{2}\right)$$

(44) Seja a um número natural. Por meio da Indução Matemática mostre que para todo número natural n vale a seguinte:

$$a + a^2 + a^3 + \cdots + a^n = a \cdot \frac{1 - a^n}{1 - a}$$

(45) Demonstre o mesmo do exercício anterior sem aplicar Indução Matemática.

(46) Por meio da Indução Matemática mostre que para todo número natural a e n vale a identidade:

$$1 - a + a^2 - \cdots + (-1)^n a^n = \frac{1 + (-1)^n a^{n+1}}{1 + a}$$

(47) Aplicando Indução Matemática prove as seguintes identidades:

(a) Para todo número natural n vale:

$$1^2 + 2^2 + \cdots + n^2 = \frac{n(n+1)(2n+1)}{6}$$

(b) Para todo número natural n vale:

$$1^3 + 2^3 + \cdots + n^3 = (1 + 2 + \cdots + n)^2$$

(c) Para todo número natural n vale:

$$1 \cdot 2 + 2 \cdot 3 + \cdots + n(n+1) = \frac{n(n+1)(n+2)}{3}$$

(48) Prove uma versão geral do Lema 1.40: sejam $x, a_1, a_2, \cdots, a_n$ números inteiros tais que $[x, a_1] = [x, a_2] = \cdots = [x, a_{n-1}] = 1$. Mostre que se x divide o produto $a_1 a_2 \cdots a_n$ então $x|a_n$.

(49) Seja i o número complexo $\sqrt{-1}$. Por meio da Indução Matemática demonstre que para todo número natural n vale a seguinte identidade (fórmula) de De Moivre:

$$(\cos\theta + i\ \mathrm{sen}\theta)^n = \cos n\theta + i\ \mathrm{sen}\ n\theta$$

para todo número real θ.

(50) Por meio da fórmula binômio para $(a+b)^n$ mostre que para todo número natural k o resto da divisão de Euclides de $3^k - 1$ por 2 é sempre zero.

(51) Usando a mesma ideia do exercício precedente, mostre que se o resto da divisão de um número inteiro a por b é 1 então, para todo número natural k o resto da divisão de a^k por b é 1 também.

(52) Ache o resto da divisão do seguinte número a por número b:

$$a = 7^{524} \text{ e } b = 6, a = 7^{524} \text{ e } b = 3, a = 7^{524}\ e\ b = 8;$$

$$a = 7^{723} \text{ e } b = 8, a = 172^{254} \text{ e } b = 3;$$

$$a = 172^{253} \text{ e } b = 3, a = 172^{253} \text{ e } b = 5.$$

(53) Mostre que o produto de três números inteiros consecutivos é divisível por 3.

Sugestão: Os três números consecutivos podem ser representados por $a-2, a-1, a$. O resto da divisão de Euclides de um número inteiro por 3 somente pode ser 0, 1 ou 2. Logo, sempre um dos fatores no produto de

$(a-2)(a-1)a$ é divisível por 3. Neste caso, se o resto da divisão de Euclides de a por 3 é 0 então a e logo, $(a-2)(a-1)a$ é divisível por 3, se for 1 então no referido produto o fator $a-1$ é divisível por 3, e se for 2, o fator $a-2$ é divisível por 3.

(54) Mostre que o produto de k números inteiros consecutivos é divisível por k.

(55) Por meio do Teorema 1.39 calcule os seguintes máximos divisores comuns:

$$[24, 82], [241, 1523], [524, 94]$$

(56) Mostre que os seguintes subconjuntos são ideais de $\mathbb{Z}$:

(a) $I = \{3,6,9,-3,-6,-9,\cdots 3r\}$ onde r varia em todo $\mathbb{Z}$;

(b) $I = \{4k+\ell \mid k,\ell$ variam em todo $\mathbb{Z}\}$;

(c) $I = \{-5a+4b \mid a,b$ variam em todo $\mathbb{Z}\}$;

(d) $I = \{-5a+4\,b+7c \mid\mid a,b,c$ variam em todo $\mathbb{Z}\}$.

(57) Ache o número natural g tal que os ideais do exercício precedente podem ser representados como $g\mathbb{Z}$ (veja o Lema 1.27).

(58) Resolva as seguintes equações diofantinas e ache pelo menos três respostas delas:

$$2x+y=3, 2x+3y=1, -x+5y=1, -5x+4y=8,$$

$$-500x+35y=50,\ \ 2x+3y+4z=1.$$

(59) Por meio do Corolário 1.31 calcule o máximo divisor comum dos pares de números $[3, 8]$, [-4, 2] e [2,3,4].

(60) Sejam a, b dois números naturais. Mostre que se $b|a$ então, $a\mathbb{Z} \subseteq b\mathbb{Z}$.

(61) Seja p um número primo e $\alpha \in \mathbb{N}$. Calcule os divisores de p^α. Dê uma fórmula para o número de seus divisores. Seja q um número primo diferente que p e $\beta \in \mathbb{N}$. Quantos divisores o número $p^\alpha q^\beta$ têm?

(62) Divisão em conjunto de números inteiros $\mathbb{Z}$. Em comparação com a Definição 1.16, mostre que a divisão no conjunto $\mathbb{Z}$ pode ser definida da seguinte maneira: sejam $a, b \in \mathbb{Z}$. Então, dizemos que $b|a$, se, e somente se, exisitir um único número inteiro c tal que $a = bc$.

(63) Com a definição acima mostre que zero não pode dividir nenhum número inteiro (na verdade nenhum número real).

(64) Mostre que é impossível que o produto p_1p_2 de dois números primos distintos seja igual ao produto $q_1q_2q_3$ de três números primos distintos.

(65) Sejam p, q e r três números primos distintos. Sejam α, β dois números naturais. Mostre que se $p|q^\alpha r^\beta$ então, $p = q$ ou $p = r$.

(66) Mostre que a seguinte igualdade é falsa:

$$[a, b] = [ca, b] \text{ Para todo número inteiro não nulo } c$$

(67) Mostre que a seguinte igualdade é falsa:

$$[a, b] = [xa + yb, b] \text{ Para todo número inteiro } x, y$$

(68) Mostre que o item (7) da Proposição 1.18 também é valido para o caso de quando x e y forem zero.

(69) Equação não linear. O Exemplo 1.43 mostra que a equação diofantina $ax + by = c$ quando tem solução, tem infinitas soluções. Com isso talvez pode se especular que toda equação diofantina tem essa propriedade. Mas, isso não é verdade. Considere a equação diofantina $x^2 + y^2 = 1$. Mostre que ela possui somente um número finito de soluções, e achar todas elas.

(70) Mostre que vale a fórmula (1.5) para o número de algarismos de um número natural n.

(71) Números binários. Na representação potenciação de números naturais na expressão (1.4) o papel de decimais naturais $0,1,\cdots,9$ ficou claro. Similarmente, podemos considerar um conjunto de dois números $\{0,1\}$ e chamá-lo de bits (ou conjunto de bits). Um bit é um elemento de conjunto de bits. Definimos que β é um número binário quando ele é escrito como:

$$\beta = \beta_{n-1}2^{n-1} + \beta_{n-2}2^{n-2} + \cdots + \beta_1 2 + \beta_0 \tag{1.21}$$

onde $\beta_i \in \{0,1\}$ para todo $i = 1,2,\cdots,n-1$ e $\beta_{n-1} = 1$. Chamaremos a igualdade (1.21) de representação binária de β. Usando a mesma ideia da demonstração da Proposição 1.8 e fórmula (1.5) desenvolva uma fórmula para calcular o número de bits em um número binário.

(72) Verifique as mesmas propriedades da Proposição 1.10 de número de bits de um número binário.

(73) Mostre que vale a seguinte desigualdade para números naturais:

$$\| m - n \| \geq | \| m \| - \| n \| |$$

Essa vale para números inteiros, racionais, reais? Vale para os números binários?

(74) Qual é a representação binária do número natural 2007?

(75) Qual é o número natural n cuja representação binária é igual a 100010001?

(76) Escreva todos os números decimais naturais como números binários.

(77) Faça uma tabela de adição e de multiplicação para os bits $\{0,1\}$.

(78) Mostre que todo ideal de $\mathbb{Z}$ contém o número 0.

(79) Mostre que se I é um ideal de $\mathbb{Z}$ e $x \in I$, então, $x^2 \in I$, e em geral $x^n \in I$ para todo número natural n.

(80) Mostre que se I é um ideal de $\mathbb{Z}$ e $1 \in I$ então, $I = \mathbb{Z}$.

(81) Mostre que se I é um ideal de $\mathbb{Z}$ que contém x e $(x+1)^2$ então $I = \mathbb{Z}$.

(82) Mostre que $\{0\}$ e $\mathbb{Z}$ são ideias de $\mathbb{Z}$ e que $\{0\}$ é o único ideal com número finito de elementos.

(83) Mostre que a interseção de dois ideais é um ideal.

(84) Mostre que $n\mathbb{Z} \cap m\mathbb{Z} = < n, m > \mathbb{Z}$.

(85) Mostre que em geral a união de dois ideais não nulos de $\mathbb{Z}$ não é um ideal do mesmo.

(86) Teorema da divisão de Euclides. Mostre que se $a, b \in \mathbb{Z}$ e $b < 0$, então existem únicos números inteiros q e r tal que $a = bq + r$ com a condição $0 \leq r < b$.

Sugestão: A mesma ideia usada na demonstração do Teorema 1.22.

Portanto, o Teorema da divisão da Euclides para números inteiros pode ser escrito na seguinte forma geral:

Teorema (Teorema de divisão da Euclides). Sejam $a, b \in \mathbb{Z}$ e $b \neq 0$. Então existem únicos inteiros q e r tal que

$$a = bq + r, \quad \text{com } 0 \leq r < |b|$$

(87) Mostre que o conjunto $\{x^2 | \, x \text{ varia em todo } \mathbb{Z}\}$ dos quadrados dos números inteiros não é um ideal de $\mathbb{Z}$.

(88) Mostre que para todo número natural m sempre vale a inclusão $m^2\mathbb{Z} \subseteq m\mathbb{Z}$ e que exista uma cadeia infinita de ideais de forma que:

$$\cdots \subseteq m^3\mathbb{Z} \subseteq m^2\mathbb{Z} \subseteq m\mathbb{Z}$$

(89) Seja p um número primo. Mostre que se $ab \in p\mathbb{Z}$ então ou $a \in p\mathbb{Z}$ ou $b \in p\mathbb{Z}$.

(90) Sejam $a, b \in \mathbb{N}$ e $a < b$. Mostre que neste caso do teorema da divisão de Euclides temos que $q = 0$ ou $r = a$.

(91) Sejam $a_1, b_1, a_2, b_2 \in \mathbb{N}$. É verdade que no teorema da divisão de Euclides para divisão de $a_1 + a_2$ por $b_1 + b_2$ o resto é soma dos restos da divisão de a_1 por b_1 e de a_2 por b_2?

(92) Com os dados do exercício precedente é verdadeiro que o resto da divisão de $a_1 a_2$ por $b_1 b_2$ é igual o produto dos restos das divisões de a_1 por b_1 e de a_2 por b_2?

(93) ideal de $\mathbb{Q}$. Da mesma maneira que foi definido ideal de $\mathbb{Z}$, podemos definir ideal de $\mathbb{Q}$ para números racionais. Mostre que então todo ideal não nulo de $\mathbb{Q}$ deve ser igual a $\mathbb{Q}$ mesmo.

(94) Fazer uma tabela de adição e uma tabela de multiplicação para os números binários seguintes:

$$1, 10, 11, 100, 101, 110, 111, 1000, 1001, 1010$$

(95) O número natural 128 no sistema binário termina com quantos zeros?

(96) Com referência ao Exercício 86 calcule os números q e r nos seguintes casos:

$$a = 10, b = -8; a = 100, b = -1; a = 1524, b = -2001$$

(97) Mostre que no teorema da divisão de Euclides para inteiros a e b, de fato, o número b não pode ser zero.

(98) Por meio da Indução Matemática mostre que para todo número natural n o resto da divisão de 5^n por 4 é 1.

(99) Seja $a > 1$ um número natural. Por que a equação $ax + (a+1)y = a$ possui solução? Resolva esta equação diofantina e ache todas as suas soluções.

(100) Por meio da falsa indução mostre que para todo número inteiro não negativo n vale a igualdade $2n = 0$.

(101) Dê uma condição necessária e suficiente para que a equação seguinte tenha solução:

$$[a, b]x + by = 1$$

(102) Calcule $[[a, b], a]$. Calcule $[[a, na], a]$ para todo número natural n.

(103) Calcule o valor da fração continuada infinita $(1, 1, 1, \cdots)$.

Sugestão: uma fração continuada como $(1, 1, 1, \cdots)$ pode ser escrita numa forma geral como

$$1 + \cfrac{1}{1 + \cfrac{1}{1 + \cfrac{1}{1 + \cfrac{1}{\cdots}}}}$$

Continuada assim para infinito. Se no limite valor dessa fração é denotado α então $1 + \frac{1}{\alpha} = \alpha$. Daí, $\alpha^2 = 1 + \alpha$. Logo, entre as duas raízes dessa equação quadrática a raiz positiva é aceitável $\alpha = \frac{1+\sqrt{5}}{2}$.

Esse número e seu "conjugado" $\frac{1-\sqrt{5}}{2}$ são particularmente interessantes como veremos no final do Capítulo 3, onde são encontrados na realização de números de Fibonacci.

O leitor deve notar que no livro [Sho 457] das soluções existe um erro de digitação, onde por erro esta escrita a resposta sem solução como $\frac{1+\sqrt{3}}{2}$.

(104) Mostre que todo número racional pode ser representado por uma fração continuada simples.

Sugestão: Seja $\frac{a}{b}$ um número racional. Aplique a ideia do Exemplo 1.44, calcule os números a_n, b_n, q_n e r_{n-1}.

Capítulo 2

Números Primos

Uma grande parte de Teoria dos Números evoluiu para explicar os fenômenos em torno de números primos, para entendê-los, para saber o comportamento deles principalmente para números primos grandes, e para detectar se um dado número natural é primo ou não. A curiosidade de pensadores sobre números primos e as suas propriedades são antigas, mas ao mesmo tempo, os problemas relacionados com números primos requerem métodos modernos que foram acumulados durante séculos na abordagem das suas soluções. Muitos desses métodos foram desenvolvidos por matemáticos desde o século XVI , mas ainda pode se encontrar com questões em torno dos números primos e suas aplicações, não somente em teoria dos números, mas também onde teoria dos números e álgebra são utilizadas.

2.1 Algumas propriedades clássicas de números primos

Inicialmente, denotaremos por $\mathcal{P}$ o conjunto de números primos. Este é obviamente um subconjunto do conjunto dos números naturais $\mathbb{N}$. Certas propriedades desse conjunto em particular, os seguintes três teoremas são conhecidos por gregos antes de Cristo.

Teorema 2.1 (primeiro teorema de Primalidade e fatoração). Todo número natural $n > 1$ ou é primo, ou é divisível por um número primo.

Demonstração. Usaremos Indução Matemática e a definição de números primos. Quando $n = 2$ ele é um número primo e então o teorema é verdadeiro. Suponhamos que a hipótese do teorema seja verdadeiro para todo número inteiro k com $2 \leq k \leq n - 1$. Vamos considerar o número n. Se ele é primo então o teorema é verdadeiro pela hipótese da Indução Matemática. Se não, então ele é produto de dois números naturais a e b

com $1 < a < n$ e $1 < b < n$. Logo, a hipótese da Indução Matemática é aplicável a dois números a e b, ou um deles é primo, ou é divisível por um número primo, e assim por diante. Isso completa a demonstração. □

Dizemos que um número natural maior que 1 é um número composto, quando ele não é primo. Portanto, os números naturais a partir do número 2 ou são primos ou são compostos.

Por exemplo, no conjunto dos números $\{0,1,2,3,4,5,6,7,8,9\}$ da base decimal a partir do número 2, existem os primos $2,3,5,7$ e compostos $4,6,8,9$. Não é sempre que o número de números primos e compostos são iguais como este caso. Por exemplo, entre 2 e 100 existem somente vinte e cinco números primos, veja a tabela dos números primos nas próximas páginas.

Teorema 2.2 (teorema de Infinidade). O conjunto dos números primos $\mathcal{P}$ é infinito. Isso quer dizer que existem infinitos números primos.

Demonstração. Primeiro notamos que $\mathcal{P} \neq \emptyset$, pois existe o número primo 2. Então, agora podemos concentrar na prova que no conjunto $\mathcal{P}$ existem infinitos elementos (números). Suponha pelo absurdo de que $\mathcal{P}$ é um conjunto finito com os seguintes elementos (números primos) colocados em ordem de grandeza:

$$2 \leq p_1 < p_2 < p_3 \cdots < p_n$$

O método para provar que $\mathcal{P}$ é um conjunto infinito mostra que deve existir um número primo maior que p_n. Para isso, considere-se o número definido como:

$$q = 1 + p_1 p_2 \cdots p_n$$

formado pela soma de 1 com produto de números primos $p_1, p_2, \cdots, p_n$. A infinidade de conjunto de números naturais garante que $q > p_i$ para todo $i = 1,2, \cdots, n$. Então, existem duas opções para q, ou ele é um número primo ou não. Se ele não é um número primo então pelo teorema anterior ele é divisível por algum número primo, quer dizer algum número do conjunto $\{p_1, p_2, \cdots, p_n\}$. Mas, q não pode ser divisível por nenhum desses números primos, pois se fosse, digamos divisível por p_j para $1 \leq j \leq n$, então p_j dividiria o número 1 também, que é impossível, pois $p_j \geq 2$. Portanto, o número q tem que ser um número primo. Logo, $\mathcal{P}$ possui mais números primos que $p_1, p_2, \cdots, p_n$. Portanto, sempre podemos gerar um elemento novo em qualquer conjunto finito como $\{p_1, p_2, \cdots, p_n\}$, e assim por diante. Isso completa a demonstração do teorema. □

Devemos observar que a demonstração desse teorema não nos fornece com um método prática para gerar números primos. Por exemplo, do conjunto $\{2, 3\}$ com dois números primos, o número $r = 1 + 2 \cdot 3 = 7$ e obviamente um número primo é gerado, mas do conjunto $\{3, 5\}$ o número $r = 1 + 3 \cdot 5 = 16$ não é um número primo.

Também notamos que os dois teoremas precedentes podem ser usados para realizar números naturais como produto de seus divisores primos, e numa forma única.

Teorema 2.3 (teorema fundamental da aritmética). Todo número composto $n > 1$ pode ser representado de uma única forma a menos de ordem de fatores como produto

$$n = p_1^{\alpha_1} p_2^{\alpha_2} \cdots p_k^{\alpha_k} \tag{2.1}$$

com números primos $p_1 < p_2 < \cdots, < p_k$ e os números naturais $\alpha_1, \alpha_2, \cdots, \alpha_k$.

Demonstração. A demonstração desse teorema é uma consequência do Teorema 2.1 que mostra que n é de fato produto de seus divisores primos. O número de divisores de um número natural é finito, e sejam $p_1, p_2, \cdots, p_u$ os divisores primos de n. Nesta lista certos divisores p_j podem ser repetidos, digamos α_j vezes. Logo, após divisão de n por $p_j^{\alpha_j}$ chegaremos a um número natural $n_j = n/p_j^{\alpha_j}$. Repetindo esse processo para n_j, então chegaremos à representação (2.1) sem levar em consideração a ordem crescente de divisores $p_1, p_2, \cdots, p_k$. Agora podemos levar em consideração esta ordem e chegar à representação (2.1). Para completar a demonstração, falta provar que a referida representação é única. Para isso, suponhamos que exista outra representação para n, como $n = q_1 q_2 \cdots q_w$ com possibilidade de repetição de números primos $q_1, q_2, \cdots, q_w$. Portanto, tem se,

$$n = p_1 p_2 \cdots p_u = q_1 q_2 \cdots q_w \tag{2.2}$$

Logo, $p_1 | q_1 q_2 \cdots q_w$ que por sua vez, pelo Corolário 1.42 implica que $p_1 = q_j$ para algum j, com $1 \leq j \leq w$. Cancelando p_1 e q_j, e repetindo o mesmo processo para todo $p_2, \cdots, p_u$ chegamos à conclusão de que $u \leq w$ e $p_i = q_i$ para todo i com $1 \leq i \leq u$. De novo, fazendo o mesmo mas, dessa vez para o produto $q_1 q_2 \cdots q_w$, chegamos à conclusão de que $w \leq u$ e que $q_j = p_j$ para todo j com $1 \leq j \leq w$. Logo, $u = w$ e para todos os índices i e j os números primos $p_i = q_j$. A demonstração está completa. □

Nós chamaremos a expressão (2.1) de representação aritmética de n.

Proposição 2.4. Para todo número natural n se $2|n^2$, então $2|n$.

Demonstração. Se 2 não divide n, então o resto da divisão de Euclides de n por 2 é 1. Daí tem-se que $n = 2\ell + 1$ para algum número natural ℓ. Logo, $n^2 = 4\ell^2 + 4\ell + 1 = 2(2\ell^2 + 2\,\ell) + 1$. Isso mostra que o resto da divisão de Euclides de n^2 por 2 é 1, que é uma contradição a respeito da suposição de que 2 divide n^2. □

Outra maneira de demonstrar a proposição precedente é notar que a representação aritmética de n^2 é a quadrada da representação aritmética de n. Em outras palavras, pelo Teorema 2.3 vale $n = p_1^{\alpha_1} p_2^{\alpha_2} \cdots p_k^{\alpha_k}$. Mas, então $n^2 = p_1^{2\alpha_1} p_2^{2\alpha_2} \cdots p_k^{2\alpha_k}$. Agora pela unicidade de representação aritmética se $2|n^2$ logo 2 tem que dividir alguns dos fatores $p_j^{\alpha_j}$ para algum j com

$1 \leq j \leq k$. Por ser um número primo, então de fato $2 = p_j$. Isso implica que $2|n$.

Nesta demonstração ficou claro que a propriedade de 2 ser um número primo é fundamental. Por isso, o leitor pode desenvolver uma demonstração e provar que se $p|n^2$ então $p|n$ para todo número primo p. Para ter uma ideia de que esse resultado para números compostos não é necessariamente verdadeiro considere o caso onde $8|4^2$, mas que obviamente $8 \nmid 4$.

No seguinte exemplo será utilizada a proposição precedente.

Exemplo 2.5. Neste exemplo vamos demonstrar que $\sqrt{2}$ não é um número racional, que é irracional. De fato, historicamente, os gregos, antes de Cristo, sabiam que a hipotenusa de um triângulo retângulo com lados iguais a 1 (triângulo isósceles) não podia ser representada como fração de dois números inteiros. Hoje em dia, nós usamos o símbolo $\sqrt{2}$ para indicar aquele número positivo cujo quadrado é igual a 2. Para provar que este não é um número racional, vamos supor por absurdo que ele é racional, e que existem números inteiros não nulos a e b tal que $\sqrt{2} = \frac{a}{b}$. Podemos também supor sem perda de generalidade que $[a, b] = 1$. Neste caso chamamos a fração $\frac{a}{b}$ de número racional reduzido. A igualdade $\left(\sqrt{2}\right)^2 = \left(\frac{a}{b}\right)^2$ implica que $a^2 = 2b^2$. Portanto, $2|a^2$ e então pela Proposição 2.4 tem se $2|a$. Logo, número a é par e existe um número natural k tal que $a = 2k$. Daí, a igualdade $a^2 = 2b^2$ implica que $4k^2 = 2b^2$. Então, $2k^2 = b^2$, e isso implica que $2|b^2$ e logo, pela mesma proposição $2|b$. Isso é uma contradição ao fato de que $\frac{a}{b}$ é um número racional reduzido. Então $\sqrt{2}$ não é um número racional.

2.2 O crivo e a primalidade

Uma das perguntas com maior abrangência e que também pode ser uma pergunta prática, sobre métodos práticos e algoritmos em teoria dos números é a seguinte, com respeito de números primos.

Pergunta 2.6 (primalidade de números naturais). Dado um número natural n, como podemos decidir se ele é primo ou não?

Essa pergunta pode ser tão antiga quanto a descoberta de números primos. Dentre as tentativas mais clássicas, uma maneira para decidir a primalidade de um número natural é o chamado método de crivo, também denominado crivo de Eratóstenes, conhecido desde cerca de 240 anos antes de Cristo.

Método 2.7 (Eratóstenes). Considere uma lista de números naturais de 2 até n. A seguinte operação determina todos os números primos nesta lista:

(1) Retire o segundo número a partir de 2 como está marcada por uma linha a baixo do número:

2, 3, 4, 5, 6, 7, 8, 9, 10, 11, 12, 13, 14, 15, 16, 17, 18, 19, 20;

21, 22, 23, 24, 25,....

(2) Retire o terceiro número a partir de 3, assim por diante. Logo, números como $6, 9, 12, 15, \cdots$ são retirados da lista, eles serão marcados por duas linhas embaixo dos números:

2, 3, 4, 5, 6, 7, 8, 9, 10, 11, 12, 13, 14, 15, 16, 17, 18, 19, 20;

21, 22, 23, 24, 25,....

(3) Retire o quinto número a partir de 5, assim por diante. Logo, números como $10, 15, 20, 25$, são retirados:

2, 3, 4, 5, 6, 7, 8, 9, 10, 11, 12, 13, 14, 15, 16, 17, 18, 19, 20;

21, 22, 23, 24, 25,....

Até agora os números não retirados são os primos $2, 3$ e 5, eles ficaram no crivo. No próximo passo consideramos o número 7.

(4) Retire o sétimo número a partir de 7, e assim por diante. Logo, números como $14, 21, 28, \cdots$ são retirados da lista:

2, 3, 4, 5, 6, 7, 8, 9, 10, 11, 12, 13, 14, 15, 16, 17, 18, 19, 20;

21, 22, 23, 24, 25,....

Até aqui foram gerados os seguintes números primos: $2, 3, 5$ e 7. O processo deve continuar até que alcancemos um número próximo de $\sqrt{n}$ que é $\lfloor\sqrt{n}\,\rfloor$. Neste caso, já foram retirados os números compostos até n e na lista existirão números primos menores ou iguais a n.

Por exemplo, para detectar se 20 é um número primo ou não, basta aplicar o método de Eratóstenes nos passos até $p \leq \lfloor\sqrt{20}\,\rfloor = 4$ que é o número 3. Os passos acima mostrarão que no primeiro, são retirados os números pares, no segundo, aqueles que são divisíveis por 3. Logo, a lista para detectar se 20 é um número primo é formada pelos seguintes números:

2, 3, 5, 7, 11, 13, 17, 19

Todos esses números são menores que 20. Isso mostra que 20 não é um número primo, pois não está na lista, foi retirado.

2.2.1 Análise de testes

A dificuldade de usar o crivo para checar a primalidade de um número natural $n > 1$ está no fato de que, além de ser um método que consuma muito tempo no caso de números "grandes", no processo de aplicar o crivo são determinados todos os números primos até n, que em geral não é necessário.

Quando n é um número "pequeno" podemos testar a sua primalidade pelas divisões sucessivas, dividindo n por números primos menor ou igual a n. Mas, de fato, como veremos no próximo lema, basta fazer divisões sucessivas até o inteiro mais próximo a $\sqrt{n}$, que é denotado como sabemos por $\lfloor\sqrt{n}\,\rceil$. Obviamente, a questão de saber quando que um número é "grande" ou "pequeno" é por si uma questão que depende dos métodos utilizados na checagem de primalidade de números naturais.

Lema 2.8. Para testar a primalidade de $n \in \mathbb{N}$ quando ele é maior que 1 pelas divisões sucessivas é suficiente dividir n por $\lfloor\sqrt{n}\,\rceil$ números primos menor que o n.

Demonstração. A ideia é mostrar que todo número composto natural n possui um divisor primo menor ou igual a $\lfloor\sqrt{n}\,\rceil$. De fato, se a é um divisor de n então $\frac{n}{a} = b$ também é um divisor de n. À medida que a varia sobre todos os divisores de n e aumenta de 1 até n, o divisor b diminui de n para 1 no sentido oposto de crescimento de a, e vice-versa. Logo, a igualdade $n = ab$ mostra que sempre uma das seguintes desigualdades é verdadeira:

$$1 \leq a \leq \lfloor\sqrt{n}\,\rceil \text{ e } \lfloor\sqrt{n}\,\rceil \leq b \leq n; \lfloor\sqrt{n}\,\rceil \leq a \leq n \text{ e } 1 \leq b \leq \lfloor\sqrt{n}\,\rceil$$

Uma vez que existe um divisor de n com uma das propriedades acima, então seus divisores primos também satisfazem as desigualdades mencionadas. Portanto, existe um divisor primo menor ou igual a $\lfloor\sqrt{n}\,\rceil$. □

O resultado acima mostra que no método de Eratóstenes é suficiente determinar até $\lfloor\sqrt{n}\,\rceil$ números primos para checar se n é um número primo.

Método 2.9 (divisões sucessivas). Para decidir se um número natural n é primo ou não, podemos verificar se ele é divisível por todos os números primos menor ou igual a $\lfloor\sqrt{n}\,\rceil$.

O método de divisões sucessivas para testar a primalidade de um número grande é suficiente também, como o método de Eratóstenes. Vamos considerar o seguinte exemplo.

Exemplo 2.10. Seja $n = 18446744073709551617$ de 20 algarismos. Para aplicar o método das divisões sucessivas precisamos calcular em primeiro lugar $\sqrt{n}$. Isto é $\sqrt{n} = 4{,}294967296 \cdot 10^9$. Temos que $\lfloor\sqrt{n}\,\rfloor$ é um número de 10 algarismos. Logo, no máximo, devemos fazer $m = 4294967296$ divisões, a menos que com sorte, o número n seja divisível por um número primo menor que m. Aproximadamente, precisamos de 4 bilhões de divisões. Supondo que para cada divisão é usado $\frac{1}{4}$ segundos do tempo, então, no total são 10^{10} segundos de tempo que é $\frac{1}{3600}\,10^{10} = \frac{1}{36}10^8$ horas de tempo. Isso é o mesmo que $\frac{1}{24\cdot 36}10^8 = \frac{1}{864}10^8$ dias. Logo, aproximadamente, o tempo será de 10^5 dias que é mais que 270 anos.

É importante mencionar que neste exemplo foi suposto que a lista dos números primos de 2 até n estava disponível. Se esta suposição fosse removida, o trabalho para testar a primalidade de n ia levar bilhões de anos. E talvez no final ficasse claro que de fato

$$n = 67280421310721 \cdot 274177$$

é produto de dois números primos, um de 14 algarismos e outro de 6 algarismos, respectivamente.

Como outro exemplo considere o problema de determinar os 25 números primos entre 1 e 100, usando método de divisões sucessivas. Será necessário fazer 411 divisões. Na primeira operação, dividindo os números entre 3 até 100 por 2, que é 98 divisões. Depois dividindo os números ímpares de 5 até 99 por 3, que são 48 divisões. Assim, continuando, dividindo por 5 os números de 7 até 97 que são 31 divisões. Eventualmente, ficamos com 89 e 97, que nesta última operação, envolve somente uma divisão, por 89. Número total das divisões será 411.

2.3 As ordens de números naturais com respeito de números primos

Pelo teorema fundamental de aritmética todo número natural n tem uma representação única como produto de seus divisores primos. Quando $n = p_1^{\alpha_1} p_2^{\alpha_2} \cdots p_k^{\alpha_k}$ como na expressão (2.1), os números naturais $\alpha_1, \alpha_2, \cdots, \alpha_k$ são maiores potências de números primos $p_1, p_2, \cdots, p_k$ que são todos os divisores primos de n. Em particular, para essas potências deve se observar que $p^{\alpha_j} | n$, mas que $p^{1+\alpha_j} \nmid n$. Essas potências além de serem usadas na representação aritmética de n elas têm certas propriedades importantes. O nosso objetivo é apresentar algumas dessas propriedades.

Definição 2.11. A cada número primo p associamos uma função ord_p de números inteiros não negativos $\mathbb{N}' = \mathbb{N} \cup \{0\}$ definida pela

$$ord_p(n) = \alpha \text{ se, e somente se } p^\alpha | n \text{ e } p^{\alpha+1} \nmid n, \text{ para todo } n \in \mathbb{N}'$$

Em outras palavras, quando $ord_p(n) = \alpha$, então α é a maior potência de p que divide n.

Por exemplo, para todo número primo p tem-se $ord_p(p) = 1$, se q é um número primo diferente de p então $ord_p(q) = 0$. Se $p > 2, ord_p(2p) = 1$. Para $n = 24$ valem as:

$$ord_2(24) = 3, ord_3(24) = 1, ord_5(24) = 0, ord_p(24) = 0$$

para todo número primo $p > 3$. Além desses, tem-se $ord_2(56) = 3, ord_7(7^{10})$= 10.

Baseada na definição anterior, podemos reescrever a representação aritmética de número n na seguinte forma de produto:

$$n = p_1^{ord_{p_1}(n)} \cdot p_2^{ord_{p_2}(n)} \cdot \cdots \cdot p_k^{ord_{p_k}(n)} \tag{2.3}$$

Portanto, uma maneira prática para determinar a representação aritmética de n é primeiro achar seus divisores primos e em seguida as ordens deles em n.

Lema 2.12. A ordem ord_p satisfaz as seguintes propriedades:

$$ord_p(mn) = ord_p(m) + ord_p(n) \tag{2.4}$$

$$ord_p(m+n) \geq \min\{ord_p(m), ord_p(n)\} \tag{2.5}$$

para todo número natural m e n, e todo número primo p. Notamos que no lado direito da desigualdade é o mínimo entre $ord_p(m)$ e $ord_p(n)$ que é desejado.

Demonstração. Se $ord_p(m) = \alpha$ e $ord_p(n) = \beta$, então $p^\alpha p^\beta = p^{\alpha+\beta}$ é a maior potência de p que aparece na representação aritmética de número mn pela unicidade de teorema fundamental da aritmética. Logo, tem-se a igualdade (2.4). Para demonstrar a desigualdade (2.5) vamos supor, sem perda de generalidade, que $ord_p(m) \geq ord_p(n)$. Na soma de $m+n$ podemos somar as representações aritméticas de m e n e fazer o fator de $p^{ord_p(n)}$ e notar que esta é a maior potência de p que divide $m+n$. Portanto, temos demonstrado o item (2.5). □

De fato, existem casos onde no item (2.5) do lema acima pode acontecer a igualde ou desigualdade sem igualdade. Por exemplo, para $p = 5, m = 1, n = 2,$ tem-se $ord_5(1) = ord_5(2) = 0,$ onde também $ord_5(3) = 0$. Como outro caso, considere $p = 2, m = 2, n = 6$. Neste caso $ord_2(2+6) = ord_2(8) = 3 > ord_2(2) = 1$, e também vale $ord_2(2+6) > ord_2(6)$.

A definição de ordem de um número primo pode ser estendida aos números inteiros e aos racionais, veja a definição a seguir.

Definição 2.13. (1) Para cada inteiro negativo r definimos que

$$ord_p(r) = ord_p(-r)$$

(2) Para número 0 definimos $ord_p(0) = +\infty$, visto com um número positivo muito grande.

(3) Para cada número racional não nulo $\frac{m}{n}$ definimos

$$ord_p\left(\frac{m}{n}\right) = ord_p(m) - ord_p(n)$$

Algumas vezes a fórmula (2.4) do Lema 2.12 pode oferecer informações completas com respeito da ordem de número primo p para o número fatorial $n!$. Por exemplo, $ord_2(10!) = 8$. De fato, podemos notar que:

$$10! = 1 \cdot 2 \cdot 3 \cdot 4 \cdot 5 \cdot 6 \cdot 7 \cdot 8 \cdot 9 \cdot 10$$

Por outro lado, sabemos que

$$ord_2(1) = ord_2(3) = ord_2(5) = ord_2(7) = ord_2(9) = 0;$$

$$ord_2(2) = ord_2(6) = ord_2(10) = 1;$$

$$ord_2(4) = 2;$$

$$ord_2(8) = 3$$

Logo, usando a fórmula (2.4) temos que

$$ord_2(n!) = \sum_{k=1}^{n} ord_2(k) \tag{2.6}$$

Portanto, vale a seguinte igualdade:

$$ord_2(10!) = 0 + 1 + 0 + 2 + 0 + 1 + 0 + 3 + 0 + 1 = 8$$

Separadamente, é fácil verificar que $10! = 3628800$ um número natural de sete algarismos e que, 2^8 é a maior potência de 2 que divide $10!$.

Lema 2.14. O número de zeros do lado direito (zeros finais) de $n!$ é igual ao mínimo entre as ordens $ord_2(n!)$ e $ord_5(n!)$. Isto é $\min\{ord_2(n!), ord_5(n!)\}$ que representa $n!$ termina com quantos zeros.

Demonstração. Os zeros finais de $n!$ são exatamente o resultado do produto de números 2 e 5, então, de fato, basta saber as ordens $ord_2(n!)$ e $ord_5(n!)$. O número 2 sozinho e o número 5 sozinho não vão contribuir aos zeros finais de $n!$. Portanto, se $ord_2(n!) = \alpha$ e $ord_5(n!) = \beta$ então, o número dos zeros finais de $n!$ é igual a $(2 \cdot 5)^{\min\{\alpha,\beta\}} = 10^{\min\{\alpha,\beta\}}$. □

Por exemplo, o número $4!$ não possui zeros finais, pois neste caso não existe número 5 no cálculo de $4!$. Por outo lado, no cálculo de número $10!$ Tem-se $ord_2(10!) = 8$ e $ord_5(10!) = 2$, daí este número fatorial possui dois zeros finais. O número $12! = 479001600$ de nove algarismos é o primeiro número fatorial que contém zeros antes dos zeros finais. Este número termina com dois zeros, pois $\min\{ord_2(12!), ord_5(12!)\}$ é a ordem $ord_5(12!) = 2$. O número $15!$ possui três zeros finais pois $ord_2(15!) = 11$, $ord_5(15!) = 3$. Finalmente, o número $23!$ possui quatro zeros finais, pois entre $ord_2(23!)$ e $ord_5(23!)$ o mínimo é $ord_5(23!) = 4$ que é a contribuição de números $5, 10, 15$ e 20, nenhum outro fator de $23!$ é divisível por 5.

O leitor poderia observar que para $n > 4$ o número de zeros finais de $n!$ poderia ser determinado simplesmente pelo $ord_5(n!)$. Deixamos também se o leitor tem interesse de achar uma fórmula (se existir) para calcular o número dos zeros que $n!$ contém antes dos zeros finais.

Corolário 2.15. Quando $n \geq 5$, o número dos zeros finais de $n!$ é exatamente igual a $ord_5(n!)$. Quando $n < 5$, o número $n!$ não possui zeros.

Demonstração. A razão é uma consequência imediata do lema anterior. □

A contagem dos zeros finais de números fatoriais $n!$ foi feito pelo cálculo de $ord_5(n!)$. E isso levanta a importância de estudar uma fórmula geral para o cálculo de $ord_p(n!)$. Uma fórmula geral para este é o seguinte lema de Legendre[1]. Antes de apresentar a demonstração do lema de Legendre, notamos que para um conjunto finito Y, o número dos seus elementos é chamado de cardinalidade e é denotado $card(Y)$.

Proposição 2.16. Para todo número natural n, todo número natural j e todo número primo p vale a igualdade seguinte:

$$card(\{i \in \mathbb{N} \,|\, 1 \leq i \leq n \text{ e } p^j | i\}) = \left\lfloor \frac{n}{p^j} \right\rfloor \qquad (2.7)$$

Demonstração. Contamos o número de elementos do conjunto

$$A = \{i \in \mathbb{N} \,|\, 1 \leq i \leq n \text{ e } p^j | i\}$$

Para fazer isso, seja $1 \leq \ell \leq n$ o primeiro número tal que $p^j | \ell$. Então, $p^j | \ell + p^j, p^j | \ell + 2p^j, \cdots, p^j | \ell + kp^j$, onde k é o maior número com esta propriedade, e tal que $\ell + kp^j \leq n$. Daí existe $k + 1$ elemento no A. Agora computamos o lado direito da igualdade (2.7). Para isso notamos que $\left\lfloor \frac{n}{p^j} \right\rfloor = \left\lfloor \frac{\ell + kp^j}{p^j} \right\rfloor = k + 1$. Portanto, os dois lados da igualdade são iguais e ambos são $k + 1$. □

Como um exemplo, vamos considerar alguns casos. Para $n = 10$, $p = 3$ e $j = 1, 2, \cdots$ valem as seguintes:

$$card(\{i \in \mathbb{N} \,|\, 1 \leq i \leq 10 \text{ e } 3 | i\}) = card(\{3,6,9\}) = 3;$$

$$card(\{i \in \mathbb{N} \,|\, 1 \leq i \leq 10 \text{ e } 3^2 | i\}) = card(\{9\}) = 1;$$

$$card(\{i \in \mathbb{N} \,|\, 1 \leq i \leq 10 \text{ e } 3^j | i\}) = card(\emptyset) = 0, \text{ para } j > 2.$$

Para ilustrar a demonstração da Proposição 2.16 vamos supor que $n = 50, p = 3$ e $j = 2$. Neste caso $p^j = 9$ e $\ell = 9$. Logo,

[1] Adrien-Marie Legendre (1752-1833).

$$p^j|9, p^j|9+9,\ p^j|9+2\cdot 9, p^j|9+3\cdot 9, p^j|9+4\cdot 9$$

Daí, $k=4$, pois $9+4\cdot 9=45<50$ é a maior possibilidade de k. Por outro lado, temos que $\left\lfloor\frac{50}{9}\right\rfloor=\lfloor 5{,}55\rfloor=5$. Portanto, $k+1=5$ implica que $k=4$. Isso implica a igualdade (2.7) da referida proposição.

Lema 2.17 (*Legendre*). Para todo número natural n e todo número primo p vale a seguinte igualdade:

$$ord_p(n!) = \sum_{j\geq 1}\left\lfloor\frac{n}{p^j}\right\rfloor \tag{2.8}$$

Demonstração. Considere o seguinte conjunto $L_{p,n}$:

$$L_{p,n}=\{(i,j)\in\mathbb{N}\times\mathbb{N}\mid 1\leq i\leq n \text{ e } p^j|i\} \tag{2.9}$$

Podemos imaginar os elementos desse conjunto como entradas de uma matriz. Notamos que as entradas de uma matriz podem ser contadas de duas maneiras: a soma de entradas em todas as colunas ou, a soma de entradas em todas as linhas. É óbvio que o resultado é o mesmo. Contando os elementos de $L_{p,n}$ pelas colunas nos dará:

$$card(L_{p,n}) = \sum_{1\leq i\leq n} card(\{j\geq 1\mid\ p^j|i\})$$

$$=\sum_{1\leq i\leq n} max(\{k\geq 1\mid\ p^k|i\}) = \sum_{1\leq i\leq n} ord_p(i) = ord_p(n!)$$

Por outro lado, contando os elementos de $L_{n,p}$ pelas linhas, teremos que:

$$card(L_{p,n}) = \sum_{1\leq i\leq n} card(\{1\leq i\leq n\mid\ p^j|i\}) = \sum_{j\geq 1}\left\lfloor\frac{n}{p^j}\right\rfloor$$

onde, a última igualdade é pela proposição anterior. Agora, a igualdade dessas, mostra o resultado desejado □

Exemplo 2.18. Vamos seguir os passos da demonstração do lema de Legendre e calcular explicitamente os elementos do conjunto $L_{3,10}$. Começamos com $i = 3$, pois $i = 1$ e $i = 2$ não são divisíveis por 3, e achamos todos os números i satisfazendo $1 \leq i \leq 10$ que são divisíveis por 3, eles são $3, 6$ e 9 em total 3 números. Para $j = 2$ existe somente uma possibilidade para i entre 1 e 10, que é o número 9. Para $j = 3$ não existem números entre 1 e 10 divisíveis por $3^3 = 27$. Então, $L_{3,10}$ pode ser visto como uma matriz de $i = 10$ linhas e $j = 3$ colunas. Denotando as entradas dessa matriz por (i, j), podemos representá-la pela:

$$\{(i,j\}) = \begin{bmatrix} (1,1) & (1,2) & (1,3) \\ (2,1) & (2,2) & (2,3) \\ (3,1) & (3,2) & (3,3) \\ (4,1) & (4,2) & (4,3) \\ (5,1) & (5,2) & (5,3) \\ (6,1) & (6,2) & (6,3) \\ (7,1) & (7,2) & (7,3) \\ (8,1) & (8,2) & (8,3) \\ (9,1) & (9,2) & (9,3) \\ (10,1) & (10,2) & (10,3) \end{bmatrix} = \begin{bmatrix} \emptyset & \emptyset & \emptyset \\ \emptyset & \emptyset & \emptyset \\ \odot & \emptyset & \emptyset \\ \emptyset & \emptyset & \emptyset \\ \emptyset & \emptyset & \emptyset \\ \odot & \emptyset & \emptyset \\ \emptyset & \emptyset & \emptyset \\ \emptyset & \emptyset & \emptyset \\ \odot & \odot & \emptyset \\ \emptyset & \emptyset & \emptyset \end{bmatrix}$$

Os vazios $\emptyset$ indicam que não há possibilidade de divisão de i por p^j e os símbolos $\odot$ indicam o contrário.

Exemplo 2.19. No cálculo de $ord_2(18!)$ pelo lema de Legendre devemos fazer os seguintes passos:

$$ord_2(18!) = \sum_{j \geq 1} \left\lfloor \frac{18}{2^j} \right\rfloor$$

$$= \left\lfloor \frac{18}{2} \right\rfloor + \left\lfloor \frac{18}{4} \right\rfloor + \left\lfloor \frac{18}{8} \right\rfloor + \left\lfloor \frac{18}{16} \right\rfloor + \left\lfloor \frac{18}{32} \right\rfloor$$

$$= 9 + 4 + 2 + 1 + 0 = 16$$

Como outro exemplo, vamos calcular o número de zeros finais de $30!$ (veja nota rodapé)[2] que é um número de 33 algarismos. De fato, precisamos somente calcular $ord_5(30!)$. Pelo lema de Legendre temos que:

$$ord_2(30!) = \sum_{j\geq 1} \left\lfloor \frac{30}{5^j} \right\rfloor$$

$$= \left\lfloor \frac{30}{5} \right\rfloor + \left\lfloor \frac{30}{25} \right\rfloor + 0 = 6 + 1 = 7$$

2.4 Algumas fórmulas de produtos

Em teoria dos números existem resultados com respeito de produtos de números primos, e resultados que envolvem produtos com infinitos termos (produtos infinitos) indexados por números primos. Eles são de grande importância em entender os números primos e suas aplicações, em teoria analítica de números, e nas suas aplicações nessa teoria. O produto infinito não será discutido neste livro e foi apresentado no livro [Sho uvc], onde produtos infinitos como somas infinitas (séries infinitas) têm uso fundamental e estudos sobre números primos. Com respeito de fórmulas de produto começamos com o seguinte lema.

Lema 2.20 (A fórmula de produto) Para todo número natural n vale a seguinte igualdade de produtos:

$$n \prod_{p\in\mathcal{P}} p^{-ord_p(n)} = 1$$

Demonstração. De fato, como veremos o produto acima apesar de parecer ser um produto infinito, ele não é. A razão disso é o fato de que o número de divisores primos de um número natural é finito. Portanto, se $n = p_1^{\alpha_1} p_2^{\alpha_2} \cdots p_k^{\alpha_k}$ é a representação aritmética de n, então temos que

[2] 30! =265,252,859,812,191,058,636,308,480,000,000.

$\alpha_i = ord_{p_i}(n)$ para todo $i = 1,2,\cdots,k$. Mas, ainda, se q é um número primo diferente de todos os p_i para $i = 1,2,\cdots,k$, então, $ord_q(n) = 0$. Isso implica que

$$n\prod_{p\in\mathcal{P}} p^{-ord_p(n)} = p_1^{\alpha_1}\cdots p_k^{\alpha_k}p_1^{-\alpha_1}\cdots p_k^{-\alpha_k}\prod_{q\neq p_1,p_2,\cdots,p_k} q^0 = 1$$

Isso completa a demonstração. □

Por exemplo, seja $n = 315000$. Neste caso os divisores primos de n são os números $2,3,5$ e 7 e $n = 2^3\cdot 3^2\cdot 5^4\cdot 7^1$ é a sua representação aritmética. Daí, pelo lema acima se tem,

$$315000\prod_{p\in\mathcal{P}} p^{-ord_p(315000)} = 315000\cdot 2^{-3}\cdot 3^{-2}\cdot 5^{-4}\cdot 7^{-1}\cdot 1 = 1$$

Na demonstração acima, simplesmente as ordens com sinais negativos se cancelam com as ordens com sinais positivos na representação aritmética de n.

Mais um resultado com respeito de produto de números primos é o seguinte lema de Erdös[3].

Lema 2.21 (Erdös). Para todo número natural $n \geq 2$ vale a seguinte desigualdade com respeito de produto de números primos menor ou igual a n:

$$\prod_{p\leq n} p < 4^{n-1} \tag{2.10}$$

Antes de demonstrar este resultado de Erdös, vamos considerar alguns casos, por exemplo: Para $n = 2$ existe somente um número primo no produto que é $p = 2$ e então o lado direito da desigualdade é 4 e, portanto, vale a desigualdade $2 < 4$. Para $n = 3$ ou 4 o lado esquerdo da desigualdade (2.10) é o produto $2\cdot 3 = 6$ e que $6 < 4^{3-1} = 16 < 4^{4-1} = 64$. Do mesma

[3] Paul Erdös (1913-1996).

modo para todo número natural $4 < n \leq 6$ o produto do lado esquerdo da desigualdade mencionada é igual a $2 \cdot 3 \cdot 5 = 30$ e que esse é obviamente menor que $4^{6-1} = 4^5 = 1024$. Para números $6 < n \leq 10$ o produto do lado esquerdo da desigualdade é igual a $2 \cdot 3 \cdot 5 \cdot 7 = 210$ e este número é menor que $4^{10-1} = 4^9 = 262144$. Para $10 < n \leq 20$ se tem

$$\prod_{p \leq n} p = 2 \cdot 3 \cdot 5 \cdot 7 \cdot 11 \cdot 13 \cdot 17 \cdot 19 = 9699690$$

E este número é obviamente menor que $4^{20-1} = 4^{19} = 274877906944$.

Para demonstrar o lema de Erdös seguiremos os passos do livro [D]. Incialmente, devemos demonstrar certos resultados combinatórios.

2.4.1 Resultados combinatórios

Queremos preparar dados suficientes para a demonstração do Lema de Erdös, ao mesmo tempo obter resultados importantes, e independentes com respeito de números primos. Para isso, começamos com uma revisão de certas definições.

O fatorial de um número inteiro não negativo n é definido pelo:

$$n! = \begin{cases} 1 & \text{se } n = 0 \\ 1 \cdot 2 \cdots (n-1) \cdot n & \text{se } n \geq 1 \end{cases}$$

O número de combinações de n, k a k é dado pela fórmula combinatória bem conhecida:

$$C_{n,k} = \binom{n}{k} = \frac{n!}{k!(n-k)!} \tag{2.11}$$

onde $n \geq k \geq 0$. A mesma também representa os coeficientes da expansão binômio $(x + y)^n$ como sabemos. Pela definição de combinação de n, k a k é claro que o número $C_{n,k}$ é um inteiro positivo, um número natural. Uma maneira diferente para provar que este número é um número natural, é um dos objetivos do seguinte lema.

Lema 2.22. Para $\binom{n}{k}$ valem as seguintes propriedades:

(1) $\binom{n}{k} = \frac{n(n-1)\cdots(n-k+1)}{k!}$;

(2) $\binom{n}{0} = \binom{n}{n} = 1$;

(3) $\binom{n}{k} = \binom{n}{n-k}$;

(4) $\binom{n}{k} = \binom{n-1}{k-1} + \binom{n-1}{k}$ se $n \geq k > 0$;

(5) $\binom{n}{k} \in \mathbb{N}$;

(6) Se p é um número primo então, p divide $\binom{p}{k}$ para todo inteiro k com $0 < k < p$.

Demonstração. As demonstrações dos primeiros três itens são uma consequência da definição de $\binom{n}{k}$. Para demonstrar o item (4), a dica é calcular $\binom{n}{k} - \binom{n-1}{k-1}$ e mostrar que essa diferença é igual a $\binom{n-1}{k}$. Para demonstrar o item (5) usaremos Indução Matemática e item (4). Pela definição, ou pelo item (2) temos que $\binom{1}{0} \in \mathbb{N}$. No próximo passo da Indução Matemática suponhamos que $\binom{n-1}{\ell} \in \mathbb{N}$ para todo número natural ℓ satisfazendo $\ell \leq n-1$ e com $n > 2$. Logo, ambos $\binom{n-1}{k-1} \in \mathbb{N}$, $\binom{n-1}{k} \in \mathbb{N}$. Portanto, pelo item (4) temos que a soma dessas que é $\binom{n}{k} \in \mathbb{N}$. Para provar o item (6) observamos que, já que $\binom{p}{k}$ é um número natural podemos calcular a sua ordem a respeito de p e ver que $ord_p\left(\binom{p}{k}\right) > 0$. A positividade dessa ordem prova que $p | \binom{p}{k}$. De fato, tem-se que:

$$ord_p\left(\binom{p}{k}\right) = ord_p(p!) - ord_p(k!) - ord_P((p-k)!)$$

$$= 1 - 0 - 0 = 1$$

A demonstração está completa. □

Além da positividade de $ord_p\left(\binom{p}{k}\right)$ na demonstração acima foi provada que esta ordem é igual a 1 e uma consequência dessa é o seguinte corolário.

Corolário 2.23. Na representação aritmética de $\binom{p}{k}$ o número primo p somente aparece uma vez.

Demonstração. O valor da ordem de um número primo na representação aritmética de um número natural representa o número de vezes que esse número primo o divide. Pelo lema anterior ficou claro que $ord_p\left(\binom{p}{k}\right) = 1$.

□

Lema 2.24. Para todo número natural n, o número $\binom{2n+1}{n}$ é divisível por todos os números primos que satisfazem a desigualdade $n + 2 \leq p \leq 2n + 1$.

Demonstração. Temos que $\binom{2n+1}{n} = \frac{(2n+1)!}{n!(n+1)!} = \frac{((n+2)(n+3)\cdots(2n)(2n+1))}{n!}$. No numerador dessa última fração existem todos os números primos p que satisfazem as desigualdades do lema, enquanto no denominador não existe nenhum. Em outras palavras, temos que $ord_p\left(\binom{2n+1}{n}\right) > 0$ para todo número primo com as condições do lema, ou seja, $n + 2 \leq p \leq 2n + 1$. Isso completa a demonstração. □

Por exemplo, seja $n = 14$, neste caso os candidatos para os números primos p são: $17, 19, 23, 29$. Por outro lado, $\binom{2n+1}{n} = \binom{29}{14} = 77558760 = 17 \cdot 19 \cdot 23 \cdot 29 \cdot 360$.

Um resultado imediato do lema precedente é o seguinte corolário.

Corolário 2.25. Para todo número primo p satisfazendo as desigualdades $n + 2 \leq p \leq 2n + 1$ vale a seguinte:

$$\prod_{n+2 \leq p \leq 2n+1} p \leq \binom{2n+1}{n}$$

Lema 2.26. Para todo número natural n vale a igualdade

$$\sum_{0 \leq k \leq n} \binom{n}{k} = 2^n$$

Demonstração. Existem pelo menos duas maneiras para demonstrar este resultado. Uma das maneiras que explicamos está baseada na Indução Matemática. Para $n = 1$ o resultado desejado é verdadeiro, pois neste caso tem-se $\sum_{k=0}^{1} \binom{1}{k} = \binom{1}{0} + \binom{1}{1} = 1 + 1 = 2 = 2^1$ de acordo com o item (2) do Lema 2.22. Pela hipótese da Indução Matemática vamos supor que o resultado é verdadeiro para até número $n - 1$ e vamos desse deduzir que o resultado também é verdadeiro para até número n. De fato, pelo item (4) do mesmo lema, temos que:

$$\sum_{0 \leq k \leq n} \binom{n}{k} = \sum_{0 \leq k \leq n-1} \binom{n-1}{k-1} + \sum_{0 \leq k \leq n-1} \binom{n-1}{k}$$

$$= 2^{n-1} + 2^{n-1} = 2^n \text{ Pela nossa suposição}$$

Isso completa a demonstração. □

Para outra maneira de demonstrar o mesmo resultado veja o Exercício 46 no final desse capítulo.

Corolário 2.27. Para todo número natural n vale a igualdade seguinte:

$$\sum_{1\leq k\leq 2n} \binom{2n+1}{n} = 2^{2n+1} - 2$$

Demonstração. Pelo lema precedente vale a igualdade seguinte:

$$\sum_{0\leq k\leq 2n+1} \binom{2n+1}{k} = 2^{2n+1}$$

Mas, separando o primeiro e o último termo, o lado esquerdo da igualdade fica igual a seguinte:

$$\binom{2n+1}{0} + \binom{2n+1}{2n+1} + \sum_{0<k\leq 2n} \binom{2n+1}{k}$$

Portanto, a igualdade precedente pode ser reescrita como:

$$1 + 1 + \sum_{0<k\leq 2n} \binom{2n+1}{k} = 2^{2n+1}$$

Isso implica o resultado desejado. □

Para outra maneira de demonstrar o mesmo, veja Exercício 37 no final desse capítulo.

Lema 2.28. Para todo número natural n tem-se $\prod_{n+2\leq p\leq 2n+1} p < 4^n$ onde p é um número primo.

Demonstração. É fácil mostrar que (veja Exercício 73 no final desse capítulo) vale a igualdade $\binom{2n+1}{n} = \binom{2n+1}{n+1}$. Daí, usando a igualdade do corolário precedente pode notar que:

$$2\binom{2n+1}{n} + \sum_{1\leq k\leq 2n, k\neq n, n+1} \binom{2n+1}{k} = 2^{2n+1}$$

Logo, $2\binom{2n+1}{n} < 2^{2n+1}$. Como consequência, $\binom{2n+1}{n} < 2^{2n} = 4^n$. Agora, pelo Corolário 2.25 tem-se a demonstração do lema. □

Finalmente, podemos demonstrar o lema de Erdös.

Demonstração do Lema 2.21 (do Erdös)[4]. Usaremos Indução Matemática. Para caso onde $n = 2$, temos que $2 < 4^1$ e logo a desigualdade do lema é verdadeira. Suponhamos que para todo $k < n$ a partir de $n \geq 3$ a desigualdade mencionada é verdadeira. Vamos deduzir que ela é verdadeira para todo número natural $n > 2$. Para tudo isso dividimos a demonstração em duas partes: n par, e n ímpar. Se $n > 2$ é par, então ele não é primo e temos que:

$$\prod_{p \leq n} p < \prod_{p \leq n-1} p < 4^{n-2} < 4^{n-1}$$

Pelo fato de que n é considerado um número par. Logo, a hipótese da Indução Matemática garante a validade da igualdade (2.10) neste caso. Vamos então considerar que n é ímpar, e colocar $n = 2k + 1$ para algum número natural k. Daí, se $k + 1$ é um número par ou ímpar, podemos aplicar a Indução Matemática ao número $k + 1$, pois ainda vale a desigualdade $2 \leq k + 1 \leq n$ e logo pela hipótese da Indução Matemática e o Lema precedente (Lema 2.28) temos que:

$$\prod_{p \leq n} p = \prod_{p \leq k+1} p \cdot \prod_{k+2 \leq p \leq 2k+1} p < 4^k \cdot 4^k = 4^{2k} = 4^{n-1}$$

□

---

[4] Com respeito desse resultado e essa demonstração existem vários discussões na Internet e um artigo datado 1959 do Leo Moser com o título (On the product of primes not exceeding n), o leitor atento deve procurar saber mais com respeito desse resultado e sua história.

2.5 O teorema de número primo, a função $\pi(x)$

Um capítulo grande em teoria dos números e estudos com respeito de números primos e suas propriedades é chamado teoria analítica de números, onde os métodos diversos de análise real e complexa são empregados para tratar problemas de teoria dos números. Uma ferramenta em teoria analítica de números é a função $\pi(x)$ que, em princípio, mede a quantidade de números primos menor ou igual a um dado número real x. Deve-se notar que essa função foi introduzida por Gauss[5].

Independente das motivações originais de Gauss para introduzir a função $\pi(x)$, ela foi de grande destaque em teoria analítica de números.

A definição de $\pi(x)$ para um número real x é muito simples, ela é o número (quantia) de números primos menor ou igual a x. Hoje em dia esta função tem papel importante nas descobertas já feitas e problemas já resolvidos nos estudos de números primos, e ainda é uma fonte inspiradora nas pesquisas matemáticas. Baseado em alguns dos seus cálculos, Gauss chegou a concluir que para valores grandes de x o comportamento da função $\pi(x)$ é muito parecido com a função $\frac{x}{\ln x}$ onde $\ln x$ é a função logaritmo na base e. Após tentativas de vários grandes matemáticos como Riemann[6] eventualmente cerca de 100 anos mais tarde o que Gauss acreditava sobre o comportamento da função $\pi(x)$, foi demonstrado por dois matemáticos, um independente do outro. Por Hadamard[7] e de la Vallée Poussin[8].

A seguir, apresentamos alguns fatos básicos com respeito de função $\pi(x)$.

Definição 2.29. Se x é um número real, a função $\pi(x)$ é definida pela:

---

[5] Carl Friedrich Gauss (1777 -1855).
[6] Bernhard Riemann (1826 -1866).
[7] Jaques Salmon Hadamard (1865 – 1963).
[8] Charles – Jean de la Vallée Poussin (1866 – 1962).

$$\pi(x) = card(\{p \in \mathcal{P} \mid p \leq x\} \qquad (2.12)$$

Usaremos o símbolo $\Pi(x)$ para denotar o conjunto dos números primos menor ou igual a x. Portanto,

$$\Pi(x) = \{p \in \mathcal{P} \mid p \leq x\} \qquad (2.13)$$

Então, temos que $\pi(x) = card(\Pi(x))$.

Por exemplo, $\Pi(1) = \emptyset$ e logo, $\pi(1) = 0$, ou $\Pi(2) = \{2\}$ e logo, $\pi(2) = 1$. Da mesma forma $\pi(3) = \pi(4) = 2$, pois $\Pi(3) = \Pi(4) = \{2,3\}$. E como a próxima tabela de números primos mostra $\pi(100) = 25$.

O próximo teorema é a versão final da provada conjectura de Gauss sobre o comportamento de função $\pi(x)$ para valores grandes de x. Apesar de que a definição de função $\pi(x)$ é tão simples, mas a prova de conjectura de Gauss é bastante elaborada. O teorema a seguir deve ser considerado também como distribuição de números primos para valores grandes de x. Por causa das técnicas envolvidas na sua demonstração, neste livro introdutório não será possível demonstrar este teorema[9].

Teorema 2.30 (teorema de número primo). Vale a seguinte igualdade:

$$\lim_{x \to \infty} \frac{\pi(x)}{\frac{x}{\ln x}} = 1$$

O fato de que o teorema acima pode oferecer um valor estimativo para quantia de números primos dentro de uma faixa de números, pode ser também considerado como distribuição de números primos dentro de uma faixa de números dados.

---

[9] Veja o livro do autor Uma Breve História da Teoria dos Números no Século 20, denotado [Sho ubh] na página de referências no final do livro presente.

Para maior análise deste teorema sobre números primos usaremos a notação introduzida por Landau[10] e chamaremos de notação de Landau, e resumiremos o resultado do teorema acima na seguinte notação:

$$\pi(x) \sim \frac{x}{\ln x} \tag{2.14}$$

A notação de Landau pode ser considerada como o que entendemos pela aproximação como $\pi(x) \approx \frac{x}{\ln x}$ que diz que a função $\pi(x)$ é aproximada pela função $\frac{x}{\ln x}$. Neste sentido, o erro relativo[11] dessa aproximação é zero. Mas, é muito complicada a questão de calcular o limite de diferença entre as duas funções $\pi(x)$ e $\frac{x}{\ln x}$. Esta questão está ligada com a famosa conjectura de Riemann[12] conhecida em nome de hipótese de Riemann.

Sem dúvida, uma demonstração simples para o Teorema de Número Primo será bem-vinda. Mas, o que é uma definição para uma demonstração simples? É difícil dar uma definição satisfatória e dizer o que é uma demonstração simples. A simplicidade de uma demonstração pode ser vista no uso da matemática elementar, pode ser uma demonstração curta com matemática avançada, ou pode ser uma combinação de uso de matemática elementar e uma demonstração curta. Mas, a história de conhecimento científico mostra que isso não acontece em geral dentro de um tempo padrão, talvez em alguns casos. De fato, um teorema cuja demonstração envolveu muitos anos de pesquisa e trabalho de muitos, raramente pode ser considerada elementar, ou simples para demonstrar. No caso de Teorema de Número Primo, existe um artigo de Erdös[13] de 1949, e outro de Selberg[14][15] também de 1949. O trabalho deles é "elementar" no sentido de que neles não foram usadas ideias complicadas de matemática. Mas, a complicação de

---

[10] Edmund Landau (1877 -1938).

[11] Veja livro [Sho tmc] para definição de erro relativo.

[12] Veja o livro do autor [Sho ubh].

[13] On a new method in elementary number Theory which leads to an elementary proof of the prime number Theorem.

[14] Atle Selberg (1917 – 2007).

[15] An elementary proof of Prime Number Theorem.

matemática é uma questão relativa. Existem vários teoremas em teoria dos números que para eles é desejável acharem uma demonstração "simples" ou "elementar", como por exemplo, o Teorema de Dirichlet sobre Infinitude de números primos na progressão aritmética (veja Exercício 89 no final do Capítulo 3 desse livro), ou como, por exemplo, o Teorema de Reciprocidade de Gauss (veja o Capítulo 6 desse livro), e talvez o mais recente, o Último Teorema de Fermat (veja Exercício 87 no final do Capítulo 3 desse livro).

Para uma referência, a seguir são apresentadas em duas tabelas as listas de números primos de 1 até 2000.

Em cada uma das tabelas existem 10 colunas. Na primeira coluna, são colunas de números primos entre 1 e 100, entre 101 e 200, assim, entre 901 até 1000. Na segunda tabela estão os números primos entre 1001 e 1100, entre 1101 e 1200 assim até 2000. Em total são 20 colunas, cada uma contém respectivamente 25, 21, 16, 16, 17, 14, 16, 14, 15, 14, 16, 12, 15, 11, 17, 12, 15, 12, 12 e 13 números primos.

Tabela de números primos entre 1 e 1000

2	101	211	307	401	503	601	701	809	907
3	103	223	311	409	509	607	709	811	911
5	107	227	313	419	521	613	719	821	919
7	109	229	317	421	523	617	727	823	929
11	113	233	331	431	541	619	733	827	937
13	127	239	337	433	547	631	739	829	941
17	131	241	347	439	557	641	743	839	947
19	137	251	349	443	563	643	751	853	953
23	139	257	353	449	569	647	757	857	967
29	149	263	359	457	571	653	761	859	971
31	151	269	367	461	577	659	769	863	977
37	157	271	373	463	587	661	773	877	983
41	163	277	379	467	593	673	787	881	991
43	167	281	383	479	599	677	797	883	997
47	173	283	389	487		683		887	
53	179	293	397	491		691			
59	181			499					
61	191								
67	193								
71	197								
73	199								
79									
83									
89									
97									

Em total nessas tabelas são 303 números primos. Desses, 168 números primos na primeira tabela, e 135 na segunda. A coluna com menos números primos fica na segunda tabela entre 1301 e 1400, com primeiro número 1301 e o último número primo dessa coluna é 1399. A coluna com mais números primos é a primeira coluna da primeira tabela entre 1 e 100 começando com 2 e terminado em 97.

Tabela de números primos entre 1001 e 2000

1009	1103	1201	1301	1409	1511	1601	1709	1801	1901
1013	1109	1213	1303	1423	1523	1607	1721	1811	1907
1019	1117	1217	1307	1427	1531	1609	1723	1823	1913
1021	1123	1223	1319	1429	1543	1613	1733	1831	1931
1031	1129	1229	1321	1433	1549	1619	1741	1847	1933
1033	1151	1231	1327	1439	1553	1621	1747	1861	1949
1039	1153	1237	1361	1447	1559	1627	1753	1867	1951
1049	1163	1249	1367	1451	1567	1637	1759	1871	1973
1051	1171	1259	1373	1453	1571	1657	1777	1873	1979
1061	1181	1277	1381	1459	1579	1663	1783	1877	1987
1063	1187	1279	1399	1471	1583	1667	1787	1879	1993
1069	1193	1283		1481	1597	1669	1789	1889	1997
1087		1289		1483		1693			1999
1091		1291		1487		1697			
1093		1297		1489		1699			
1097				1493					
				1499					

Na tabela a seguir consideramos pequenos valores para x onde são calculados os valores da função $\frac{x}{\ln x}$, valor aproximado de $\pi(x)$ e seu valor exato.

Tabela de Teorema de Número Primo

x	$\dfrac{x}{\ln x}$	Valor aproximado de $\pi(x)$	Valor exato de $\pi(x)$
10	$4{,}342952672$	4	4
10^2	$21{,}714724099$	22	25
10^3	$144{,}764827321$	145	168
10^4	$1085{,}736204873$	1086	1229
10^5	$8685{,}889636533$	8086	9592
10^6	$72382{,}416285155$	72382	78498
10^9	$48254942{,}435898403$	48254942	50847534

No Teorema de Número Primo é calculado o limite de $\pi(x)$ quando x tende para infinito por meio do limite da função $\frac{x}{\ln x}$ quando x tende para infinito. Na prática, esse teorema pode ser usado para calcular um valor aproximado de $\pi(x)$ numa faixa de números dados. Para isso devemos considerar as "cotas". Mencionamos que cotas superiores são aqueles números $S(x)$ dependendo de x tal que $\pi(x) < S(x)$, e cotas inferiores são aqueles números $I(x)$ tal que $I(x) < \pi(x)$. Juntamente as cotas superiores e inferiores fecham o cerco em volta de $\pi(x)$. Cada vez que achamos uma cota superior menor, e uma cota inferior maior, a cerca será mais fechada, e podemos fazer uma estimativa melhor para $\pi(x)$, alguns são melhores do que os outros. Como um exemplo, vamos considerar os seguintes teoremas com respeito das cotas para $\pi(x)$.

Teorema 2.31. Para todo número natural $x \geq 2$ valem as seguintes cotas superior e inferior para $\pi(x)$:

$$\frac{1}{6}\,\frac{x}{\ln x} < \pi(x) < 6\,\frac{x}{\ln x} \tag{2.15}$$

Teorema 2.32. Para todo número natural $x \geq 2$ valem as seguintes cotas superior e inferior para $\pi(x)$:

$$\frac{x}{\ln x} - 2 \leq \pi(x) < 3\,\frac{x}{\ln x} \qquad (2.16)$$

Podemos comparar esses teoremas e provar com facilidade a seguinte proposição.

Proposição 2.33. A cota superior do Teorema 2.32 é melhor do que a cota superior do Teorema 2.31. E a cota inferior do Teorema 2.32 é melhor do que a cota inferior do Teorema 2.31. Então, o resultado do Teorema 2.32 é melhor que o do Teorema 2.31.

Demonstração. Para todo número $x \geq 2$ os números $\frac{x}{\ln x}$ são maiores que 1. Logo, a cota superior do Teorema 2.32 é melhor do que a cota superior do Teorema 2.31. Por outro lado, a partir de x onde $\frac{x}{\ln x} \geq 2{,}4$ temos que $\frac{1}{6}\frac{x}{\ln x} \leq \frac{x}{\ln x} - 2$. Isso completa a demonstração. □

Nós não oferecemos as demonstrações dos dois teoremas precedentes. Leitor interessado pode consultar livros como [D], ou [A]. Historicamente, foi Gauss quem pela primeira vez, em 1792, anunciou sua conjectura sobre o comportamento da função $\pi(x)$ no infinito, e depois, mais tarde, Legendre em 1798 e, de novo Legendre em 1808 formalizou a conjectura de que no infinito o comportamento da função $\pi(x)$ é como a função $\frac{x}{\ln x}$. Algumas décadas mais tarde em 1852 Techbycheff[16] provou uma forma "fraca" dessa conjectura. Ele mostrou que para $x \geq 2$ existem números reais constantes a e b independente de x tal que vale a seguinte desigualdade:

$$\frac{ax}{\ln x} < \pi(x) < \frac{bx}{\ln x} \qquad (2.17)$$

As cotas da desigualdade acima são chamadas de cotas de Techbycheff. Por exemplo, as cotas do Teorema 2.31 são desse tipo.

---

[16] Pafnuti Lvovich Techbycheff (1821 – 1894).

2.6 Exercícios do capítulo 2

A primeira edição desse livro neste capítulo oferece 78 exercícios cujas soluções podem ser vistas no livro [Sho 457].

(1) Ache os números primos no intervalo de 2 até 100 usando o crivo de Eratóstenes.

(2) Ache os números primos entre 2 e 100 usando divisões sucessivas.

(3) Um teorema de Wilson[17] nos diz que um número natural p é primo se, e somente se, p divide $(p-1)!+1$. Ache todos os números primos de 2 até 100 usando o teorema de Wilson.

(4) Para verificar que 1663 é um número primo usando o teorema de Wilson (veja exercício precedente) quantas operações de multiplicação e divisão são necessárias?

(5) Com referência aos Exercícios 2 e 3 qual é a maneira mais rápida que envolve menos operações de multiplicação e divisão para testar um número natural n é primo?

(6) Com referência ao Exercício 4, o número $1662!$ terá quantos algarismos? Calcule este número.

(7) O número $1662!$ termina em quantos zeros?

(8) Com referência à tabela de lista de números primos de 2 até 2000, calcule a ordem de todos os divisores de número $1662!$ entre 101 e 1657.

(9) Calcule $ord_2(1000)$. Calcule $ord_3(100)$ e $ord_5(1000)$.

(10) Determine a representação aritmética de 100 e de 1000.

(11) Determine a representação aritmética de 2000.

---

[17] John Wilson (1741 -1793).

(12) Seja p um número primo e a um número natural. Mostre que valem as seguintes:

$$ord_p(p) = 1, \ ord_p(2p) = 1 \text{ se } p \text{ é ímpar;}$$

$$ord_p(ap) = 1 \text{ se } a < p$$

(13) Mostre que para todo número primo p vale a igualdade $ord_p(p^2!) = p + 1$.

(14) Mostre que para todo número natural n e todo número primo p vale a seguinte igualdade:

$$ord_p(p^n!) = \frac{p^n - 1}{p - 1}$$

(15) Quando é possível que a soma de dois números primos seja um número primo? Liste todos os dois números primos de 2 até 100 cujas somas é um número primo?

(16) Faça a mesma coisa do exercício precedente para diferença de dois números primos.

(17) Soma e diferença de quadrados. Dizemos que um número natural n é a soma de dois quadrados (respectivamente diferença de dois quadrados) se, e somente se, existirem números inteiros a e b tal que $n = a^2 + b^2$ (respectivamente $n = a^2 - b^2$). Qual é o primeiro número primo que é a soma de dois quadrados? Qual é o primeiro número primo que é a diferença de dois quadrados?

(18) Ache todos os números primos entre 2 e 100 que são a soma de dois quadrados.

(19) Mostre que todo número primo ímpar pode ser expresso como diferença de dois quadrados.

(20) Quais são as possiblidades de resto da divisão de um número primo por 4?

(21) Quais são as possibilidades de resto da divisão de um número primo por 3?

(22) Quais são as possibilidades de resto da divisão de um número primo por 5? E por 7?

(23) Liste todos os números primos entre 1 e 200 que podem ser representados pela soma de dois quadrados. Quantos são? (resposta 21).

(24) Listar todos os números primos entre 1 e 200 cujos restos da divisão por 4 é 3, e aqueles cujos restos da divisão por 4 é 1. Quantos são? (respostas: 23 e 21 respectivamente).

(25) Mostre que os números primos p cujo resto da divisão por 4 é 1 são de forma $p = 4k + 1$, para algum número natural k.

(26) Mostre que o produto de números naturais de forma $4\ell + 1$ é sempre de forma $4t + 1$ para algum número natural t.

(27) Infinitude de primos. Mostre que o conjunto dos números primos de forma $4k + 1$ é infinito.

Sugestão: Suponhamos pelo absurdo que existe somente um número finito desses primos: $q_1, q_2, \cdots, q_r$. Considere o número

$$Q = (q_1 \cdot q_2 \cdots \cdot q_r)^2 + 1$$

Então, $Q > q_i$ para todo $i = 1, 2, \cdot \cdot, r$. Obviamente Q é um número de forma $a^2 + 1$. Primeiro, prove que os divisores de um número como $a^2 + 1$ são de forma $4k + 1$. Segundo, observe que o resto da divisão de Euclides de Q por cada divisor primo de forma $4k + 1$, é 1. Então, deduz-se que Q não pode ser composto. Isso deve levar a uma contradição.

(28) Mostre que o produto de números naturais de forma $4\ell + 3$ ou é de forma $4x + 1$ para algum número natural x ou é de forma $4y + 3$ para algum número natural y.

(29) Infinitude de primos. Mostre que o conjunto de números primos de forma $4k + 3$ é infinito.

Sugestão: Suponhamos pelo absurdo que existe somente um número finito de primos de forma $4k + 3$, digamos $q_1, q_2, \cdots, q_r$. Considere o número:

$$Q = 4(q_1 \cdot q_2 \cdots \cdot q_r) - 1 = 4\big((q_1 \cdot q_2 \cdots \cdot q_r) - 1\big) + 3$$

Observamos inicialmente que o produto de números naturais de forma $4a + 1$ é dessa forma. Daí, Q não tem divisor de forma $4b + 1$. Logo, se Q fosse composto, um dos seus divisores deveria ser de forma $4t + 3$. Mas nenhum número primo de forma $4t + 3$ divide Q. Isso é uma contradição.

(30) Considere o produto de números primos a partir de 2 somando com 1:

$$2 \cdot 3 \cdot 5 \cdots p_n + 1$$

Quando esse número não é um número primo?

(31) Considere os números naturais de forma $5k + 1$ para $k = 0, 1, \cdots$. Mostre que quando k é ímpar estes números são divisíveis por 2. Então eles não são primos. Ache todos os números primos de forma $5k + 1$ entre 1 e 2000. Eles terminam em 1 (quer dizer que sua unidade é 1)?

(32) É possível chegar a um resultado semelhante ao do exercício precedente para números de forma $5k + 2$? Os números primos desse tipo terminam em 7?

(33) Sejam p e q dois números primos distintos. Mostre que a interseção $p\mathbb{Z} \cap q\mathbb{Z} = pq\mathbb{Z}$.

(34) Considere a sequência de números primos a partir de número 2:

$$\{2,3,5,7,11,\cdots\}$$

(a) Justifique por que a soma de ímpares vezes números dessa sequência, é sempre um número par. Por exemplo,

$$2 = 2;\ 2+3+5 = 10;\ 2+3+5+7+11 = 28;\ \ldots$$

(b) É verdade que a soma de pares vezes números dessa sequência a partir de 2 é sempre um número primo? Por exemplo,

$$2+3 = 5;\ 2+3+5+7 = 17;\ 2+3+5+7+11+13 = 41;..$$

(c) Liste os números primos entre 2 e 200 que são obtidos na regra do item (b).

(35) Como podemos gerar números primos que terminam com 9?

(36) Dê uma demonstração para o item (3) do Lema 2.22.

(37) Dê uma demonstração direta para o Corolário 2.27, usando a expansão binômio $(1+1)^n$. De fato, prove que $2^m - 2 = \sum_{k=1}^{m-1}\binom{m}{k}$.

(38) Com referência às tabelas de números primos de 1 até 2000, e cota superior do Teorema 2.32, estime o número de multiplicações que ocorrem no Lema 2.28 entre 2002 e 4001 (este é o caso para $n = 2000$).

(39) Faça o mesmo do exercício anterior, mas usando o Teorema de Número Primo.

(40) Na prática, para aplicar o lema de Erdös (Lema 2.21) vai ser necessário saber como calcular a potenciação 4^{n-1} com menor número de multiplicações. Baseado neste:

(a) Mostre que podemos calcular $4^{303-1} = 4^{302}$ com 10 operações de multiplicação e uma divisão.

(b) Calcule o número de algarismos de 4^{302}.

(c) Pode-se calcular o número de algarismos de produto de todos os números primos de 2 até 1999?

(41) Dê uma demonstração para o fato "óbvio" de que se m e n são números naturais maior do que 2, então $m + n < mn$.

(42) Mostre que vale a seguinte desigualdade para a soma de números primos:

$$\sum_{k\geq 1}^{n} p_k < 4^{n-1},$$

onde p_k varia sobre números primos a partir de 3.

(43) Qual é o maior número natural n tal que $\prod_{p\leq n} p < 2 \cdot 10^6$?

(44) É conhecido que a série $\sum_{p\in\mathcal{P}} \frac{1}{p}$ diverge[18]. Esse é um teorema de Euler[19] cuja importância histórica em relação à teoria analítica de números é um assunto interessante[20]. Por meio desse teorema de Euler mostre que o conjunto de números primos $\mathcal{P}$ é infinito.

(45) Aceitando o Teorema de Euler do exercício precedente mostre que a série $\sum_{p\in\mathcal{P}} \frac{1}{\sqrt{p}}$ diverge.

(46) Usando expansão binômio de $(1+1)^n$ dê uma demonstração direta para o Lema 2.26.

(47) Verifique a validade da Fórmula do Produto para o número 2007^2.

(48) Mostre que $\sqrt{3}$ é um número irracional.

---

[18] Para mais detalhes veja o livro [Sho uvc].
[19] Leonhard Paul Euler (1707 – 1783).
[20] Veja livro [Sho ubh].

(49) Mostre que para todo número primo p o número real $\sqrt{p}$ é irracional.

(50) Mostre que a soma de quaisquer números racional e irracional é um número irracional.

(51) Mostre que a soma de dois números irracionais não é sempre um número irracional.

(52) Mostre que produto de dois números irracionais pode ser um número racional.

(53) Mostre que um produto de um número racional e um número irracional é um número irracional.

(54) Mostre que para todo número primo p e todo número natural n o número $\sqrt[n]{p}$ é irracional.

(55) É possível expressar o número 1 como diferença de dois números primos?

(56) Existem alguns números primos p e q tal que $1 = p^2 - q^2$?

(57) Seja p um número primo de forma $1 + 3k$, para algum número natural k. Mostre que então $p - 1$ é divisível por 6. Ache todos os números primos dessa forma.

(58) Ache o menor número primo p tal que a equação diofantina $p = x^3 - y^3$ tenha solução.

(59) Ache todos os números primos p tal que a equação $p = x^3 - y^3$ tenha solução.

(60) Números primos podem ser escritos como diferença de dois quárticos? Isso quer dizer que, se para um dado número primo p a equação diofantina $p = x^4 - y^4$ tem solução?

(61) Mostre que para números primos $p = 11$ e $p = 29$ a equação diofantina $p = x^2 - 2y$ tem solução. Podem-se achar outros números primos menores que 100 para que a mesma equação possua solução?

(62) Mostre que a soma de dois números primos ímpares nunca pode ser igual ao produto de dois números primos ímpares.

(63) Mostre que a afirmação do exercício precedente não vale para o número primo par.

(64) Mostre que a equação diofantina $x^2 - y^2 = 2$ não tem solução.

(65) Mostre que a equação diofantina $x^3 - y^3 = 2$ somente tem uma solução: $x = 1, y = -1$.

(66) Mostre que a equação diofantina $x^2 - y^2 = -2$ não tem solução.

(67) Mostre que um número racional r é inteiro se, e somente se, $ord_p(r) \geq 0$ para todo número primo p.

(68) Mostre que para todo número natural m e k com $k \leq m$ o número $\binom{m}{k}$ é um número natural.

(69) Seja p um número primo, e $k < p$ um número natural. Calcule $ord_p(\binom{p^2}{k}!)$.

(70) Para um número primo p calcule $ord_p \binom{p^2!}{p}$.

(71) Sejam n e k números naturais, e $n > k$. Mostre que para todo número primo vale a desigualdade seguinte:

$$ord_p(n!) \geq ord_p(k!\,(n-k)!)$$

Sugestão: Pode ser usada a desigualdade anti-triângulo do Exercício 8 do Capítulo 1.

(72) Mostre que com os dados do Exercício 71 o número $\binom{n}{k}$ é um número natural. Isso é outra maneira de provar o resultado do Lema 2.22 item (4).

(73) Mostre que para todo número natural n vale a seguinte igualdade:

$$\binom{2n+1}{n} = \binom{2n+1}{n+1}$$

Sugestão: Para mostrar esta igualdade basta calcular os dois lados e comparar os resultados.

(74) Mostre que um número inteiro não nulo b divide um número inteiro a se, e somente se, $ord_p(b) \leq ord_p(a)$ para todo número primo p.

(75) Mostre que para todo número primo p vale a seguinte igualdade:

$$ord_p\left(\prod_{i=0}^{n} p^i\right) = \frac{n(n+1)}{2}$$

Nós veremos que este é um número triangular.

(76) Para qualquer número primo p, número natural n, e qualquer número inteiro não nulo a, definimos a ordem repetida $ord_p^n(a)$ como:

$$ord_p(ord_p((\cdots(a)\cdots)),\, n \text{ vezes}$$

Mostre que $ord_p^3\left(p^{p^n}\right) = 0$, caso p não divide n.

(77) Para qualquer conjunto finito de números primos $p_1, p_2, \cdots, p_k$, definimos:

$$ord_{p_1p_2\cdots p_k}(a) = ord_{p_1}(a)ord_{p_2}(a)\cdots ord_{p_k}(a)$$

onde no lado direito é produto das ordens para um número inteiro a. Considerando dois números primos p e q, mostre os seguintes:

(1) $ord_{pq}(p) = ord_{pq}(q) = 0$;

(2) $ord_{p^n}(a) = \left(ord_p(a)\right)^n$;

(3) $ord_{pq}(p^n q^m) = mn$ para quaisquer números naturais m, n;

(4) $ord_{pq}(a) \geq ord_p(a)$ e $ord_{pq}(a) \geq ord_q(a)$.

(78) Com os dados do exercício precedente, definimos:

$$ord_{p_1+p_2+\cdots+p_k}(a) = ord_{p_1}(a) + ord_{p_2}(a) + \cdots + ord_{p_k}(a)$$

Sejam p e q números primos distintos. Mostre os seguintes:

(1) $ord_{p+q}(p^n) = ord_p(p^n) = n$;

(2) $ord_{p+q}(p^n q^m) = n + m$;

(3) $ord_{p+q}(a) \geq ord_p(a)$ e $ord_{p+q}(a) \geq ord_q(a)$;

(4) Se $ord_p(a) \geq 2$ e $ord_q(a) \geq 2$, então $ord_{pq}(a) \geq ord_{p+q}(a)$.

Capítulo 3

Números Especiais

Neste capítulo são apresentados alguns números chamados números especiais. Pode não existir uma definição formal e completa para o que deve ser um número especial, e neste livro, especialidade de um número é caracterizada para uma das seguintes propriedades:

(1) um número que é definido de uma maneira específica, ou por uma fórmula;

(2) um número que é resultado de certas pesquisas e são consideradas importantes pelos seus papéis;

(3) um número que pode representar uma classe de números.

As propriedades mencionadas não devem ser consideradas como uma definição formal, mas como uma dica sobre "números especiais".

Alguns números especiais que serão considerados neste livro são: números repetidos, números geométricos, números perfeitos, números de Fermat, números de Mersenne, números de Fibonacci, números de Lucas, números de Sophie Germain e primos gêmeos etc.

Durante o estudo de teoria dos números ficará claro que números primos são de uma especialidade fundamental, pois na maioria dos casos a pergunta eventual é se um número definido de uma maneira específica é de fato primo ou não. Mas, isso não deve ser considerado como um fato de que números compostos não merecem atenção. De fato, quando temos que estudar um número natural dado, já de antemão não sabemos se ele é primo ou não, composto ou não, daí os estudos sobre fatoração de um número natural nos seus divisores primos se manifestam como um importante método em teoria dos números moderno. Existem números compostos cujas fatorações em seus divisores primos podem render informações práticas, por exemplo, nas questões de criptografia de Chave Pública. Números pseudoprimos não são números primos, mas eles têm propriedades específicas, eles são de destaque nas questões de fatoração e testes para saber se um número natural é primo ou não. Um método bem utilizado para fatoração de números naturais que possuem divisores primos pequenos é o método rho de Pollard [Poll]. Esse método entre outros são alguns tópicos de métodos computacionais em teoria dos números e são de importância, por exemplo, na criptografia de chave pública.

3.1 Números repetidos

O primeiro caso de um número especial neste livro são os números repetidos. Definimos que um número repetido é aquele número natural obtido pela repetição de $m \geq 0$ vezes de um dado número natural a de n algarismos, formando um número de k algarismos. Para explicar esta definição precisamos entender o truncamento de números.

Seja $a = a_{n-1}a_{n-2}\cdots a_1a_0$ um número natural de n algarismos. Para um número natural não negativo ℓ com $0 < \ell \leq n$ definimos o ℓ-truncamento de a, denotando pelo $[a]_\ell$ a ser o número obtido de a pela eliminação de $n-\ell$ algarismos finais $a_{n-\ell-1}, a_{n-\ell-2}, \cdots, a_1, a_0$. Logo, temos que:

$$[a]_\ell = a_{n-1}a_{n-2}\cdots a_{n-\ell} \tag{3.1}$$

um número com ℓ algarismos.

Por exemplo, para $a = 210100456$ de 9 algarismos temos que $n = 9$,
$a_8 = 2, a_7 = 1, a_6 = 0, a_5 = 1, a_4 = 0, a_3 = 0, a_2 = 4, a_1 = 5, a_0 = 6$

Se $\ell = 5$, então, $n - \ell = 4$ e logo, $[210100456]_5 = 21010$. Isso é um número com 5 algarismos obtido de um número a de 9 algarismos com truncamento. Em particular, notamos que para $\ell = n$, vale a igualdade $[a]_n = a$.

Formalmente definimos a seguinte.

Definição 3.1. Um número repetido de k algarismos é um número obtido com a repetição de um número natural a de n algarismos com m repetição após truncamento, e é denotado $N(a;k)$.

Logo,

$$N(a;k) = a_{n-1}a_{n-2}\cdots a_0a_{n-1}a_{n-2}\cdots a_0a_{n-1}a_{n-2}\cdots a_j,$$

onde $0 \leq j \leq n-1$ e $a = a_{n-1}a_{n-2}\cdots a_0$.

Por exemplo, se $a = 2101$ e $k = 18$ então,

$$N(a;k) = 210121012101210121$$

obtido pela repetição de $m = 5$ vezes o número a e um truncamento.

Lema 3.2. Na definição de $N(a;k)$ vale a igualdade $N(a;k) = [aa\cdots a]_k$ na qual a é repetido m vezes.

Demonstração. No último a do lado direito pode ser feito um truncamento para que a repetição de m vezes a gere um número de k algarismos. □

Lema 3.3. Suponhamos que no $N(a;k)$ o último a do lado direito é truncado no ℓ-ésimo algarismo. Seja m o mínimo número de vezes que a é repetido. Então vale o seguinte:

$$k = mn - (n-\ell) = n(m-1) + \ell$$

onde n é o número de algarismos de a.

Demonstração. O mn é total número de algarismos de m vezes repetição de a. Truncando no ℓ-ésimo algarismo, o resultado de truncamento é um número de $mn - (n-\ell)$ algarismos, que é igual a k. □

Por exemplo, se $a = 201$, $m = 4$ e $k = 10$ então, o número $N(201; 10) = 2012012012$ onde o último 201 do lado direito foi truncado no 2-ésimo algarismo. E temos que $10 = 4 \cdot 3 - (3 - 1) = 3(4 - 1) + 1 = 10$.

3.1.1 Exemplos

Alguns números repetidos expressados pela repetição de números como 1 ou outros são casos mais curiosos e merecem um estudo mais detalhado.

Exemplo 3.4 (repetição de 1). Com a repetição do número 1 podemos gerar números $N(1; k)$ que algumas vezes são números primos. Neste sentido temos que:

$$N(1; 1) = 1, N(1; 2) = 11, N(1; 3) = 111;$$

$$N(1; 19) = 1111111111111111111$$

Entre esses alguns são números primos como $N(1; 2)$ e $N(1; 19)$.

Podemos observar certa relação entres esses números repetidos. De fato, tem-se $N(1; 2) = 10 + N(1; 1)$, ou $N(1; 3) = 10^2 + N(1; 2)$. Neste sentido, podemos anunciar a seguinte igualdade:

$$N(1; k + 1) = 10^k + N(1; k) \text{ Para } k = 1,2, \cdots \tag{3.2}$$

Essa é uma fórmula de recorrência onde é definida por meio de uma igualdade entre $N(1; k + 1)$ e o mesmo número com repetição de k vezes número 1. O leitor interessado pode provar esta fórmula por meio da Indução Matemática, por exemplo.

Exemplo 3.5 (repetição de 12 com truncamento). Considere o número de dois algarismos $a = 12$ com repetição desse e junto com um truncamento pode-se gerar um número primo. Em particular $N(12; 4) = 12121212$ que após um truncamento do último número (a unidade), o número de 7 algarismos 1212121 é um número primo. O número $N(12;6)$ após o truncamento da sua unidade será um número primo de 11 algarismos. Obviamente nenhum dos números repetidos $N(12;k)$ pode ser primo, pois sempre sua unidade é 2 e, logo, é par.

Em comparação com a fórmula da recorrência (3.2) acima, valem os seguintes para $N(12;k)$, e notamos que fórmulas como estas não são necessariamente únicas:

$$N(12;2k) = N(12;k)\cdot 10^{2k} + N(12;k) \text{ Para } k = 1,2,\cdots \quad (3.3)$$

$$N(12;2k+3) = N(12;2k+1)\cdot 10^{4} + N(12;2) \text{ Para } k = 0,1,\cdots \quad (3.4)$$

Essas duas fórmulas podem ser aplicadas igualmente aos números de dois algarismos em vez de $a = 12$.

3.2 Números geométricos

Nesta sessão não vamos apresentar uma definição formal de números geométricos, pois de fato, não sabemos exatamente como defini-los. Os números apresentados a seguir estão ligados com a construção física de certos objetos geométricos[1]. E por isso é que nós os chamamos de números geométricos.

Inicialmente, começamos com alguns números geométricos mais conhecidos a seguir, e podemos dizer que além desses devem existir outros para que os leitores interessados pudessem descobrir e estudar suas propriedades.

(1) Números quadrados. Os números quadrados são os números de forma de quadrado de um número natural n, então são n^2 e podem ser representados como quadrados formados por certos pontos. Em particular, números quadrados não podem ser números primos pela óbvia razão de

[1] Mais detalhes no livro [Sho not].

serem compostos. A seguir, representamos alguns números quadrados em forma geométrica:

Da esquerda para direita são números $1^2, 2^2, 3^2, 4^2$. Denotaremos o n-ésimo número quadrado como $\square_n$. Então, temos que:

$$\square_1 = 1, \square_2 = 4, \square_3 = 9, \square_4 = 16, \square_5 = 25, \square_6 = 36, \square_7 = 49$$

(2) Números triangulares. Os números triangulares são de forma $\frac{n(n+1)}{2}$, onde n é qualquer número natural. A razão geométrica para que eles sejam conhecidos como números triangulares é a forma que podem ser representados geometricamente como pontos:

Denotaremos por Δ_n o n-ésimo número triangular. Temos por exemplo os números: $\Delta_1 = 1, \Delta_2 = 3, \Delta_3 = 6, \Delta_4 = 10, \Delta_5 = 15$, etc. Em geral vale a seguinte fórmula da recorrência entre dois números triangulares consecutivos:

$$\Delta_{n+1} = \Delta_n + n + 1, \text{ iniciando com } \Delta_1 = 1 \quad (3.5)$$

As figuras geométricas de números triangulares mostram que para construir o número Δ_n devemos somar os seguintes números na construção dos triângulos:

$$\Delta_n = 1 + 2 + 3 + \cdots + n = \frac{n(n+1)}{2} \quad (3.6)$$

Proposição 3.6. Exceto o número 3, nenhum outro número triangular é primo.

Demonstração. O número triangular Δ_n para todo número $n > 2$ é composto. Logo, não pode ser primo exceto quando $n = 2$, onde $\Delta_2 = 3$. Isso completa a demonstração. □

Proposição 3.7. Para todo número natural $n > 1$ vale a seguinte fórmula:

$$\square_n = \Delta_n + \Delta_{n-1}$$

Demonstração. Geometricamente um quadrado pode ser decomposto como dois triângulos ao longo de um dos seus diagonais. Um desses triângulos pode conter o diagonal. Esse ideia é aplicável nos números $\square_n$. A demonstração está completa. □

(3) Números pentagonais. Considere as seguintes figuras:

Elas representam um pentágono de um elemento e de cinco elementos respectivamente, assim podem ser construídos pentágonos com 12, 22, 35, 51, ⋯ elementos. Se $Pent_n$ é o n-ésimo pentagonal formado pelas bolas ∘, então temos a seguinte fórmula para calcular seus elementos utilizando o número de quadrados e triângulos:

$$Pent_n = \square_n + \Delta_{n-1} = n + 3\,\Delta_{n-1} = \frac{1}{2}\,n(n-1) \tag{3.7}$$

Nós utilizamos essa igualdade como a definição de números pentagonais. Para mais informações a respeito de números geométricos, o leitor pode consultar o livro [Sho not].

3.3 Números de Fermat e Mersenne

Alguns outros números especiais são números de Fermat e de Mersenne[2]. Contrário aos números geométricos, os números apresentados nesta sessão são definidos de forma algébrica, por meio de uma fórmula aritmética.

Definição 3.8. Para todo número inteiro não negativo n definimos o n-ésimo número de Fermat $F_n = 2^{2^n} + 1$.

Mencionamos que este número não deve ser confundido com o número $4^n + 1$. Para calcular F_n primeiro deve ser calculado a potência 2^n e depois $2^{2^n} + 1$. Por exemplo, os seguintes são os primeiros cinco números de Fermat:

$$F_0 = 3, F_1 = 5, F_2 = 17, F_3 = 257, F_4 = 65537$$

De acordo com os historiadores, Fermat tinha conjecturado que todos os números F_n são primos. De fato, F_0, F_1, F_2, F_3 e F_4 são todos números primos, mas F_5 não é um número primo como foi demonstrado mais tarde por Euler.

No item (2) do Exemplo 1.9 é calculado o número de algarismos de F_n. Este número é igual a

$$\| F_n \| = 1 + \lfloor 2^n \log_{10} 2 \rfloor \tag{3.8}$$

O primeiro número de Fermat composto é o F_5, que é de 10 algarismos dado pelo:

$$F_5 = 4294967297 = (641)(6700417)$$

com dois divisores primos. E o próximo é F_6 com $\| F_6 \| = 20$ é o seguinte:

$$F_6 = 18446744073709551617 = (67280421310721)(274177)$$

---

[2] Marin Mersenne (1588 1648).

A questão de primalidade e estudos relevantes para números de Fermat pode parecer difícil, isto porque o número de algarismos deles é muito grande e como a igualdade (3.8) mostra, este número cresce exponencialmente. Mas, por outro lado o fato de que todos os divisores de número $F_n - 1$ são potenciais de 2 e então são conhecidos a primalidade de F_n pode ser estudado sem grandes esforços se seus números de algarismos são adequadas (veja por exemplo o livro [Sho crip]). Sobre a quantidade de números de Fermat primos, não sabemos de fato se são infinitos.

Para ter uma ideia de como números de algarismos de números de Fermat crescem com rapidez, vamos considerar os seguintes para n diferentes:

$$F_7 = 340282366920938463374607431768211457$$

$$= (5704689200685129054721)(59649589127497217)$$

Este número é de 36 algarismos que é produto de dois divisores primos de 22 e 17 algarismos respectivamente. Mas, o número de Fermat próximo F_8 possui 78 algarismos com dois divisores primos um de 62 algarismos e outro de 16 algarismos Ainda assim, o número F_9 tem 155 algarismos.

Definição 3.9. Para todo número natural n definimos o n-ésimo número de Mersenne M_n pelo, $M_n = 2^n - 1$.

O número de algarismos de número M_n como foi determinado no item (1) do Exemplo 1.9 é dado pelo:

$$\| M_n \| = 1 + \lfloor n \log_{10} 2 \rfloor \tag{3.9}$$

Como um exemplo, anunciamos que os primeiros vinte números de Mersenne são os seguintes:

$$M_1 = 1;\ M_2 = 3;\ M_3 = 7;\ M_4 = 15;\ M_5 = 31;\ M_6 = 63;\ M_7 = 127;$$

$$M_8 = 255;\ M_9 = 511;\ M_{10} = 1023;\ M_{11} = 2047;\ M_{12} = 4095;$$

$$M_{13} = 8191;\ M_{14} = 16383;\ M_{15} = 32767;\ M_{16} = 65535;$$

$$M_{17} = 131071;\ M_{18} = 262143;\ M_{19} = 524287;$$

$$M_{20} = 1048575$$

Entre estes, os números $M_2, M_3, M_5, M_7, M_{13}, M_{17}$ e M_{19} são números primos. É curioso que seus índices também são primos, mas como veremos nem sempre isso é o caso de que se n fosse um número primo então M_n também o é.

Alguns outros números de Mersenne primos são:

$$M_{31} = 2147483647, \text{com } \| M_{31} \| = 10;$$

$$M_{61} = 2\,305\,843\,009\,213\,693\,951, \text{com } \| M_{61} \| = 19;$$

$$M_{89} = 618970019642690137449562111, \text{com } \| M_{89} \| = 27$$

Por razões diferentes, estudar primalidade de números de Mersenne é mais fácil do que os números de Fermat. Em primeiro lugar, o crescimento de algarismos de números de Mersenne em comparação com os de Fermat, com aumento de valores de n é mais lento. Em segundo lugar, como a próxima proposição mostra quando n é um número composto, M_n também o é, esse é um importante resultado que não conhecemos para os números de Fermat. Mas, para números de Fermat existem outros resultados como veremos um deles no final do Capítulo 7. Por outro lado, no caso de números de Mersenne todos os divisores de $M_n + 1$ são igual aos divisores de 2^n e logo conhecidos, e isso é importante para implementação de métodos de primalidade e fatoração de números M_n (veja o livro [Sho crip]).

Proposição 3.10. Se n é composto então, M_n também é.

Demonstração. Quando o número natural n é composto existem números naturais a e b ambos maiores que 1 tal que $n = ab$. Por outro lado, sabemos que para todo número real x vale a seguinte igualdade:

$$\left(x^k - 1\right) = (x-1)(x^{k-1} + x^{k-2} + \cdots + x + 1)$$

para todo número natural k. Inserindo $x = 2^a$ e deixando $k = b$ nesta igualdade teremos que:

$$M_n = 2^{ab} - 1 = (2^a)^b - 1 = (2^a - 1)\left(2^{a(b-1)} + \cdots + 2^a + 1\right),$$

onde $2^a - 1 > 1$ e $2^{a(b-1)} + \cdots + 2^a + 1 > 1$ também. Logo, o número M_n é decomposto como produto de dois números naturais maiores que 1. Isso implica que ele é composto. □

Com respeito aos números de Mersenne ainda podemos perguntar se existem infinitos números de Mersenne primos. Os números de Mersenne têm uma relação peculiar com os números perfeitos pares. Antes de entrar nesta questão, vamos considerar o exemplo seguinte com respeito de números de Fermat.

Exemplo 3.11. Números de Fermat não são quadrados. Para provar este fato vamos supor por absurdo que existe um número de Fermat F_n que é quadrado. Isso implica que existe um número natural k tal que $F_n = k^2$. Portanto, temos que:

$$2^{2^n} + 1 = k^2$$

Existem dois casos: k é um número par ou ele é ímpar. No primeiro caso temos que $k = 2m$ para algum número natural m. Logo $2^{2^n} + 1 = 4m^2$. Enquanto o lado esquerdo dessa igualdade não é divisível por 2, o lado direito é. Isso é uma impossibilidade. Vamos supor então que $k = 2\ell + 1$ para algum número natural ℓ. Neste caso temos $2^{2^n} + 1 = 4\ell^2 + 4\,\ell + 1$, que implica $2^{2^n} = 4\,(\ell^2 + \ell)$. Dividindo os dois lados da igualdade por 4, concluímos que:

$$2^{2^n-2} = \ell^2 + \ell = \ell(\ell + 1)$$

Logo, ou ℓ, ou $\ell + 1$ é ímpar. Portanto, o produto $\ell(\ell + 1)$ é divisível por um número ímpar, enquanto o lado esquerdo da igualdade precedente sempre é divisível por números pares que são potências de 2. Isso é outra impossibilidade. Notamos em particular que ℓ não pode ser igual ao número 1, pois, caso contrário, teremos que $2^{2^n-2} = 2$, isto é, que $2^n - 2 = 1$, ou seja, $2^n = 3$, que é impossível. Daí, a nossa suposição de F_n ser um número quadrado é absurdo. □

Exemplo 3.12. Números de Mersenne M_n para $n > 1$ não são quadrados. De fato, se $2^n - 1 = k^2$ para algum número natural k, então $2^n = 1 + k^2$. Daí, se k for par, $1 + k^2$ é ímpar, que é uma impossibilidade com respeito da referida igualdade. Seja então $k = 2m + 1$ ímpar. Logo, $k^2 = 4m^2 + 4m + 1$. Portanto, $1 + k^2 = 4m^2 + 4m + 2$. Isso implica que $2^n = 4m^2 + 4m + 2$. Dividindo ambos os lados dessa igualdade por 2, tem-se $2^{n-1} = 2m^2 + 2m + 1$. Isso é impossível, pois enquanto o lado esquerdo é sempre um número par, o lado direito é ímpar. Logo M_n não pode ser um número quadrado. □

3.4 Números perfeitos

Na questão de saber e estudar números perfeitos, a mitologia antiga de perfeição de um número natural está ligada diretamente com a soma de divisores positivos. Seja $D(n) = Div(n) - \{n\}$ o conjunto dos divisores naturais de um número natural n exceto n. Chamaremos $D(n)$ de conjunto de divisores próprios de n. Relembramos que sempre $1 \in Div(n)$.

A definição de números perfeitos está baseada na soma de seus divisores próprios. Antes de prosseguir, precisamos de uma notação.

Notação 3.13. Denotamos por $\sigma(n)$ a soma de divisores próprios de n.

Portanto, $\sigma: \mathbb{N} \to \mathbb{N}$ é uma função que explicitamente é definida pela:

$$\sigma(n) = \sum_{d \in D(n)} d$$

Definição 3.14. Um número natural $n > 1$ é dito número perfeito se, e somente se, $\sigma(n) = n$.

Essa definição poder ser dita na outra forma, considerando a função σ e dizendo que n é um número perfeito se, e somente se, n é o seu ponto fixo. Relembramos que para uma função geral $f: X \to X$ de um conjunto X um ponto $x \in X$ é dito ponto fixo dessa função quando $f(x) = x$.

A questão principal é de como determinar ponto (pontos) fixo (fixos) de uma função. Algumas vezes essa pode ser uma questão bem complicada. No caso de função σ para verificar que n é um ponto fixo dela, ou seja, verificar se n é perfeito ou não, aparentemente a única maneira é achar todos os divisores de n e verificar a definição precedente para ele. Quando n é um número razoavelmente pequeno a determinação de seus divisores poderia ter feito dentro de um tempo razoável, mas quando n for um número "grande" o cálculo de seus divisores é praticamente impossível dentro de um tempo padrão. Por isso é fundamental provar teoremas ou achar algoritmos que determinam quando um número natural é perfeito.

Como veremos o nosso conhecimento com respeito de números perfeitos pares é razoavelmente bom, mas não sabemos praticamente nada sobre números perfeitos ímpares nem suas existências.

Exemplo 3.15. Checamos se o número 2 é perfeito. De fato, temos que $D(2) = \{1\}$ mas, obviamente $\sigma(2) = 1 \neq 2$. Logo, 2 não é perfeito. Da mesma forma os números $3, 4$ e 5 não são perfeitos. Mas o número $n = 6$ é perfeito, pois neste caso $D(6) = \{1,2,3\}$ e logo, $\sigma(6) = 1 + 2 + 3 = 6$. Então 6 é ponto fixo de σ. Alguns outros números perfeitos são os seguintes:

$28 \quad = 1 + 2 + 4 + 7 + 14$
$496 \;= 1 + 2 + 4 + 8 + 16 + 31 + 62 + 124 + 248$
$8128 = 1 + 2 + 4 + 8 + 16 + 32 + 64 + 127 + 254 + 508 + 1016 + 2032 + 4064$

3.4.1 Números perfeitos e de Mersenne

Nesta parte investigamos algumas relações bem conhecidas entre números perfeitos pares e números de Mersenne. São dois teoremas que explicam essas relações.

Teorema 3.16. Se M_n é um número de Mersenne primo, então o produto $m = 2^{n-1}M_n$ é um número perfeito.

Demonstração. Sendo M_n um número primo, implica que os seguintes serão seus únicos divisores próprios de número m:

$$1,2,4,\cdots,2^{n-1} \text{ e } M_n, 2M_n, \cdots, 2^{n-2}M_n$$

A soma desses é o número:

$$(1+2+\cdots+2^{n-1})+(1+2+\cdots+2^{n-2})M_n$$

Mas esta soma toda é igual a seguinte:

$$(2^n-1)+(2^{n-1}-1)\cdot(2^n-1)=2^{n-1}\cdot(2^n-1)=2^{n-1}M_n$$

Logo, m é igual à soma de seus divisores próprios, e então é perfeito. □

Por exemplo, seja $n = 2$, então $M_n = 3$ é um número primo. Agora o número $m = 2^{2-1}M_2 = 2 \cdot 3 = 6$ é perfeito. Como outro caso, considere $n = 7$. Logo, $M_7 = 127$ é primo e, portanto, $m = 2^6 \cdot 127 = 8128$ é um número perfeito.

O teorema precedente nos direciona a uma solução de determinar números prefeitos pares. O teorema seguinte nos direciona a determinar números de Mersenne primos utilizando números perfeitos pares. No teorema seguinte mostramos que todo número perfeito par pode ser escrito como o número m no teorema precedente, e então o seguinte teorema pode ser considerado como o recíproco do anterior.

Na demonstração do teorema a seguir é utilizado um fato básico de que se um número natural possui somente dois divisores e que eles sejam diferentes, então o referido número natural é primo.

Teorema 3.17. Se m é um número perfeito par, então, existe algum número natural $n > 1$ tal que $m = 2^{n-1}M_n$ e M_n é um número de Mersenne primo.

Demonstração. O fato de que o número m é par implica que $m = t \cdot 2^a$ para algum número natural a e um número natural ímpar t. Logo, os divisores de m são produtos de divisores de t com os divisores de 2ª que por sua vez são $1, 2, \cdots, 2^a$. Então, se S é a soma de divisores de t, a soma de todos os divisores de m será igual a:

$$S + 2S + 2^2S + \cdots + 2^aS$$

Mas, nessa soma toda, o divisor próprio $m = t \cdot 2^a$ está presente. Portanto, o fato de m ser perfeito leva-nos a seguinte igualdade:

$$m = S + 2S + 2^2S + \cdots + 2^aS - m$$

Resolvendo essa igualdade como uma equação conforme S, podemos notar que $S = t + \frac{t}{M_{a+1}}$. Logo, a fração $\frac{t}{M_{a+1}}$ tem que ser um número inteiro, pois ambos S e t são números inteiros. Portanto, M_{n+1} tem que dividir t. Daí, S é exatamente a soma de dois divisores de t, o próprio t e o divisor $\frac{t}{M_{a+1}}$. Isso somente é possível quando $\frac{t}{M_{a+1}} = 1$. Daí, $t = M_{a+1} = 2^{a+1} - 1$. Logo, t é um número de Mersenne M_{a+1} e $m = 2^a \cdot M_{a+1}$, então o desejado número natural n é de fato o número a, a primeira parte do teorema é demonstrada. Mas, o fato de t ter somente dois divisores mostra que ele é um número primo. □

Por exemplo, seja $m = 8128$, seus divisores são 2^6 e 127. Então de acordo com teorema precedente $a = 6$ e $t = 127$. Logo, $t = M_7$, e $m = 2^6M_7 = 8128$.

3.5 Números amigáveis

Uma forma mais geral de números perfeitos pode ser vista na definição de números amigáveis. Os números amigáveis aparecem em pares, como dois amigos. A definição formal é a seguinte:

Definição 3.18. Um par de números naturais (m, n) é um par de números amigáveis (ou par amigável ou números amigos) se, e somente se, cada um desses números é "perfeito para o outro". Isso que dizer que

$$\sigma(m) = n \text{ e } \sigma(n) = m \tag{3.10}$$

Podemos interpretar essa definição no sentido de pontos fixos considerando a função produto $\sigma \times \sigma \colon \mathbb{N} \times \mathbb{N} \to \mathbb{N} \times \mathbb{N}$ definida pela:

$$\sigma \times \sigma(m, n) = (\sigma(n), \sigma(m))$$

Dizendo que (m, n) é um par de números amigáveis se, e somente se, seu ponto fixo é (m, n). Em outras palavras, $\sigma \times \sigma(m, n) = (m, n)$.

Por exemplo, o primeiro par de números amigáveis é o par $(220, 284)$ conhecido desde a época Pitagoriano, na Grécia antiga. Vamos ver a seguir porque esse par é um par amigável. Temos que:

$$D(220) = \{1,2,4,5,10, 20, 22, 44, 55, 110\}$$

$$D(284) = \{1, 2, 4, 71, 142\}$$

Por outro lado, temos que:

$$\sigma(220) = \textstyle\sum_{d \in D(220)} d = 284, \quad \sigma(284) = \textstyle\sum_{d \in D(284)} d = 220$$

De acordo com escritos de historiadores e pesquisadores[3], o par amigável (17296, 18416) que geralmente é atribuído a Fermat, foi de fato,

---

[3] Veja por exemplo o artigo de P. J. Costello intitulado *New amicable pairs of type (2, 2) and type (3, 2)* publicado em Mathematics of Computation Vol. 72 No. 241 páginas 489 – 497 (2002).

descoberto pela primeira vez por Ibn al-Banna (em Marrocos) no século XIV, e também por Kamaladdin Farsi (em Bagdá). Por outro lado, o par $(9363584, 9437056)$ que geralmente é atribuído a René Descartes, foi de fato descoberto por Muhammad Baquir Yazdi (em Irã).

Quem deu um impulso forte aos pares amigáveis foi Euler, ele descobriu 59 novos pares, em particular ele descobriu que a maioria de pares amigáveis tem um fator em comum.

Mas a história começou antes, quando o J.J Tattersall no seu livro [Tatt] escreve, já no século IX o matemático Thabit Ibn Qurra havia inventado o primeiro método para gerar pares amigáveis. Ele tinha considerado a sequência $\{a_i\}_{i=1}^{\infty}$ cujos primeiros números são $2, 5, 11, 23$ definidos pela regra geral de que $a_n = 2a_{n-1} + 1$ para $n > 1$. Thabit demonstrou que se dois elementos consecutivos dessa sequência são dois números primos p e q, e se $r = pq + p + q$ também é um número primo, então os números $2^n pq$ e $2^n r$ formam um par amigável.

Exemplo 3.19. Considere os elementos consecutivos da sequência de Thabit, $p = 5$ e $q = 11$ ambos são números primos. Neste caso $r = 55 + 5 + 11 = 71$ que também é um número primo. Então de acordo com resultado de Thabit os números $2^n \cdot 5 \cdot 11 = 55 \cdot 2^n$ e $2^n \cdot 71$ devem ser amigáveis. Em particular, notamos que para $n = 2$ teremos o par já mencionado 220 e 284.

Uma vez que os pares amigáveis são definidos, existem também seus descendentes. A palavra descendentes de pares amigáveis foi originalmente definida por Herman te Riele no seu artigo[4], e ele mostrou como pode ser construído um par amigável $(a_1 x, a_2 y)$, através de números a_1 e a_2 que são divisores de outro par amigável. Ele chama o novo par de "filha" de anterior. Por exemplo, em 1948 E. Escott descobriu os números amigáveis seguintes de 17 algarismos:

---

[4] *On the generating new amicable pairs from given amicable pairs* publicado em Math. Comp. No. 42 páginas 219 – 223 (1984).

$$10360830371746725 = 3^2 \cdot 5^2 \cdot 13 \cdot 31 \cdot 149 \cdot 449 \cdot 1707947$$

e

$$10453453678813275 = 3^2 \cdot 5^2 \cdot 13 \cdot 31 \cdot 73547 \cdot 1567499$$

Uma filha deste par é o seguinte par de 19 algarismos obtido com a condição $a_1 = a_2 = 3^2 \cdot 5^2 \cdot 13 \cdot 31$ a seguir:

$$5239885167665187975 = a_1 \cdot 439 \cdot 229 \cdot 574823087$$

e

$$5262737823841858425 = a_2 \cdot 439 \cdot 363491 \cdot 363719$$

Daqui por diante, podem ser gerados netos e mais descendentes. Em particular, observamos que os pares acima mencionados são ímpares. Para maiores detalhes, veja o artigo de Costello supracitado.

3.6 Números de Fibonacci e de Lucas

De acordo com historiadores, Fibonacci[5], o italiano do século XIII, é um dos intelectuais que mais contribuiu para introduzir a ciência Islâmica ao Ocidente. Ele apresentou uma sequência de números naturais com diversas propriedades tanto em natureza quanto em teoria dos números e matemática. Essa sequência de números naturais é chamada números de Fibonacci ou sequência de Fibonacci para honrar seu inventor. Formalmente apresentamos a seguinte:

Definição 3.20. Os números de Fibonacci (ou sequência de Fibonacci) são elementos de um conjunto infinito de números naturais definidos como o seguinte:

$$1, 1, 2, 3, 5, 8, 13, 21, 34, 55, 89, 144, 233, 377, 610, 987, \cdots$$

[5] Leonardo de Pisa (1170 – 1250).

onde, em geral, o n-ésimo número de Fibonacci u_{n+1} satisfaz a seguinte relação com anteriores u_n, e u_{n-1}:

$$u_{n+1} = u_n + u_{n-1} \text{ Para } n > 2, \text{ e } u_1 = u_2 = 1$$

Além da sequência de números naturais que facilmente pode ser gerada e é bem conhecida, alguns pesquisadores e estudiosos interessados na matemática e suas aplicações acreditam que a sequência de Fibonacci é a sequência mais famosa de números naturais. Obviamente, esta fama somente pode existir para quem estudou bem ela.

Proposição 3.21. Quaisquer dois números consecutivos da sequência de Fibonacci são coprimos entre si.

Demonstração. É claro que os dois primeiros números $u_1 = u_2 = 1$ são coprimos entre si, pois $[1,1] = 1$. Agora continuamos a demonstração utilizando Indução Matemática, supondo que u_{k-1} e u_k são primos entre si. Precisamos demonstrar que $[u_k, u_{k+1}] = 1$. De fato, se $[u_k, u_{k+1}] = d > 1$, então $d|u_{k-1}$, pois $u_{k-1} = u_{k+1} - u_k$. Mas $d|u_k$ também, então concluímos que $[u_{k-1}, u_k] > 1$. Isto é uma contradição. □

Proposição 3.22. Na sequência de Fibonacci, a partir do número 2, entre cada dois números pares consecutivos, existem dois números ímpares.

Demonstração. Por exemplo, $u_3 = 2$ e $u_6 = 8$ são números pares e entre eles os números $u_4 = 3$ e $u_5 = 5$ são ímpares. Para uma demonstração formal vamos supor que u_k, e u_{k+3} são números pares, e u_{k-1} é ímpar. Aplicamos Indução Matemática e notamos que pelo fato de que vale a igualdade $u_{k+3} = u_{k+2} + u_{k+1}$ então, u_{k+1} e u_{k+2} tem que ter a mesma paridade para que u_{k+3} seja um número par. Mas, u_{k+1} não pode ser par, pois vale a igualdade $u_{k+1} = u_k + u_{k-1}$, onde pela hipótese de Indução Matemática u_{k-1} que é um elemento da sequência de Fibonacci e antes de u_k é ímpar. Isso completa a demonstração. □

Por exemplo, para esses dois resultados precedentes, basta observar a lista parcial de números da sequência de Fibonacci na Definição 3.20.

Entre as muitas propriedades da sequência de Fibonacci, podemos mencionar e demonstrar mais resultados a seguir.

Proposição 3.23. Os números da sequência de Fibonacci satisfazem a seguinte propriedade:

$$u_{k+3} + u_k = 2u_{k+2} \quad \text{Para todo } k \geq 1$$

Demonstração. Para demonstrar esta proposição basta considerar as seguintes igualdades:

$$u_{k+3} - u_{k+1} = u_{k+2} \text{ e } u_k + u_{k+1} = u_{k+2}$$

Após somadas, temos que $u_{k+3} + u_k = 2u_{k+2}$. A demonstração está completa. □

Por exemplo, para $k = 1$ tem se $3 + 1 = u_4 + u_1 = 4 = 2u_3$.

Proposição 3.24. A soma de primeiros n termos da sequência de Fibonacci $\{u_k\}$ satisfaz a seguinte igualdade:

$$u_1 + u_2 + u_3 + \cdots + u_n = u_{n+2} - 1 \tag{3.11}$$

Demonstração. Vamos utilizar Indução Matemática. Para $n = 1$ vale a referida igualdade, pois $1 = 2 - 1$. Vamos então supor que a proposição é verdadeira para o caso até $k = n - 1$. Então, temos que:

$$u_1 + u_2 + u_3 + \cdots + u_{n-1} = u_{n+1} - 1$$

Adicionando u_n em ambos os lados dessa igualdade, chegaremos à seguinte:

$$u_1 + u_2 + u_3 + \cdots + u_{n-1} + u_n = u_{n+1} + u_n - 1$$

Mas, o lado direito da igualdade é igual à $u_{n+2} - 1$, pois $u_{n+2} = u_{n+1} + u_n$. A demonstração está completa. □

Várias outras propriedades de números de Fibonacci podem ser achadas pela fórmula de Binet (ou fórmula de Lame). Essa fórmula é explicada no teorema a seguir que é uma fórmula para calcular o n-ésimo número de Fibonacci u_n. Para descrever essa fórmula vamos adotar a seguinte notação:

$$\alpha = \frac{1+\sqrt{5}}{2} \text{ e } \beta = \frac{1-\sqrt{5}}{2} \tag{3.12}$$

De acordo com os historiadores, no ano de 1718 De Moivre[6], o matemático francês que é bem conhecido pela sua fórmula para calcular potências de números complexos em cursos de Variável Complexa[7], tinha conjecturado que para todo número natural n vale a igualdade $u_n = \frac{\alpha^n-\beta^n}{\alpha-\beta}$. Mais tarde, em 1728, o matemático Bernoulli[8] demonstrou que a conjectura de De Moivre é verdadeira. Finalmente, mais de cem anos depois, em 1843, Binet[9] e, no ano seguinte, em 1844, o Lame[10], demonstraram a mesma conjectura, um independente do outro.

Teorema 3.25 (Binet, Lame). O n-ésimo número de Fibonacci u_n é dado pela fórmula seguinte:

$$u_n = \frac{\alpha^n - \beta^n}{\alpha - \beta}$$

Antes de demonstrar este teorema vamos esclarecer certos fatos a respeito de números α e β.

Proposição 3.26. Valem as seguintes propriedades para números α e β introduzidos nas igualdades (3.12) acima.

$$(1)\ \alpha + \beta = 1;\ (2)\ \alpha - \beta = \sqrt{5};\ (3)\ \alpha^2 = \alpha + 1;\ (4)\ \beta^2 = \beta + 1;$$

[6] Abraham De Moivre (1667 - 1754).
[7] Veja o livro [Sho uvc].
[8] Johann Bernoulli (1667 - 1748).
[9] Jacques- Philippe Marie Binet (1786 - 1856).
[10] Gabriel Lame (1795 -1870).

(5) Seja $t_k = \frac{\alpha^k - \beta^k}{\alpha - \beta}$, então $t_1 = t_2 = 1$;

(6) $t_{k+2} = t_{k+1} + t_k$;

(7) Para todo número natural k temos que $t_k = \frac{\alpha^k - \beta^k}{\alpha - \beta} \in \mathbb{N}$

Demonstração. A demonstração dos primeiros quatro itens é uma consequência imediata da definição de α e β dado em (3.12). A demonstração do item (5) é facilmente feita por meio da definição de α e β. Para demonstrar o item (6) notamos que pelo item (3) após multiplicar os dois lados da igualdade por α^k vale a seguinte:

$$\alpha^{k+2} = \alpha^{k+1} + \alpha^k$$

Da mesma forma, multiplicando os dois lados da igualdade por β no item (4) vale a seguinte:

$$\beta^{k+2} = \beta^{k+1} + \beta^k$$

Subtraindo as duas igualdades precedentes têm-se que:

$$\alpha^{k+2} - \beta^{k+2} = \left(\alpha^{k+1} - \beta^{k+1}\right) + (\alpha^k - \beta^k)$$

Dividindo os dois lados da igualdade por $\alpha - \beta$ têm-se:

$$\frac{\alpha^{k+2} - \beta^{k+2}}{\alpha - \beta} = \frac{\alpha^{k+1} - \beta^{k+1}}{\alpha - \beta} + \frac{\alpha^k - \beta^k}{\alpha - \beta}$$

Logo,

$$t_{k+2} = t_{k+1} + t_k \tag{3.13}$$

Para demonstrar o item (7) aplicamos Indução Matemática onde sabemos que para $k = 1$, $t_1 = t_2 = 1 \in \mathbb{N}$. Suponhamos então que t_k e t_{k+1} sejam números naturais. Vamos provar que t_{k+2} também o é. Mas, pelo item (6) isso é óbvio. A demonstração está completa. □

Demonstração do Teorema 3.25. A identidade recorrente (3.13) junto com a proposição anterior mostra que $u_n = \frac{\alpha^n - \beta^n}{\alpha - \beta}$ define uma sequência de números naturais satisfazendo a definição da sequência de Fibonacci. □

Proposição 3.27. Com os dados da proposição precedente temos que $\alpha\beta = -1$ e $\alpha^n + \beta^n \in \mathbb{N}$.

Demonstração. Temos que $\alpha\beta = \frac{(1+\sqrt{5})(1-\sqrt{5})}{4} = -1$. Por outro lado, pelo item (1) da proposição anterior tem-se que $\alpha + \beta = 1$. Para demonstrar a proposição, vamos aplicar Indução Matemática e supor que $\alpha^k + \beta^k \in \mathbb{N}$ para todo número natural $k < n$. Calculando a expansão binômia para $(\alpha + \beta)^n$, temos que $\alpha^n + \beta^n$ é igual a seguinte:

$$(\alpha + \beta)^n - n\alpha^{n-1}\beta + \binom{n}{2}\alpha^{n-2}\beta^2 + \cdots + \binom{n}{n-2}\alpha^2\beta^{n-2} - n\alpha\beta^{n-1}$$

Observando que $\alpha + \beta = 1$ a expressão anterior depois do reagrupamento dos termos pode ser escrita da seguinte forma:

$$1 - n\alpha\beta(\alpha^{n-2} + \beta^{n-2}) - \binom{n}{2}\alpha^2\beta^2(\alpha^{n-4} + \beta^{n-4}) + \text{Outros termos}$$

onde todos os termos do lado direito são inteiros. Lembrando que $\alpha\beta = -1$ temos o resultado desejado. □

Corolário 3.28. Na sequência de números de Fibonacci vale a seguinte propriedade da divisão:

$$u_n \mid u_{2n} \quad \text{Para todo } n \geq 1 \tag{3.14}$$

Demonstração. Inicialmente temos que $u_n = \frac{\alpha^n - \beta^n}{\alpha - \beta}$, e $u_{2n} = \frac{\alpha^{2n} - \beta^{2n}}{\alpha - \beta}$, Logo, $\frac{u_{2n}}{u_n} = \frac{\alpha^{2n} - \beta^{2n}}{\alpha^n - \beta^n} = \alpha^n + \beta^n$, que é um número natural. Isso completa a demonstração. □

3.6.1 Números de Lucas

Uma sequência de números naturais cuja definição é semelhante a da sequência de Fibonacci e como veremos está relacionada por meio de uma fórmula simples é a sequência de números de Lucas[11]. Nesta sessão vamos introduzir a sequencia de Lucas e provar alguns resultados.

Definição 3.29. A sequência de Lucas $\{v_n\}_{n=1}^{\infty}$ é um conjunto infinito de número natural definido por meio da seguinte fórmula de recorrência:

$$v_1 = 1, v_2 = 3, \;\; v_{n+1} = v_n + v_{n-1} \tag{3.15}$$

O leitor imediatamente observa a semelhança entre essa definição e a definição da sequência de Fibonacci.

Os primeiros números de Lucas são:

$$1, 3, 4, 7, 11, 18, 29, 47, 76, 123, 199, 322, 521, 843, 1364, 2207, \cdots$$

Proposição 3.30 (Lucas). Com respeito da sequência de Fibonacci o n-ésimo número de Lucas v_n satisfaz a seguinte propriedade:

$$v_n = \frac{u_{2n}}{u_n} \tag{3.16}$$

Demonstração. Primeiro, pelo corolário anterior sabemos que $\alpha^k + \beta^k = \frac{u_{2k}}{u_k}$. Vamos provar que para $k \geq 1$ a soma $\alpha^k + \beta^k$ satisfaz a fórmula de recorrência que define os números de Lucas. Já que $\alpha + \beta = 1$ e que facilmente pode ser calculado que $\alpha^2 + \beta^2 = 3$, então basta provar que:

$$\alpha^{n+2} + \beta^{n+2} = (\alpha^{n+1} + \beta^{n+1}) + (\alpha^n + \beta^n), \text{ Para } n \geq 1$$

Mas, isso é uma consequência da demonstração da Proposição 3.26, onde foi visto que:

---

[11] François E'douardo Anatole Lucas (1842 – 1891).

$$\alpha^{n+2} = \alpha^{n+1} + \alpha^n \text{ e } \beta^{n+2} = \beta^{n+1} + \beta^n$$

Agora, somando essas duas igualdades, teremos o resultado desejado. Logo, podemos denotar $v_n = \alpha^n + \beta^n$. Isso completa a demonstração. □

Os números de Fibonacci e Lucas podem ser estudados num contexto mais geral, onde eles podem ser considerados como um exemplo de uma sequência mais geral de números naturais que refletem suas propriedades. Essa versão geral está baseada no fato de que esses números são definidos de formas semelhantes começando com dois números iniciais u_1, u_2 e v_1, v_2. Portanto, se a e b são dois números naturais dados, podemos definir a seguinte sequência:

Definição 3.31. Uma sequência $\{x_n\}_{n=1}^{\infty}$ é chamada de uma sequência do tipo de Fibonacci quando $x_1 = a$, e $x_2 = b$ satisfazendo a seguinte fórmula da recorrência:

$$x_{n+2} = x_{n+1} + x_n \text{ Para todo } n \geq 1 \qquad (3.17)$$

Se precisar, denotaremos a sequência do tipo de Fibonacci por:

$$\langle a, b \mid x_1 = a, x_2 = b, x_{n+2} = x_{n+1} + x_n,\ n \geq 1 \rangle \qquad (3.18)$$

Os números a e b são chamados de geradores da sequênciado tipo de Fibonacci.

Por exemplo, num caso particular onde $a = b = 1$ a sequência determinada com esses geradores é exatamente a sequência de Fibonacci $\{u_n\}_{n=1}^{\infty}$, e quando $a = 1, b = 3$ o resultado é a sequência de Lucas $\{v_n\}_{n=1}^{\infty}$.

Lema 3.32. Para dois geradores a e b os elementos da sequência do tipo Fibonacci são dados pela soma $ra + sb$ onde r e s variam sobre todos os números naturais.

Demonstração. Utilizamos Indução Matemática com respeito de n. Primeiro notamos que os elementos da referida sequência são da seguinte forma:

$$a, b, a+b, a+2b, 2a+3b, 3a+5b, 5a+8b, 8a+13b, \cdots$$

Logo, pela hipótese da Indução Matemática $x_{n+1} = r_{n+1}a + s_{n+1}b$ e $x_n = r_n a + s_n b$ para alguns números naturais $r_n, r_{n+1}, s_n, s_{n+1}$, temos então que $x_{n+2} = r_{n+2}a + s_{n+2}b$, onde $r_{n+2} = r_{n+1} + r_n$, e $s_{n+2} = s_{n+1} + s_n$. A demonstração está completa. □

A demonstração desse lema revela que na construção dos elementos da sequência do tipo Fibonacci são usadas duas sequências de números naturais, elas são $\{r_n\}_{n=1}^{\infty}$ e $\{s_n\}_{n=1}^{\infty}$. Ambas são sequências crescentes no sentido de que para todo número natural n valem as desigualdades $r_{n+1} > r_n$ e $s_{n+1} > s_n$. Em particular, temos o seguinte lema cuja demonstração é facilmente feita por meio da Indução Matemática e deixamo-la para o leitor interessado.

Lema 3.33. Os elementos das sequências $\{r_n\}_{n=1}^{\infty}$ e $\{s_n\}_{n=1}^{\infty}$ satisfazem a propriedade:

$$r_{k+1} = s_k \text{ Para todo } k \geq 3 \tag{3.19}$$

E com referência ao lema anterior quando $a = b = 1$, tem se $\{r_k\}_{k=3}^{\infty} = \{u_k\}_{k=2}^{\infty}$, e $\{s_k\}_{k=2}^{\infty} = \{u_k\}_{k=1}^{\infty}$, e ainda valem as seguintes igualdades:

$$\{u_k\}_{k=1}^{\infty} = \{r_k\}_{k=1}^{\infty} + \{s_k\}_{k=1}^{\infty} = \{r_k + s_k\}_{k=1}^{\infty}$$

Exemplo 3.34. (1) Se numa sequência do tipo Fibonacci os geradores a e b são números pares, então todos os elementos dessa sequência são números pares.

(2) Se numa sequência $\{x_n\}_{n=1}^{\infty}$ os geradores $a = 2, b = 1$ então, a sequência gerada é:

$$2, 1, 3, 4, 7, 11, 18, 29, 47, 76, \cdots$$

E podemos notar que a partir de x_2 essa é a mesma que a sequência de Lucas. Algumas vezes esta também é chamada sequência de Lucas.

(3) Se numa sequência $\{x_n\}_{n=1}^{\infty}$ os geradores $a = 2, b = 3$ então, a sequência gerada é:

$$2, 3, 5, 8, 13, 21, 34, 55, 89, 144, \cdots$$

Nesta sequência a partir de $x_1 = 2$ ela é a mesma que a sequência de Fibonacci.

(4) Considere uma sequência $\{x_n\}_{n=1}^{\infty}$ com geradores a e b. Se, $g = [a, b]$ o máximo divisor comum, então a sequência gerada por esses geradores é um subconjunto do ideal $g\mathbb{Z}$.

(5) Vale a seguinte para qualquer sequência $\{x_n\}_{n=1}^{\infty}$ do tipo Fibonacci:

$$x_{n+1}^2 - x_n^2 = x_{n+2}x_{n+1},$$

pois $x_{n+1}^2 - x_n^2 = (x_{n+1} + x_n)(x_{n+1} - x_n) = x_{n+2}x_{n-1}$.

3.6.2 Número áureo, número ouro

Uma análise de números α e β nos direciona a uma fração especial conhecida como razão áurea, ou número áureo e também conhecido como número ouro.

Começamos com uma ideia algébrica de achar a equação que possui um desses números como raiz. Mas antes notamos que, na verdade, por razão dos itens (3) e (4) ambos os números α e β satisfazem uma equação quadrática como $x^2 - x - 1 = 0$.

Para chegar a essa equação diretamente sabendo que $\alpha = \frac{1+\sqrt{5}}{2}$ podemos reescrever essa igualdade como $2\alpha = 1 + \sqrt{5}$. Logo, temos que $2\alpha - 1 = \sqrt{5}$ e daí, após calcular o quadrado de ambos os lados, notamos que $4\alpha^2 - 4\alpha - 4 = 0$. Após dividir os dois lados por 4 chegaremos a equação desejada:

$$x^2 - x - 1 = 0$$

Facilmente pode ser demonstrada que essa equação possuir duas raízes que são de fato os números α e β. Em particular, a igualdade $\alpha + 1 = \alpha^2$ pode ser dividida por número α que obviamente é não nulo para chegar à igualdade

$$\frac{\alpha + 1}{\alpha} = \frac{\alpha^2}{\alpha} = \alpha$$

Multiplicando o numerador e denominador dessa igualdade por um número real positivo t chegaremos a $\frac{t\alpha+t}{t\alpha} = \frac{t\alpha}{t}$. Agora, seja $t\alpha = y$. Daí, tem-se:

$$\frac{y + t}{y} = \frac{y}{t}$$

Essa é uma igualdade de destaque por qual definição de razão áurea é dada.

Definição 3.35. A razão áurea (ou número áurea ou número ouro) é um par de números reais positivos a e b, com $a > b$ satisfazendo a igualdade precedente, de mode que $\frac{a+b}{a} = \frac{a}{b}$.

O número $\alpha = \frac{1+\sqrt{5}}{2}$ nas literaturas matemáticas em geral é denotado com letra grega *phi*, ou seja, ϕ. Esse número como podemos observar é a resposta de uma fração continuada como no Exercício 103 no final do Capítulo 1 mostra.

Em particular, vale o seguinte lema cuja demonstração é óbvia.

Lema 3.36. O número α satisfaz a propriedade ouro que significa junto com número 1 ele satisfaz a igualdade $\frac{\alpha+1}{\alpha} = \frac{\alpha}{1} = \alpha$.

3.7 Exercícios do capítulo 3

As soluções e comentários dos 89 exercícios seguintes e questões são encontradas no livro [Sho 457].

(1) Escreva os números repetidos $N(101;3), N(101;4)$ e $N(101;6)$ na forma decimal. Eles são primos?

(2) Seja a um número natural de um algarismo entre 2 e 9. É possível que $N(a;k)$ seja um número primo?

(3) Seja a um número natural de um algarismo. Mostre que vale a seguinte versão geral da fórmula de recorrência (3.2):

$$N(a;k) = a \cdot 10^{k-1} + N(a;k-1)$$

(4) Sejam a e b dois números naturais de k algarismos, cujos algarismos são menores que 5. Mostre que a seguinte fórmula de adição para $N(a;k)$ e $N(b;k)$:

$$N(a;k) + N(b;k) = N(a+b;k)$$

(5) Números simétricos. Um número natural $a = a_{k-1}a_{k-2}\cdots a_1 a_0$ de k algarismos será chamado número simétrico quando k for ímpar e a respeito de centro da simetria $a_{\frac{k-1}{2}}$ valem as seguintes igualdades:

$$a_{k-1} = a_0;\ a_{k-2} = a_1, \cdots, a_\ell = a_{k-1+\ell}$$

Por exemplo, os números $2456542;\ 11111;\ 900121009$ são simétricos com nossa definição.

(a) Mostre que se $k < 10$ então o número $N(1;k)^2$ é simétrico.

(b) O número $N(2;4)^2$ é simétrico?

(c) É verdadeiro que $N(2a;k) = 2N(a;k)$?

(d) Pode-se calcular o número de algarismos de $N(1;k)^2$?

(e) Considere a seguinte lista:

$$N(1;2)^2 = 121, N(1;3)^2 = 12321, N(1;4)^2 = 1234321$$

Pode achar uma fórmula geral para $N(1;k)^2$?

(f) É possível desenvolver uma fórmula geral para o cálculo de $N(1;k)^3$?

(g) Mostre que $N(1;3)^3$ é um número simétrico com centro de simetria 7. $N(1;5)^3$ é simétrico?

Note que no livro [Sho 457] na página 70 em vez de item (h) deve ser escrito (g).

(6) Mostre que quando $N(1;k)$ é um número primo, então k é primo.

(7) Ache os divisores primos de $N(1;4), N(1;6)$ e $N(1;9)$.

(8) Mostre que $N(1;k)$ não pode dividir $N(1;k+1)$.

(9) É verdadeiro que $N(a;k)|N(a;2k)$?

(10) Números quadrados e fatoriais. Algumas vezes o número $1+n!$ é um número quadrado. Por exemplo, $1+4! = 5^2, 1+5! = 11^2$ e $1+7! = 71^2$. Pode-se achar outro?

(11) Mostre que todos os números de Fermat a partir de $F_2 = 17$ terminam em 7.

(12) Mostre que nenhum número de Fermat é par.

(13) Mostre que quaisquer dois números de Fermat são coprimos.

(14) Existe um número de Fermat de 90 algarismos?

(15) Existe um número de Mersenne de 90 algarismos?

(16) Mostre que o número 4294967296 de 10 algarismos não pode ser um número de Mersenne.

(17) Ache todos os números naturais n tal que 2^n possuam 31 algarismos.

(18) Função algarismo. Considere a função algarismo definida pela:

$$\| \ \| : \mathbb{N} \to \mathbb{N}$$

associando a cada número natural n o número natural $\| n \|$ de seus algarismos. A função $\| \ \|$ para o conjunto de números de Mersenne é sobrejetora?

(19) Para o conjunto de números de Fermat a função algarismo é sobrejetora?

(20) É possível que um número de Fermat seja igual a um número de Mersenne?

(21) Mostre que no conjunto de números de Fermat a operação de adição (soma) de números não é fachada. Isso quer dizer que a soma de dois números de Fermat não é necessariamente um número de Fermat.

(22) Faça o mesmo do exercício precedente para o conjunto de números de Mersenne.

(23) Mostre que cada dois números de Mersenne consecutivos são coprimos.

(24) Seja x um número real. Mostre que para todo número natural ímpar n vale a seguinte igualdade:

$$x^n + 1 = (x + 1)(x^{n-1} - x^{n-2} + \cdots - x + 1)$$

(25) Com os dados do exercicio precedente mostre que para $x > 1$ vale a desigualdade seguinte:

$$x^{n-1} - x^{n-2} + \cdots - x + 1 > 1$$

(26) Mostre que se um número natural de forma $a^n + 1$ com $a > 1$ com a e n ambos naturais é primo, então n é par.

Sugestão: Supondo por absurdo que n tem um divisor ímpar $s > 1$. Aplique o Exercício 24 a $x = a$ e $n = rs$ e decomponha $a^n + 1$ na seguinte forma:

$$a^n + 1 = a^{rs} + 1 = (a^r + 1)(a^{r(s-1)} - a^{r(s-2)} + \cdots - a^r + 1)$$

lembrando que $s \geq 3$, então pelo Exercício 25 ambos fatores $a^r + 1$ e $(a^{r(s-1)} - a^{r(s-2)} + \cdots - a^r + 1)$ são números maiores que 1. Isso será uma contradição.

(27) A origem de número de Fermat. Referente ao exercício precedente, mostre que se $a^n + 1$ é primo então $n = 2^k$ para algum número natural k.

(28) Mostre que os números de Mersenne não são quartos.

Sugestão. Um número é quarto quando ele é de forma a^4 para algum número natural a. Utilize o Exemplo 3.12 onde é demonstrado que números de Mersenne não são quadrados e segue a ideia de demonstração disso, ou somente o resultado desse exemplo.

(29) Mostre que para todo número natural $k > 1$, o número $k^2 + k + 1$ é ímpar.

(30) Use o resultado do exercício precedente e mostre que números de Fermat não podem ser cúbicos, quer dizer, não são de forma k^3 para algum número natural k.

(31) Mostre que o número $k^3 + 1$ para k par é ímpar, e para k ímpar é um número par.

(32) Use o resultado do exercício precedente e mostre que números de Mersenne não podem ser cúbicos.

(33) Mostre que para todo número natural $k > 1$ o número $k + 2$ ou $k - 1$ é ímpar.

(34) Use o exercício precedente e mostre que para todo número natural $n > 1$ os números de Fermat F_n não podem ser triangulares.

(35) É possível que a soma de dois números triangulares seja um número triangular? Podemos dizer que isso sempre acontece?

(36) Mostre que o único número triangular primo é 3.

(37) É possível que a soma de um número triangular consiga mesmo que seja um número quadrado?

(38) Mostre que a soma de dois números triangulares consecutivos é sempre um número quadrado.

(39) Qual é o maior número triangular menor que 100? Faça uma lista de números triangulares de 1 até 100.

(40) Pode-se oferecer uma maneira geral de determinar se um dado número natural é triangular?

(41) Mostre que vale a seguinte igualdade para números triangulares:

$$\Delta_{n+1} = n + 1 + \Delta_n$$

(42) Justifique por que na lista de números triangulares a partir de $\Delta_1 = 1$ a paridade de cada dois números muda. Por exemplo, Δ_1 e Δ_2 têm mesmas paridades (ambos ímpares), e Δ_3 e Δ_4 têm mesmas paridades (ambos pares).

(43) Perímetro de número triangular. Relembramos que os números geométricos podem ser construídos fisicamente com bolas iguais distribuídas homogeneamente para formar uma figura geométrica. Por exemplo, para o

número triangular Δ_4 são usadas 10 bolas. Para o número quadrado 16 bolas. Para $n \geq 3$ definimos o perímetro de Δ_n como o número de bolas que formam o perímetro físico de triângulo isósceles Δ_n.

(1)[12] Mostre que o perímetro de Δ_n é igual a $3n + 6$ para todo $n \geq 3$.

(2) Mostre que se $Perim(\Delta_n)$ denota o perímetro de Δ_n então vale a seguinte identidade:

$$\Delta_{n+3} - Perim(\Delta_{n+3}) = \Delta_n \text{ Para } n \geq 1$$

(44) Perímetro de número quadrado. Definimos o perímetro de um número quadrado $\square_n$como o número de bolas que formam o perímetro físico de $\square_n$. Primeiro, determine o perímetro de $\square_n$, segundo, mostre que se $Perim(\square_n)$ denota o perímetro de $\square_n$ então vale a seguinte identidade:

$$\square_{n+2} - Perim(\square_{n+2}) = \square_n \text{ Para todo } n \geq 1$$

(45) Verifique se $n = 1365378$ é um número triangular

(46) Triplos pitagorianos. É possível que a soma de dois números quadrados seja um número quadrado? Se a resposta for afirmativa, então, quantos números quadrados existem que são a soma de dois números quadrados?

Sugestão. A resposta é afirmativa, por exemplo, $a = 9, b = 16$ e $c = 25$. De fato, existem infinitos casos desses. Todos os triplos (a, b, c) tal que $a^2 + b^2 = c^2$ são chamados de triplos pitagorianos. Para gerar esses triplos basta escolher dois inteiros u e v primos entre si e definir:

$$a = u^2 - v^2, b = 2uv \text{ e } c = u^2 + v^2$$

Agora mostre que $a^2 + b^2 = c^2$ e que o maior número que divide a, b e c é 1.

---

[12] Acrescentado ao exercício para a segunda edição do livro.

(47) Seja $n > 3$ um número natural. Mostre que quando n for um número triangular então, o número de Mersenne $2^n - 1$ é composto.

(48) Mostre a seguinte identidade para números quadrados e triangulares:

$$\square_n = \Delta_n + \Delta_{n-1} = n + 2\,\Delta_{n-1} \text{ Para todo } n > 1$$

(49) Use o exercício precedente e mostre que todo número natural $n > 1$ é igual a diferença de dois números triangulares consecutivos.

(50) Mostre a seguinte fórmula de recorrência para números triangulares:

$$1 + 2\Delta_{n-1} = \Delta_n + \Delta_{n-2} \text{ Para todo } n > 2$$

(51) Mostre que um número natural n é perfeito se, e somente se, $\sum_{d \in Div(n)} d = 2n$.

(52) Seja p um número primo e n um número natural. Calcule o número de elementos de $D(p^n)$ e também o número $\sigma(p^n)$.

(53) Mostre que com os dados do exercício precedente o número p^n não pode ser perfeito.

(54) Sejam a e n números naturais. Considere a identidade seguinte:

$$a^n - 1 = (a - 1)(a^{n-1} + a^{n-2} + \cdots + 1)$$

Mostre que se $a^n - 1$ é primo então $a = 2$.

(55) A origem do número de Mersenne. Com os dados do exercício precedente, mostre que quando $2^n - 1$ é um número primo então, n é um número primo (veja Proposição 3.10)

(56) Mostre que os seguintes números:

$$a = 2^{30} \cdot 2147483647 \text{ e } b = 2^{60} \cdot 2305843009213693951$$

são números perfeitos. Calcule o número de algarismos de a e de b.

(57) Sejam $n > 1$ um número natural. Mostre que no método de Thabit os números $2^n pq$ e $2^n r$ são pares amigáveis se:

$$p = (3 \cdot 2^{n-1}) - 1, q = (3 \cdot 2^n) - 1 \text{ e } r = (9 \cdot 2^{2n-1}) - 1$$

são todos números primos ímpares.

(58) Pelo método de Thabit gere os seguintes pares amigáveis:

$$(17296, 18416) \text{ e } (9363584, 9437056)$$

(59) Sejam $a_1 = a_2 = 3^2 \cdot 5^2 \cdot 13 \cdot 31$. Mostre que os seguintes números são pares amigáveis:

$$523988516766518797 5 = a_1 \cdot 439 \cdot 229 \cdot 574823087$$

e

$$5262737823841858425 = a_2 \cdot 439 \cdot 363491 \cdot 363719$$

Este é descendente de outro par de números amigáveis.

(60) Liste os primeiros cinquenta números de Fibonacci. Quantos desses são números quadrados, quantos são triangulares, alguns são pentagonais?

(61) Faça a mesma coisa do exercício precedente para números de Lucas.

(62) Ache todos os números primos de Fibonacci e de Lucas que são menores que 2000.

(63) Sabemos que os números de Fibonacci entre outros satisfazem a propriedade de divisão $u_n | u_{2n}$. Agora, considere a sequência de Lucas. Temos que:

$$v_1 | v_3, v_3 | v_9, v_6 | v_{18}$$

Será que $v_9 | v_{54}$? $v_{12} | v_{36}$? Existe uma regra geral?

(64) Mostre que o máximo divisor comum de cada dois números consecutivos da sequência de Lucas é igual a 1.

(65) Mostre que se $[a, b] = 1$ também $[x_n, x_{n+1}] = 1$ na sequência do tipo de Fibonacci $\{x_n\}_{n=1}^{\infty}$.

(66) Para quais números primos a e b de um algarismo na sequência $\{x_n\}_{n=1}^{\infty}$ definida pelos geradores a e b a seguir:

$$\langle a, b \mid x_1 = a, x_2 = b, x_{n+2} = x_{n+1} + x_n \rangle$$

são gerados primos de 2 até 100?

(67) É possível que a partir de certo índice k a sequência de Fibonacci seja igual à sequência $\{M_\ell\}_{\ell=k}^{\infty}$ de números de Mersenne? Considere a mesma pergunta para a sequência de Lucas.

(68) Por meio de Indução Matemática mostre a seguinte propriedade de sequência $\{u_n\}_{n=1}^{\infty}$ de números de Fibonacci:

$$u_1 + u_3 + \cdots + u_{2n-1} = u_{2n}$$

(69) Mostre a seguinte propriedade da sequência $\{u_n\}_{n=1}^{\infty}$ de números de Fibonacci já demonstrada por Lucas:

$$u_{n+1}^2 - u_n^2 = u_{n-1}u_{n+2}$$

(70) Da igualdade $v_n = \alpha^n + \beta^n$ deduz-se que $v_{n+1} - v_n = v_{n-1}$.

(71) Mostre a identidade $v_{n+1}^2 - v_n^2 = v_{n+1}v_{n-1}$.

(72) Por meio da Indução Matemática, mostre que para a sequência do tipo Fibonacci $\{x_n\}_{n=1}^{\infty}$ vale a seguinte identidade de soma de quadrados:

$$x_1^2 + x_2^2 + \cdots + x_n^2 = x_n x_{n+1}$$

(73) Por meio da fórmula de Binet (ou Leme) mostre se vale o seguinte resultado de Lucas para números de Fibonacci e Lucas $u_n + v_n = 2u_{n+1}$.

(74) Mostre que para todo número natural $n \geq 6$ vale a desigualdade $u_n > n$ e para todo número natural $n > 1$ vale a desigualde $v_n > n$.

(75) Use o exercício anterior e deduza as seguintes desigualdades para sequência de Fibonacci e de Lucas:

$$\prod_{i=6}^{n} u_i > \frac{n!}{120}, \ \prod_{i=2}^{n} v_i > n!$$

(76) Ache o menor número natural a tal que nos seguintes intervalos de números naturais não exista um número de Fibonacci, respectivamente:

Entre a e $a + 10$, entre a e $a + 100$, entre a e $a + 1000$

(77) Faça o mesmo do exercício precedente para números de Lucas. Compare as respostas deste e do exercício precedente.

(78) Mostre que, exceto por primeiros dois elementos, a sequência do tipo Fibonacci gerado por $a = 2$ e $b = 1$ é a mesma que a sequência de Lucas.

(79) Seja $\{x_n\}_{n=1}^{\infty} = \langle a, a+1 \mid x_1 = a, x_2 = a+1, x_{n+2} = x_{n+1} + x_n \rangle$ uma sequência do tipo Fibonacci. Escolha um número natural para a tal que a menos de um número finito de elementos a sequência $\{x_n\}_{n=1}^{\infty}$ seja igual à sequência de números de Fibonacci. Escolha um número natural para a tal que a menos de um número finito de elementos a sequência $\{x_n\}_{n=1}^{\infty}$ seja igual à sequência de Lucas. Em quantas maneiras se pode escolher a?

(80) Ache a forma geral de m-ésimo elemento da sequência $\{x_n\}_{n=1}^{\infty}$ do exercício precedente. Calcule a diferença $x_{k+1} - x_k$. Mostre que:

$$x_{k+1} - x_k = au_{k-1} + u_{k-2} \quad \text{Para } k > 2$$

(81) Suponhamos que $u_{12} = 144$ seja o único número de Fibonacci quadrado maior que 1. É verdade que, então, nenhum número de Lucas é quadrado?

Notamos que esse exercício deve ser considerado numa outra versão sabendo que de fato o número 144 é quadrado de índice 12 do número u_{12}. Então nesta outra versão a pergunta é além do número 1, existe um número de Lucas tal que ele seja igual ao quadrado do seu índice?

(82) Mostre que exceto por dois números primos consecutivos 3 e 5 não existem outros dois números primos consecutivos na sequência de Fibonacci.

(83) Mostre que na sequência de Lucas não podem existir dois números primos consecutivos.

(84) A soma das sequências $\{u_n\}_{n=1}^{\infty}$ de Fibonacci e de Lucas $\{v_n\}_{n=1}^{\infty}$ é definida da forma geral, pela:

$$\{u_n\}_{n=1}^{\infty} + \{v_n\}_{n=1}^{\infty} = \{u_n + v_n\}_{n=1}^{\infty}$$

Mostre que o lado direito é uma sequência de números pares.

(85) Com os dados do exercício precedente mostre que a diferença $\{u_n - v_n\}_{n=1}^{\infty}$ é uma sequência constituída de números pares.

(86) Mostre que os elementos u_n e v_n das sequências de Fibonacci e de Lucas, respectivamente, têm mesma paridade.

(87) Primos de Sophie Germain. Sophie Germain[13] por volta de 1820 escreveu uma carta para Gauss na qual realizava a primeira demonstração de não existência de solução em números inteiros para certo caso conhecido hoje como Último Teorema de Fermat que era na época e por muitos anos somente uma conjectura. Esse caso era com respeito de potência n na seguinte equação (3.20).

---

[13] Marie-Sophie Germain (1776 – 1831).

A conjectura de Fermat, conhecida hoje em nome de Último Teorema de Fermat, diz que não existem números inteiros x, y, z com $xyz \neq 0$ (isso quer dizer que nenhum dos números x, y e z pode ser zero) satisfazendo a seguinte equação:

$$x^n + y^n = z^n \text{ Para todo } n \geq 3 \text{ número natural} \tag{3.20}$$

Antes de Germain esse problema[14] foi estudado no aspecto de casos particulares para n. Mas ela demonstrou que para todos os números primos $n \geq 3$ onde $q = 2n + 1$ também é primo, a equação (3.20) não possui solução em números inteiros. Em homenagem a Germain os números primos $\ell \geq 2$ onde $2\ell + 1$ também são números primos, são chamados de primos de Germain. Alguns desses números são:

$$2, 3, 5, 11, 19, 23, 41, 57, 83, 89$$

Uma pergunta em aberto é se existem infinitos primos de Germain.

Ache todos os números primos de Germain entre 1 e 2000.

(88) Primos gêmeos. Com respeito de números primos há muitas perguntas, além de exercício anterior, os pares de números como $(3, 5), (5, 7), (11, 13), (17, 19), (29, 31)$ são alguns pares de números conhecidos em nome de primos gêmeos. Em geral, um primo gêmeo é um par (a, b) onde a e b os dois são números primos e $b = a + 2$. A pergunta principal em aberto sobre esses pares é se existem infinitos primos gêmeos.

(1) Faça a lista de primos gêmeos de 1 até 2000.

(2) Quais os números a e b dos primos gêmeos (a, b) entre 1 e 2000 que são também primos de Sophie Germain?

---

[14] O problema de Fermat resistiu às tentativas de solução por muito tempo depois de Germain, por quase 173 anos. Finalmente ele foi resolvido em 1993 por Andrew Wiles.

(89) Primos em progressão aritmética. No ano de 1837 o Dirichlet[15] demonstrou que para dois números naturais coprimos a e b a progressão aritmética $a + br$ onde r varia de 0 até infinito, contém infinitos números primos. Por exemplo, para $a = 2$ e $b = 3$ a progressão aritmética $2 + 3r$ contém como seus primeiros números os seguintes:

$$2, 5, 8, 11, 14, 17, 20, 23, 26, 29, \cdots$$

entre eles, $2, 5, 11, 17, 23, 29$ são número primos. Nós chamaremos os números primos da progressão $a + br$ de primos de Dirichlet.

(1) Ache todos os números da progressão aritmética $2 + 3r$ até $r = 100$.

(2) Detecte todos os números primos de Dirichlet na progressão do item anterior.

(3) Por que na progressão de $a + br$ temos que ter $[a, b] = 1$ para gerar alguns números primos de Dirichlet?

3.7.1 Os seguintes são acrescentados para a segunda edição do livro

(90) Na progressão aritmética $2 + 3r$ existe algum elemento que é um número de Mersenne?

Sugestão. A questão pode ser reduzida a resolver a equação diofantina $2 + 3r = 2^n - 1$. Isso é a mesma que $3 + 3r = 2^n$ que obviamente não possui solução.

(91) Considere a progressão aritmética $1 + 2r$ e faça a mesma pergunta do exercício precedente.

[15] Johan Peter Gustav Lejeune Dirichlet (1805 - 1859).

3.7.2. Matrizes e números

Os seguintes estão baseados no livro do autor [Sho altn]. Para uma introdução às matrizes e álgebra linear veja o livro de autor [Sho uia], e sua versão da segunda edição a ser publicado.

(92) Matrizes 2×2 e números. Como sabemos, uma matriz 2×2 é representada pela $\begin{bmatrix} a & b \\ c & d \end{bmatrix}$. Os elementos a, b, c e d são chamados entradas da matriz. Os elementos a e b formam a primeira linha da matriz e os c e d a segunda linha. Os elementos a e c formam a primeira coluna e os b e d a segunda coluna da matriz. As entradas a e d formam a diagonal da matriz.

Seja $A = \begin{bmatrix} a & b \\ c & d \end{bmatrix}$ e as entradas números inteiros. O determinante de A é pela definição o número $\det(A) = ad - bc$.

Mostre que se o $\det(A) = 1$ o máximo divisor comum das entradas de A é igual a 1. Nós chamaremos este máximo divisor comum de máximo divisor comum da matriz A.

(93) Representação matricial de números de Fibonacci. O produto de duas matrizes 2×2, é definida pela:

$$\begin{bmatrix} a_1 & b_1 \\ c_1 & d_1 \end{bmatrix} \begin{bmatrix} a_2 & b_2 \\ c_2 & d_2 \end{bmatrix} = \begin{bmatrix} a_1a_2 + b_1c_2 & a_1b_2 + b_1d_2 \\ c_1a_2 + d_1c_2 & c_1b_2 + d_1d_2 \end{bmatrix}$$

Considere a matriz $M = \begin{bmatrix} 1 & 1 \\ 1 & 2 \end{bmatrix}$. Sua primeira linha consiste de primeiros dois elementos da sequência de Fibonacci.

Mostre que as potências M^k são matrizes cujas primeiras linhas são elementos da sequência de Fibonacci.

(94) Representação matricial de primos de Sophie Germain. Com os dados do exercício precedente mostre que nas entradas de diagonal das potências da matriz M^k para $k \geq 2$ podem se encontrar com números primos de Sophie Germain.

Capítulo 4

Aritmética Modular

O título deste capítulo representa algumas operações aritméticas como soma e multiplicação em um conjunto finito associado a um número natural $m > 1$. Pode-se dizer que este conjunto é construído por possíveis restos da divisão de todos os números inteiros por m, que certamente possui m elementos e podem ser representados por $0, 1, 2, \cdots, m-1$. A ideia principal por trás de aritmética modular está num conceito simples chamado "congruência entre números inteiros" definido com uso da divisão. Com toda simplicidade que a congruência entre inteiros possui, ela é de grande valor na Teoria dos Números, na Álgebra e suas aplicações também. Diversos problemas e muitos estudos podem ser reduzidos à aritmética modular, e nesse ambiente eles são tratados em um conjunto finito.

4.1 A congruência entre números inteiros

Suponhamos que $m > 1$ é um número inteiro fixo em todo este capítulo. Começamos com a seguinte definição.

Definição 4.1 (congruência módulo m). Dois números inteiros são congruentes módulo m se, e somente se, m divide a diferença entre eles.

Então, de acordo com essa definição, se a e b são dois números inteiros, para que eles sejam congruentes módulo m, a diferença $a - b$ ou $b - a$ tem que ser divisível por m.

Notação 4.2. A congruência entre dois números inteiros a e b será representada pela:

$$a \equiv b (mod\ m) \tag{4.1}$$

Quando a e b não são congruentes módulo m, esse fato é representado por:

$$a \not\equiv b(mod\ m) \tag{4.2}$$

Exemplo 4.3. Valem as seguintes:

$$2 \equiv 202(mod\ 100);\ -3 \equiv 1(mod\ 2);\ 20 \not\equiv 1(mod\ 5), 8 \equiv 0(mod\ 4)$$

Também temos que $a \not\equiv 0(mod\ p)$ se p é um número primo e $[a, p] = 1$. Por outro lado, para todo número inteiro $a > 1$ e todo número inteiro k vale a congruência $ka \equiv a(mod\ a)$.

Lema 4.4. Vale a congruência $a \equiv b(mod\ m)$ se, e somente se, $a = b + km$ para algum número inteiro k.

Demonstração. Se $a \equiv b(mod\ m)$ então, m divide $a - b$. Isso implica que $a - b = km$ para algum número inteiro k. Logo, $a = b + km$. E quando $a = b + km$, então $a - b = km$, que por sua vez implica que m divide $a - b$. Logo, $a \equiv b(mod\ m)$. □

Teorema 4.5. A seguir algumas propriedades de congruência entre números inteiros são apresentadas:

(1) Propriedade reflexiva. Para todo número inteiro a vale a congruência $a \equiv a(mod\ m)$;

(2) Propriedade simetria. Para todo número inteiro a e b se $a \equiv b(mod\ m)$ então, $b \equiv a(mod\ m)$;

(3) Propriedade transitividade. Se $a \equiv b(mod\ m)$ e $b \equiv c(mod\ m)$ então, $a \equiv c(mod\ m)$;

(4) Para todo número inteiro k tem-se $km \equiv 0\ (mod\ m)$;

(5) Vale $a \equiv b(mod\ m)$ se, e somente se, $a - b \equiv 0(mod\ m)$;

(6) Propriedades aritméticas. Se $a \equiv b \ (mod\ m)$ e $a' \equiv b'(mod\ m)$ então:

$$a + a' \equiv b + b'(mod\ m) \text{ Adição;}$$

$$a - a' \equiv b - b'(mod\ m) \text{ Subtração;}$$

$$aa' \equiv bb'(mod\ m) \text{ Multiplicação;}$$

(7) Lei de cancelamento. Seja k um número inteiro tal que $[k, m] = 1$. Se $ka \equiv kb(mod\ m)$ então podemos cancelar k de dois lados da congruência e ter $a \equiv b(mod\ m)$;

(8) Para todo número natural n a congruência $a \equiv nb(mod\ mn)$ implica $a \equiv 0(mod\ n)$;

(9) Lei de primos. Sejam p e q dois números primos distintos então:

$$a \equiv 0(mod\ p) \text{ e } a \equiv 0(mod\ q) \Rightarrow a \equiv 0(mod\ pq)$$

Demonstração. Sempre $a \equiv a(mod\ m)$, pois $m|0$. Para demonstrar o item (2) basta observar que se m dividir $a - b$, então ele divide o negativo $-(a - b) = b - a$ também. No caso de item (3), temos que $m|a - b$ e $m|b - c$, logo $m|(a - b) + (b - c)$, ou seja, $m|a - c$. Daí, $a \equiv c(mod\ m)$. A demonstração do item (4) é óbvia, pois $m|m$ e então $m|km$. Para demonstrar o item (5) observamos que $m|a - b$ se, e somente se, $m|a - b - 0$. Vamos demonstrar somente a propriedade multiplicativa do item (6), pois outras duas propriedades são consequênciais imediatas da definição de congruência entre números inteiros. De $a \equiv a'(mod\ m)$ segue-se pelo lema anterior que $a = a' + km$ para algum número inteiro k. De $b \equiv b'(mod\ m)$ segue-se que $b = b' + \ell m$ para certo número inteiro ℓ. Após multiplicar as duas igualdades lado por lado, temos que:

$$ab = (a' + km)(b' + \ell m) = aa' + (a'\ell + b'k + k\ell m)m$$

Logo, $ab \equiv a'b'(mod\, m)$. Para demonstrar o item (7) notamos que $m|k(a-b)$, mas pelo $[k,m]=1$ utilizando Lema 1.40 tem-se que $m|a-b$. Daí, $a \equiv b(mod\, m)$. Para demonstrar o item (8) observamos que vale a igualdade $a - nb = knm$ para algum número inteiro k. Daí, temos que $a = n(b+km)$, e logo, $n|a$ e, portanto, $a \equiv 0(mod\, n)$. A demonstração do item (9) é uma consequência da representação aritmética de número a se ele é positivo ou de $-a$ se ele é negativo. A congruência $a \equiv 0(mod\, p)$ implica que $p|a$, e $a \equiv 0(mod\, q)$ implica que $q|a$ logo, ambos p e q são divisores primos de a, e então aparecem na representação aritmética de a. Portanto, $pq|a$. □

Exemplo 4.6. O resultado do Lema 4.4 pode ser interpretado como o resultado do Teorema da Divisão de Euclides para a e m. De fato, se $0 \le b < m$ na igualdade $a = km + b$, b representará o resto da divisão de Euclides na divisão de a por m. Reciprocamente, quando $a = km + b$ com $0 \le b < m$ ainda podemos escrever que $a \equiv b(mod\, m)$. Esta relação entre a divisão de Euclides e a congruência módulo m será explorada na aritmética modular.

4.1.1 Introdução ao conjunto $\mathbb{Z}/m\mathbb{Z}$

Com respeito de operações aritméticas no conjunto dos números inteiros como soma, subtração e multiplicação nós já temos bastante conhecimentos. O conjunto dos números inteiros é um conjunto infinito, mas o nosso conhecimento com respeito de operações aritméticas num conjunto finito, não temos em geral, um conhecimento padrão. Nesta sessão do livro consideramos um caso de um conjunto finito onde podemos definir as referidas operações aritméticas. Mais precisamente, vamos inicialmente definir o conjunto finito $\mathbb{Z}/m\mathbb{Z}$ formado pelos elementos $< r >_m$ que por sua vez contém todos os números inteiros que possuem o mesmo resto da divisão por m, o número não negativo r. Como existem infinitos números inteiros cujos restos das divisões por um dado número natural $m > 1$ é r, então fica claro que $< r >_m$ é um conjunto infinito. Por outro lado, existem exatamente m elementos como $< r >_m$. Eles são $< 0 >_m, < 1 >_m, \cdots, < m-1 >_m$, pois os possíveis restos da divisão de qualquer inteiro por m pode ser um dos números de 0 até $m-1$.

Pelo exemplo precedente podemos identificar o resto da divisão de um inteiro a por m como congruência entre números inteiros. Mais precisamente anunciamos o seguinte:

Notação 4.7. Para qualquer $a \in \mathbb{Z}$ denotamos por $< a >_m$ o subconjunto de números inteiros que são congruentes com a módulo m. Logo, temos que:

$$< a >_m = \{x \in \mathbb{Z} \mid x \equiv a(mod\ m)\} \tag{4.3}$$

Definição 4.8. O subconjunto $< a >_m$ é chamado a classe *de* a módulo m e, a é um representante de classe.

Por exemplo, para $m = 3$ existem somente três classes de a módulo 3, que são $< 0 >_3, < 1 >_3$ e $< 2 >_3$, pois qualquer número inteiro a tem que satisfazer uma das seguintes:

$$a \equiv 0(mod\ 3), a \equiv 1(mod\ 3) \text{ ou } a \equiv 2(mod\ 3)$$

O resultado a seguir no lema seguinte determina a estrutura de classes módulo m.

Lema 4.9. Sejam a, b, u, w e m números inteiros onde $m > 1$. Valem os seguintes itens:

(1) $< a >_m = < b >_m$ se, e somente se $a \equiv b(mod\ m)$;

(2) Se $a \not\equiv b(mod\ m)$ então $< a >_m \cap < b >_m = \emptyset$;

(3) Para cada classe módulo m existem infinitas representantes;

(4) Para cada número inteiro u existe um número inteiro positivo w tal que $u \equiv w(mod\ m)$;

(5) A quantidade de classes módulo m é finito e é igual a m;

(6) $\mathbb{Z}$ é união disjunta das classes módulo m.

Demonstração. Seja $x \in < a >_m$, então $x \equiv a(mod\, m)$. Por outro lado, no item (1) tem-se que $a \equiv b(mod\, m)$. Daí, $x \equiv b(mod\, m)$, ou seja, $x \in < b >_m$. Reciprocamente, se $x \in < b >_m$ da mesma forma temos que $x \in < a >_m$. Logo, $< a >_m = < b >_m$. Agora vamos supor que vale $< a >_m = < b >_m$. Então, se $x \in < a >_m$ temos que $x \in < b >_m$. De $x \in < a >_m$ concluímos que $a \equiv x(mod\, m)$, e de $x \in < b >_m$ deduzimos que $x \equiv b(mod\, m)$. Portanto, $a \equiv b(mod\, m)$. Isso prova a validade do item (1) do lema. Para provar o item (2) vamos supor por absurdo de que existe um elemento $y \in < a >_m \cap < b >_m$. Então, $y \equiv a(mod\, m)$ e $y \equiv b(mod\, m)$, pela propriedade de simetria e de transitividade tem-se $a \equiv b(mod\, m)$, que é uma contradição a nossa suposição. Portanto, vale o item (2). O item (3) é uma consequência imediata do item (1) que mostra uma classe módulo m como $< a >_m$ podem ter representantes como $b \neq a$. De fato, uma vez que b é um representante da classe, todos os números $b + km$ onde k varia em todo $\mathbb{Z}$ também são representantes da mesma classe. Para demonstrar o item (4) basta considerar o resto da divisão de u por m. Isso implica que $u = qm + r$, onde como sabemos $0 \leq r < m$ e que podemos escolher $w = r$. Isso também prova o item (5), pois existem exatamente m possibilidades para escolher o resto r, e então m possibilidades para as classes. Para demonstrar o item (6) basta observar que todo número $x \in \mathbb{Z}$ está contido numa classe módulo m, de fato a classe própria $< x >_m$, e por outro lado de acordo com o item (2) as interseções das classes são vazias. Então a união é disjunta. □

Notação 4.10. (1) Seja R_m um conjunto de m classes módulo m;

(2) Seja $\mathbb{Z}/m\mathbb{Z}$ o conjunto de m classes módulo m com representantes $0, 1, \cdots, m-1$. Logo:

$$\mathbb{Z}/m\mathbb{Z} = \{< 0 >_m, < 1 >_m, \cdots, < m-1 >_m\} \tag{4.4}$$

(3) Denotamos por $(\mathbb{Z}/m\mathbb{Z})^+$ o conjunto dos números inteiros não negativos de 0 até $m-1$ que são representantes das classes de $\mathbb{Z}/m\mathbb{Z}$. Isso quer dizer que:

$$(\mathbb{Z}/m\mathbb{Z})^+ = \{0, 1, 2, \cdots, m-2, m-1\} \tag{4.5}$$

Exemplo 4.11. Neste exemplo esclarecemos algumas de nossas notações e definições. (1) Para $m = 2$ entre as infinitas possibilidades alguns conjuntos R_2 são os seguintes:

$$\{< 0 >_2, < 1 >_2\} = \mathbb{Z}/2\mathbb{Z};\ \{< 8 >_2, < -3 >_2\};$$

$$\{< 1001 >_2, < 100 >_2\};\ \{< -2) >_2, < -91 >_2\}$$

(2) Para $m = 3$ alguns conjuntos entre infinitas possibilidades para R_3 são os seguintes:

$$\{< 0 >_3, < 1 >_3, < 2 >_3\} = \mathbb{Z}/3\mathbb{Z};\ \{< 3 >_3, < 4 >_3, < 5 >_3\};$$

$$\{< -90 >_3, < -92 >_3, < 152 >_3\}; \{< -7 >_3, < 6 >_3, < 7 >_3\}$$

No item (1) as representantes em cada conjunto de classes têm seus restos da divisão por 2, 0 ou 1. No item (2) esses restos são $0, 1$ ou 2.

4.2 As operações aritméticas no conjunto $\mathbb{Z}/m\mathbb{Z}$

Existem duas operações aritméticas básicas no conjunto $\mathbb{Z}/m\mathbb{Z}$ a serem apresentadas nesta sessão, elas são a soma e a multiplicação. O fato de que o conjunto $\mathbb{Z}/m\mathbb{Z}$ está definido baseado no conceito de congruência módulo m nos direciona a chamar essas operações de aritmética modular. Vamos inicialmente anunciar a seguinte definição para conjunto R_m, onde $\mathbb{Z}/m\mathbb{Z}$ é um caso particular.

Definição 4.12. Sejam $< a >_m$ e $< b >_m$ duas classes módulo m num conjunto de classes R_m. Definimos a soma de classes pela:

$$< a >_m +_m < b >_m = < a + b >_m \tag{4.6}$$

Notamos que a classe $< a + b >_m$ do lado direito da igualdade é definida como o resto da divisão de soma de dois números inteiros $a + b$ por m.

O produto de classes (ou multiplicação de classes) é definido pelo:

$$< a >_m \cdot_m < b >_m = < ab >_m \tag{4.7}$$

Notamos que a classe $< ab >_m$ do lado direito da igualdade precedente é definida como resto da divisão de produto dos números inteiros ab por m.

Essas definições automaticamente se aplicam ao conjunto $\mathbb{Z}/m\mathbb{Z}$, pois ele é um caso particular de um R_m. Logo, como um exemplo considere o produto de classes $< 5 >_7 \cdot_7 < 6 >_7$ no conjunto $\mathbb{Z}/7\mathbb{Z}$. O resultado é a classe $< 30 >_7 = < 2 >_7$, pois o resto da divisão de 30 por 7 na divisão de Euclides é 2. De fato, $30 = 4 \cdot 7 + 2$.

Uma vez que conseguimos demonstrar que a cada duas classes de $\mathbb{Z}/m\mathbb{Z}$ (respectivamente R_m) na operação de soma ou multiplicação pode ser associada somente uma classe como soma ou multiplicação, respectivamente, esta unicidade implicará na existência de função de soma e função de multiplicação:

$$+_m: \mathbb{Z}/m\mathbb{Z} \times \mathbb{Z}/m\mathbb{Z} \to \mathbb{Z}/m\mathbb{Z}, \quad \cdot_m: \mathbb{Z}/m\mathbb{Z} \times \mathbb{Z}/m\mathbb{Z} \to \mathbb{Z}/m\mathbb{Z} \tag{4.8}$$

Lema 4.13. As operações de soma e multiplicação no conjunto $\mathbb{Z}/m\mathbb{Z}$ são bem definidas, elas são funções de produto cartesiano $\mathbb{Z}/m\mathbb{Z} \times \mathbb{Z}/m\mathbb{Z}$ em $\mathbb{Z}/m\mathbb{Z}$.

Demonstração. No caso de soma basta provar que a classe $< a + b >_m$ é unicamente determinada uma vez que $< a >_m$ e $< b >_m$ são dados. De fato, a classe $< a + b >_m$ é congruente com a classe cuja representante é o resto da divisão de Euclides de $a + b$ por m que por sua vez é único. Da mesma maneira no caso de multiplicação a classe $< ab >_m$ é congruente com a classe cuja representante é o resto da divisão de número ab por m. Isso prova o resultado desejado. □

Exemplo 4.14. A soma de classes $< 80 >_7 +_7 < -9 >_7 = < 1 >_7$. A multiplicação $< 79 >_4 \cdot_4 < -9 >_4 = < 1 >_4$. Para acreditar que esta multiplicação é correta nota-se que $79(-9) = -711$, e $-711 = -178(4) + 1$ que mostra o resto da divisão de -711 por 4 é igual a 1.

Notação 4.15. Para simplificar as notações denotaremos por $a +_m b$ a soma de classes $< a >_m +_m < b >_m$. E da mesma forma o produto das classes $a \cdot_m b$ representará $< a >_m \cdot_m < b >_m$.

Exemplo 4.16. Como outro exemplo, considere a soma e multiplicação de classes no conjunto $\mathbb{Z}/5\mathbb{Z}$ nas seguintes tabelas, onde nós estamos identificando as classes como $< a >_m$ simplesmente com a para $m = 5$ neste caso:

$+_5$	0	1	2	3	4
0	0	1	2	3	4
1	1	2	3	4	0
2	2	3	4	0	1
3	3	4	0	1	2
4	4	0	1	2	3

$\cdot_5$	0	1	2	3	4
0	0	0	0	0	0
1	0	1	2	3	4
2	0	2	4	1	3
3	0	3	1	4	2
4	0	4	3	2	1

Lema 4.17. Para todo número natural $m > 1$ e toda classe $< a >_m$, $< b >_m$ e $< c >_m$ em $\mathbb{Z}/m\mathbb{Z}$ valem as seguintes igualdades:

$$a +_m b = b +_m a;$$

$$a \cdot_m b = b \cdot_m a;$$

$$(a +_m b) +_m c = a +_m (b +_m c);$$

$$a \cdot_m (b +_m c) = a \cdot_m b +_m a \cdot_m c$$

Demonstração. Todas as propriedades citadas são consequências das mesmas propriedades para soma e produto de números inteiros. □

Definição 4.18. O oposto de uma classe $< a >_m \in \mathbb{Z}/m\mathbb{Z}$ é uma classe $< b >_m \in \mathbb{Z}/m\mathbb{Z}$ tal que $< a >_m +_m < b >_m = < 0 >_m$.

Lema 4.19. Oposto de cada classe existe. Cada classe de $\mathbb{Z}/m\mathbb{Z}$ tem um único oposto.

Demonstração. A soma das classes módulo m implica que a classe $< b >_m$ é oposto de classe $< a >_m$ se, e somente se, $< a + b >_m = < 0 >_m$. Logo, pelo item (1) do Lema 4.9 temos que $a + b \equiv 0 (mod\, m)$. Então $b \equiv -a (mod\, m)$. Portanto, $< b >_m = < -a >_m$ é o oposto de classe $< a >_m$. Isso prova a existência de oposto das classes. Para provar a unicidade de oposto relembramos que $< -a >_m$ pode ser representado pelo resto da divisão de $-a$ por m. A unicidade de resto da divisão garante que o oposto é único. □

Notação 4.20. Para facilitar os símbolos, denotaremos por $-< a >_m$ o oposto de $< a >_m$.

Uma das diferenças entre o conjunto das classes $\mathbb{Z}/m\mathbb{Z}$ e, o conjunto dos números reais $\mathbb{Z}$ (da mesma forma o conjunto dos números reais $\mathbb{R}$) com suas operações aritméticas, é com respeito de igualdade de uma classe com seu oposto (ou um número com seu negativo). Obviamente para o número zero podemos dizer que ele é o único número que é igual ao seu negativo, isto é $0 = -0$, pois $0 + 0 = 0$. Para classes módulo m também isso é verdade, que quer dizer $< 0 >_m = -< 0 >_m$, pois $< 0 + 0 >_m = < 0 >_m$.

Mas, a diferença fundamental entre as operações aritméticas em $\mathbb{Z}$ e $\mathbb{Z}/m\mathbb{Z}$ é no fato de que, por exemplo, nunca um número inteiro exceto o número 0 é igual ao seu negativo, como 2 não pode ser igual a -2. Mas para o conjunto $\mathbb{Z}/m\mathbb{Z}$ existem casos onde uma classe não nula é igual ao seu oposto, como em $\mathbb{Z}/8\mathbb{Z}$, onde, por exemplo, $< 4 >_8 = -< 4 >_8$, pois $< 4 + 4 >_8 = < 0 >_8$.

Exemplo 4.21. Nas seguintes tabelas são calculados os opostos das classes de $\mathbb{Z}/12\mathbb{Z}$ e $\mathbb{Z}/9\mathbb{Z}$, respectivamente.

Classe	0	1	2	3	4	5	6	7	8	9	10	11
Oposto	0	11	10	9	8	7	6	5	4	3	2	1

Classe	0	1	2	3	4	5	6	7	8
Oposto	0	8	7	6	5	4	3	2	1

Como está claro, na primeira tabela existe a classe 6 cujo oposto é igual a ela mesmo, mas na segunda tabela não existem classes cujos opostos sejam iguais a elas mesmas. O fato é que na primeira tabela as classes são para $m = 12$ que é um número par. Em geral se m é um número par então sempre a classe $< \frac{m}{2} >_m$ é igual ao seu oposto. Quando m é ímpar esta situação não acontece.

4.2.1 Elementos inversíveis de $\mathbb{Z}/m\mathbb{Z}$

A existência da inversão nos números reais e racionais não nulos é de fundamental importância para os cálculos matemáticos e suas aplicações. Além disso, nos outros sistemas algébricos como em álgebra linear e álgebra em geral a inversão digamos de matrizes é sem dúvida fundamental para as aplicações de álgebra linear e matrizes. Neste sentido é que considerando o conjunto $\mathbb{Z}/m\mathbb{Z}$ quando equipado com a operação de multiplicação de classes queremos saber se é possível verificar a possibilidade da existência de inversão de classes, e se é possível como as determinar e sob qual condição.

A condição da existência de inverso de um número real é somente que ele seja não nulo. Então, antes de tudo, devemos definir o que é inverso de uma classe em $\mathbb{Z}/m\mathbb{Z}$.

Definição 4.22. Diz-se que um elemento (ou classe) $< a >_m \in \mathbb{Z}/m\mathbb{Z}$ é um elemento inversível (ou classe inversível) se, somente se, existir um elemento (ou classe) $< s >_m \in \mathbb{Z}/m\mathbb{Z}$ tal que:

$$< a >_m \cdot_m < s >_m = < 1 >_m$$

Neste caso a classe $< s >_m$ é chamada inversa de $< a >_m$ e ele é dentado $< a >_m^{-1}$.

Para simplificar as notações quando a referência a respeito de m é bem clara, denotamos por a^{-1} a inversa da classe $< a >_m$.

Exemplo 4.23. No conjunto $\mathbb{Z}/21\mathbb{Z}$ vale a seguinte tabela de classes inversíveis:

a	1	2	4	5	8	10	11	13	16	17	19	20
a^{-1}	1	11	16	17	8	19	2	13	4	5	10	20

O leitor deve notar que na primeira linha da tabela acima não estão presentes todas as classes do conjunto $\mathbb{Z}/21\mathbb{Z}$. A razão disso ficará clara no teorema a seguir, onde a condição para existência da inversa é anunciada.

Algumas classes como a tabela nos mostra que são iguais as suas inversas, como $< 1 >_{21}$, $< 8 >_{21}$, $< 13 >_{21}$, e $< 20 >_{21}$. Neste caso, dizemos que uma classe $< a >_m \neq < 1 >_m$ é uma classe unipotente se ela for igual a sua inversa.

Teorema 4.24. Uma classe $< a >_m$ é inversível se, e somente se, os números inteiros a e m são coprimos.

Demonstração. Primeiro suponhamos que uma classe $< a >_m$ é inversível. Então, existe uma classe $< s >_m$ tal que vale a igualdade $< a >_m \cdot_m < s >_m = < 1 >_m$. O lado esquerdo dessa é o mesmo que $< as >_m$. Logo, temos que $< as >_m = < 1 >_m$ e pelo item (1) do Lema 4.9 a igualdade de classes implica que suas representantes são congruentes. Isto é $as \equiv 1(mod\, m)$. Portanto, m divide $as - 1$, e então $as + mr = 1$ para algum número inteiro r. Essa igualdade pode ser vista como uma equação diofantina $ax + my = 1$ que tem como solução $x = s$ e $y = r$. Agora, a existência da solução pelo Corolário 1.29 mostra que $[a, m] = 1$. Portanto a e m são coprimos. Reciprocamente, se $[a, m] = 1$ então pelo mesmo corolário temos que a equação $ax + my = 1$ possua solução. Daí, se $x = s'$ e $y = r'$ são quaisquer soluções então $as' + mr' = 1$ que implica que $as' \equiv 1(mod\, m)$. Logo, $< a >_m \cdot_m < s' >_m = < 1 >_m$. Daí, $< a >_m$ é uma classe inversível. De fato, não importa qual solução seja escolhida, pois sempre elas são congruentes com 1 módulo m. □

Lema 4.25. A inversa de toda classe inversível é única.

Demonstração. A ideia geral é demonstrar que se existir duas inversas para a mesma classe, estas são iguais. Então, digamos que $< u >_m$ e $< v >_m$ são ambas inversas da classe $< a >_m$. Logo, temos:

$$< a >_m \cdot_m < u >_m = < 1 >_m = < a >_m \cdot_m < v >_m$$

Portanto, $au \equiv 1(mod\, m)$ e $av \equiv 1(mod\, m)$. Daí, concluímos a congruência $au \equiv av(mod\, m)$. Mas, sendo $< a >_m$ inversível, tem-se que $[a, m] = 1$. Logo, pela Lei do Cancelamento (item 7) do Teorema 4.5 fica claro que $u \equiv v(mod\, m)$, ou seja $< u >_m = < v >_m$. Isso completa a demonstração. □

O teorema e o lema precedente justificam a tabela anterior para o conjunto $\mathbb{Z}/21\mathbb{Z}$.

Notação 4.26. O subconjunto dos elementos (classes) inversíveis de $\mathbb{Z}/m\mathbb{Z}$ é denotado $(\mathbb{Z}/m\mathbb{Z})^*$.

4.2.2 Contando números coprimos, a função de Euler

De acordo com o teorema precedente para decidir se uma classe $< a >_m$ é inversível, basta saber se os números a e m são coprimos. Logo, uma questão natural será de saber quantas classes satisfazem essa propriedade. A resposta dessa questão é exatamente no saber a quantidade de números naturais x tal que $1 \leq x \leq m$ e que são coprimos com m. Para estudar essa pergunta começamos com a seguinte notação.

Notação 4.27. Seja E_m o conjunto dos números natural menor ou igual a m que são coprimos com m. Portanto:

$$E_m = \{x \in \mathbb{N} \mid 1 \leq x \leq m, [x, m] = 1\}$$

Considerando esta notação, denotamos por $\varphi(m)$ a quantidade de elementos de E_m. Então essa cardinalidade é:

$$\varphi(m) = card(E_m)$$

É claro que podemos identificar $\varphi(m)$ com uma função $\varphi: \mathbb{N} \to \mathbb{N}$, pois a cada número natural n podemos associar o número $\varphi(n)$ que é a quantidade dos elementos do conjunto E_n. A função φ também é denotada como ϕ e ela é conhecida em nome de função φ de Euler (ou função ϕ *(*fi*)* de Euler).

Algumas vezes, como o exemplo seguinte mostra, para calcular o valor de $\varphi(n)$ podemos considerar o conjunto dos números naturais E'_n formado por números naturais entre 1 e n que não são coprimos com n e entender que:

$$\varphi(n) = n - card(\{x \in \mathbb{N} \mid 1 \leq x \leq n, [x, n] \neq 1\}) \qquad (4.9)$$

Exemplo 4.28. Inicialmente observamos que:

(1) $\varphi(1) = 1$, pois $E_1 = \{1\}$;

(2) $\varphi(2) = 1$, pois $E_2 = \{1\}$;

(3) $\varphi(3) = 2$, pois $E_3 = \{1,2\}$;

(4) $\varphi(4) = 2$, pois $E_4 = \{1, 3\}$;

(5) Se p é um número primo, então $\varphi(p) = p - 1$, pois neste caso o conjunto $E_p = \{1, 2, \cdots, p - 1\}$ cujos elementos são exatamente todos os números entre 1 e p que são coprimos com p. Também podemos aplicar a fórmula (4.9) acima. Neste caso $n = p$ e somente existe um número entre 1 e p que não é coprimo com p, que é o próprio p. Portanto, vale $\varphi(p) = p - 1$.

(6) Se p é um número primo então tem-se

$$\varphi(p^2) = p^2 - p = p(p - 1)$$

De fato, na lista de números x onde $1 \leq x \leq p^2$ existem p^2 números naturais, mas os seguintes não são coprimos com p^2:

$$p, 2p, 3p, \cdots, (p - 1)p, p^2$$

Este é um conjunto com p elementos (números). Logo, de acordo com a fórmula (4.9) temos que:

$$\varphi(p^2) = p^2 - p = p(p - 1) = p^2\left(1 - \frac{1}{p}\right)$$

(7) Se p é um número primo e α um número natural, a ideia anterior de calcular $\varphi(p^2)$ pode ser aplicada para calcular $\varphi(p^\alpha)$. Na verdade, na lista de números x com $1 \leq x \leq p^\alpha$ existem p^α números e $p^{\alpha-1}$ deles não são coprimos com p^α e devem ser retirados (fórmula (4.9)) da lista. Então:

$$\varphi(p^\alpha) = p^\alpha - p^{\alpha-1} = p^{\alpha-1}(p - 1) = p^\alpha(1 - \tfrac{1}{p}) \qquad (4.10)$$

(8) Sejam p e q dois números primos distintos e α e β dois números naturais. Podemos calcular o valor de $\varphi(pq)$. De fato na lista dos números x com $1 \leq x \leq pq$ que contém pq números, exatamente $p+q-1$ deles não são coprimos com pq. Eles são:

$$p, 2p, 3p, \cdots, (q-1)p, qp, \text{ e } q, 2q, 3q, \cdots, (p-1)q, pq$$

Logo, notando que entre eles existe um número em comum pq. Na primeira lista existem q números e na segunda p números, em total $p+q$, mas pq é comum entre eles, removendo teremos $p+q-1$ números distintos que não são coprimos com pq. Logo, devemos desconsiderar estes números de cálculo de $\varphi(pq)$. Portanto:

$$\varphi(pq) = pq - (p+q-1) = q(p-1) - (p-1) = (p-1)(q-1) = \varphi(p)\varphi(q) \tag{4.11}$$

(9) Sejam p e q dois números primos distintos e, α e β dois números naturais. Seguindo a mesma ideia do item anterior temos que na lista de $p^\alpha q^\beta$ números x com $1 \leq x \leq p^\alpha q^\beta$ existem exatamente os seguintes números que não são coprimos com $p^\alpha q^\beta$:

$$p, 2p, \cdots, (p^{\alpha-1}q^\beta - 1)p, p^\alpha q^\beta \text{ e } q, 2q, \cdots, (p^\alpha q^{\beta-1} - 1)q, q^\beta p^\alpha$$

As duas listas contêm $p^{\alpha-1}q^\beta$ e $p^\alpha q^{\beta-1}$ números respectivamente. Mas existem números comuns entre essas listas. Eles são:

$$qp, 2qp, 3qp, \cdots, (p^{\alpha-1}q^{\beta-1})qp$$

Então, exatamente $p^{\alpha-1}q^{\beta-1}$ números em comum. Logo, para calcular, podemos aplicar a fórmula (4.9) e observar que:

$$\varphi(p^\alpha q^\beta) = p^\alpha q^\beta - (p^{\alpha-1}q^\beta + q^{\beta-1}p^\alpha - p^{\alpha-1}q^{\beta-1})$$

Um cálculo simples mostra que:

$$\varphi(p^\alpha q^\beta) = (p^\alpha - p^{\alpha-1})(q^\beta - q^{\beta-1}) = \varphi(p^\alpha)\varphi(q^\beta)$$

Os itens (8) e (9) do exemplo precedente reforçam a ideia de que se m e n são dois números inteiros coprimos então $\varphi(mn) = \varphi(m)\varphi(n)$. Veja o seguinte Teorema 4.31 para uma demonstração dessa igualdade.

Proposição 4.29. Tem-se $card((\mathbb{Z}/m\mathbb{Z})^*) = \varphi(m)$.

Demonstração. Se $< a >_m$ é uma classe inversível de $\mathbb{Z}/m\mathbb{Z}$, então existe uma classe $< s >_m \in \mathbb{Z}/m\mathbb{Z}$ tal que $< a >_m \cdot_m < s >_m = < 1 >_m$. Pelo Teorema 4.24 os números a e m então são coprimos. Portanto, existem tantas classes inversíveis no conjunto $\mathbb{Z}/m\mathbb{Z}$ quanto os elementos no conjunto E_m. Isso completa a demonstração. □

Proposição 4.30. Para quaisquer dois números naturais m e n coprimos, a função $f: (\mathbb{Z}/m\mathbb{Z})^* \times (\mathbb{Z}/m\mathbb{Z})^* \to (\mathbb{Z}/mn\mathbb{Z})^*$ definida pela:

$$f\big((< a >_m, < b >_n)\big) = < na + mb >_{mn} \tag{4.12}$$

é bijetora.

Demonstração. Seja $c = na + mb$ o número que define o lado direito da função f. Dividimos a demonstração nos seguintes passos. (1) f é uma função, em particular $< c >_{mn} \in (\mathbb{Z}/mn\mathbb{Z})^*$. De fato, é necessário que o máximo divisor comum $[c, mn]$ seja igual a 1 para que $< c >_{mn}$ esteja em conjunto$(\mathbb{Z}/mn\mathbb{Z})^*$. Seja $d = [c, mn]$ e vamos supor que $d > 1$. Vamos provar que isso nos leva a uma contradição. Se $d|mn$ e $d|c$, então $d|m$ ou $d|n$, mas não ambos, pois $[m, n] = 1$. Se $d|m$ mas, $d \nmid n$, então $d|a$, mas $[m, a] = 1$, isso só é possível se $d = 1$. Isso é uma contradição a nossa suposição de $d > 1$. Da mesma forma podemos mostrar que se $d|n$ mas $d \nmid m$ então $d = 1$. (2) Vamos mostrar que a função f é sobrejetora. Para isso, dada uma classe $< u >_{mn}$ inversível sempre a equação diofantina $nx + my = u$ tem solução, pois $[n, m] = 1$. Logo, existem números $a, b \in \mathbb{Z}$ tal que $u = na + mb$, e daí, f é sobrejetora. (3) Vamos provar que a função f é injetora. Para isso, vamos supor que vale a igualdade $f\big((< a >_m, < b >_n)\big) = f((< a_1 >_m, < b_1 >_n))$. Então temos que vale a igualdade

$< na + mb >_{mn} = < na_1 + mb_1 >_{mn}$. Logo, temos a congruência $n(a - a_1) \equiv m(b - b_1)(mod\ mn)$. Agora, pelo item (8) do Teorema 4.5 tem-se $a - a_1 \equiv 0(mod\ m)$. Então, $< a >_m = < a_1 >_m$ e da mesma forma $< b >_n = < b_1 >_n$. Portanto, f injetora. □

Teorema 4.31. Para quaisquer dois números naturais m e n coprimos vale a seguinte igualdade:

$$\varphi(mn) = \varphi(m)\varphi(n) \tag{4.13}$$

Demonstração. A função f da proposição anterior é uma função bijetora entre dois conjuntos finitos, os conjuntos $(\mathbb{Z}/m\mathbb{Z})^* \times (\mathbb{Z}/n\mathbb{Z})^*$ de $\varphi(m)\varphi(n)$ elementos e o conjunto $(\mathbb{Z}/mn\mathbb{Z})^*$ de $\varphi(mn)$ elementos. Logo, os números dos elementos dos dois conjuntos são iguais. □

Teorema 4.32. Seja $n \in \mathbb{N}$ e $n = p_1^{\alpha_1} p_2^{\alpha_2} \cdots p_k^{\alpha_k}$ a representação aritmética de n. Então vale a seguinte:

$$\varphi(n) = n\left(1 - \frac{1}{p_1}\right)\left(1 - \frac{1}{p_2}\right) \cdots (1 - \frac{1}{p_k}) \tag{4.14}$$

Demonstração. O número $p_1^{\alpha_1}$ é coprimo com o produto $p_2^{\alpha_2} \cdots p_k^{\alpha_k}$. Logo, pelo teorema anterior temos que:

$$\varphi(n) = \varphi(p_1^{\alpha_1} p_2^{\alpha_2} \cdots p_k^{\alpha_k}) = \varphi(p_1^{\alpha_1})\varphi(p_2^{\alpha_2} \cdots p_k^{\alpha_k})$$

Mas, da mesma forma podemos decompor o fator do lado direito e notar que ele é igual a $\varphi(p_2^{\alpha_2})\varphi(p_3^{\alpha_3}) \cdots \varphi(p_k^{\alpha_k})$. Portanto:

$$\varphi(n) = \varphi(p_1^{\alpha_1} p_2^{\alpha_2} \cdots p_k^{\alpha_k}) = \varphi(p_1^{\alpha_1})\varphi(p_2^{\alpha_2}) \cdots \varphi(p_k^{\alpha_k})$$

Por outro lado, pelo exemplo precedente temos que $\varphi(p^\alpha) = p^\alpha - p^{\alpha-1}$. Isso implica que:

$$\varphi(n) = (p_1^{\alpha_1} - p_1^{\alpha_1 - 1})(p_2^{\alpha_2} - p_2^{\alpha_2 - 1}) \cdots (p_k^{\alpha_k} - p_k^{\alpha_k - 1})$$

Que por sua vez pode ser reescrito como:

$$\varphi(n) = p_1^{\alpha_1-1} p_2^{\alpha_2-1} \cdots p_k^{\alpha_k-1} (p_1 - 1)(p_2 - 1) \cdots (p_k - 1)$$

Mas, em geral $p - 1 = p(1 - \frac{1}{p})$. Então:

$$\varphi(n) = p_1^{\alpha_1-1} p_2^{\alpha_2-1} \cdots p_k^{\alpha_k-1} p_1 p_2 \cdots p_k \left(1 - \frac{1}{p_1}\right)\left(1 - \frac{1}{p_2}\right) \cdots \left(1 - \frac{1}{p_k}\right)$$

Daí tem-se $\varphi(n) = n\left(1 - \frac{1}{p_1}\right)\left(1 - \frac{1}{p_2}\right) \cdots (1 - \frac{1}{p_k})$. A demonstração está completa. □

Em geral, a fórmula (4.14) é reescrita como a seguinte:

$$\varphi(n) = n \prod_{p|n} \left(1 - \frac{1}{p}\right) \tag{4.15}$$

No lado direito da igualdade precedente p varia sobre todos os divisores primos de n e somente uma vez, isso quer dizer que não devem ser consideradas as potências $\alpha_1, \alpha_2, \cdots, \alpha_k$ na representação aritmética de n. Aquelas potências, ou seja, as ordens de divisores primos de n já estão presentes no fator n da fórmula (4.15).

Exemplo 4.33. Neste exemplo vamos calcular o número dos elementos do conjunto $(\mathbb{Z}/2083725\mathbb{Z})^*$. Esse é o mesmo que faria para calcular a quantidade de números naturais x satisfazendo $1 \leq x \leq 2083725$ e que são coprimos com 2083725. A questão é então de calcular $\varphi(2083725)$. Para isso, em primeiro lugar devemos achar os divisores primos de número 2083725 que são de fato $3, 5$ e 7. Logo temos que:

$$\varphi(2083725) = 2083725\left(1 - \frac{1}{3}\right)\left(1 - \frac{1}{5}\right)\left(1 - \frac{1}{7}\right) = 952560$$

Notamos que para achar os divisores primos desse número encontramos com a sua representação aritmética $2083725 = 3^5 \cdot 5^2 \cdot 7^3$.

4.3 Os teoremas de Fermat, Euler, e Wilson

Entre os resultados clássicos em teoria dos números com respeito de números primos, e que também podem ser considerados como resultados com respeito de testes de primalidade de números naturais, são os três teoremas anunciados no título dessa sessão. Estes são importantes. A importância de cada um está ligada tanto com lados históricos quanto com lado prático da teoria dos números e suas aplicações.

Nesta sessão veremos dois teoremas de Fermat. O primeiro é o Teorema 4.34 conhecido como "pequeno teorema de Fermat". E o segundo é uma versão mais geral, o teorema 4.39. Historicamente, o primeiro foi demonstrado por Fermat, e nós deduziremos o segundo teorema através de um teorema de Euler, o Teorema 4.37.

Teorema 4.34 (Pequeno teorema de Fermat). Se p é um número primo, então vale a seguinte congruência:

$$2^p \equiv 2(mod\ p) \tag{4.16}$$

Demonstração. Se $p = 2$, esta congruência é óbvia, pois $2^2 = 4 \equiv 2(mod\ 2)$. Então, vamos supor que p é um número primo ímpar. Escrevemos $2 = 1 + 1$, e aplicamos a fórmula de binômio para calcular a potência $(1 + 1)^p$. Temos então que:

$$2^p - 2 = (1+1)^p - 2 = 1 + \binom{p}{1} 1 + \cdots + \binom{p}{p-1} 1 + 1 - 2$$

$$= \binom{p}{1} + \cdots + \binom{p}{p-1}$$

Cada membro da soma do lado direito é um múltiplo de p. Portanto, a soma é divisível por p. Logo, p divide $2^p - 2$. Isso completa a demonstração. □

Por exemplo, $2^{11} = 2048 \equiv 2\ (mod\ 11)$, pois $2046 = 11 \cdot 186$.

Corolário 4.35. Se $p \neq 2$, então vale a seguinte congruência:

$$2^{p-1} \equiv 1(mod\ p) \tag{4.17}$$

Demonstração. Quando $p \neq 2$ pela Lei de Cancelamento (Teorema 4.5) podemos cancelar o número 2 de dois lados da congruência (4.16), e obter o resultado desejado. A demonstração está completa. □

Do ponto de vista prático, a congruência do corolário anterior tem aspecto mais computacional. De fato, em comparação com a congruência (4.16) do teorema anterior, a congruência dada em (4.17) envolve uma multiplicação a menos, pois nela é preciso calcular 2^{p-1}. Por outro lado, para decidir se um dado número natural n é primo ou não, um bom primeiro passo é testar se este número satisfaz a congruência (4.17). Se a congruência $2^{n-1} \equiv 1(mod\ n)$ for verdadeira, então, é provável que n seja um número primo. Mas, se a congruência não fica verdadeira, então com certeza o número n não é primo (pelo pequeno teorema de Fermat). Aqueles números onde a congruência mencionada é verdadeira, mas não são números primos, são conhecidos como números pseudoprimos. Os números pseudoprimos serão estudados nos exercícios no final deste capítulo.

Exemplo 4.36[1]. (1) O número 51 como sabe não é primo. Aplicamos a congruência (4.17) para provar que ele de fato não é um número primo. Temos que:

$$2^{51-1} = 2^{50} = 1125899906842624 \not\equiv 1(mod\ 51)$$

O número $1125899906842624 - 1 = 1125899906842623$ com 16 algarismos não é divisível por 51. Portanto, a congruência precedente não é verdadeira, e logo isso prova que este número não é primo.

É importante notar que na prática não precisamos fazer a divisão de $2^{n-1} - 1$ por n para saber se a congruência desejada é verdadeira ou não, pois basta observar se essa diferença é par ou ímpar. Mas, ainda assim, em

[1] Os cálculos são feitos por Programa MAPLE 9.5. Mas, nesta versão nova do livro já existem calculadoras disponíveis em Internet que podem ser utilizados.

geral, não é necessário fazer um cálculo tão grande, podemos fazer da seguinte maneira também:

$$2^{50} = (2^{10})^5$$

Mas, $2^{10} = 2^5 \cdot 2^5 = 32 \cdot 32 = (32)^2 = 1024$. Por outro lado, temos que:

$$2^{10} = 1024 \equiv 4\ (mod\ 51), \text{ pois } 1020 = 51 \cdot 20$$

Logo, após levar a potência 5 os dois lados dessa congruência, temos que:

$$2^{50} = (2^{10})^5 \equiv 4^5 = 1024 \equiv 4\ (mod\ 51)$$

Mas, $4 \not\equiv 1(mod\ 51)$, logo $2^{50} \not\equiv 1(mod\ 51)$.

(2) O número $n = 341$ é pseudoprimo. De fato, inicialmente notamos que ele não é um número primo ($341 = 11 \cdot 31$). Então vamos verificar que $2^{340} \equiv 1(mod\ 341)$. Observamos que $2^{340} = (2^{10})^{34}$. Mas, $2^{10} = 1024 \equiv 1(mod\ 341)$. Logo, levantar os dois lados dessa congruência à potência 34, temos que:

$$2^{340} \equiv 1^{34} \equiv 1(mod\ 341)$$

Uma forma mais geral do Pequeno Teorema de Fermat é o seguinte teorema de Euler no qual o número 2 é trocado por um número inteiro a.

Teorema 4.37. (Teorema de Euler). Seja m um número natural maior que 1. Então, para todo número inteiro a coprimo com m vale a congruência seguinte:

$$a^{\varphi(m)} \equiv 1(mod\ m) \tag{4.18}$$

Demonstração. Considere o conjunto das classes inversíveis módulo m:

$$(\mathbb{Z}/m\mathbb{Z})^* = \{< r_i >_m |\ i = 1, 2, \cdots, \varphi(m)\}$$

Neste conjunto para cada classe $< r_k >_m$ sempre existe uma classe $< r_j >_m$ tal que $< a >_m \cdot_m < r_j >_m = < r_k >_m$. De fato, sempre a congruência $ar_k \equiv r_j (mod\ m)$ é verdadeira, pois isso é uma consequência da existência da solução da equação diofantina $ax + my = r_k$, pois $[a, m] = 1$. A solução para x é r_j. Por outro lado, quando k varia de 1 até $\varphi(m)$ as classes $< ar_j >_m$ percorrem em todo $(\mathbb{Z}/m\mathbb{Z})^*$ e então vale a seguinte igualdade:

$$\prod_{i=1}^{\varphi(m)} < ar_i >_m = \prod_{i=1}^{\varphi(m)} < r_i >_m \quad (4.19)$$

Notamos que essa igualdade não implica que necessariamente vale $< ar_\ell >_m = < r_\ell >_m$ para todo ℓ. Mas, a igualdade de produtos na (4.19) pode ser rearranjada e reescrita na congruência de produto da representante de classes como a seguir:

$$ar_1 ar_2 \cdots ar_{\varphi(m)} \equiv r_1 r_2 \cdots r_{\varphi(m)} (mod\ m)$$

O mesmo que:

$$a^{\varphi(m)} r_1 r_2 \cdots r_{\varphi(m)} \equiv r_1 r_2 \cdots r_{\varphi(m)} (mod\ m)$$

Sendo que $[r_i, m] = 1$ para todo $i = 1, 2, \cdots, \varphi(m)$, a Lei de Cancelamento é aplicável e o resultado é $a^{\varphi(m)} \equiv 1 (mod\ m)$. A demonstração está completa. □

Vamos ilustrar uma parte da demonstração anterior por meio de um caso particular, no seguinte exemplo.

Exemplo 4.38. Seja $a = 5$ e $m = 8$. Então tem-se que:

$$(\mathbb{Z}/8\mathbb{Z})^* = \{< 1 >_8, < 3 >_8, < 5 >_8, < 7 >_8\}$$

Esse é um conjunto de quatro elementos, pois $\varphi(8) = 4$. Neste, as classes $< 5 \cdot 1 >_8$, $< 5 \cdot 3 >_8$, $< 5 \cdot 5 >_8$ e $< 5 \cdot 7 >_8$ são respectivamente iguais a $< 5 >_8$, $< 7 >_8$, $< 1 >_8$ e $< 3 >_8$. Isso quer dizer que essas classes são as mesmas classes de $(\mathbb{Z}/8\mathbb{Z})^*$. Portanto, vale a igualdade de produto na igualdade (4.19).

Num caso particular onde $m = p$ é um número primo, o Teorema de Euler é conhecido como Teorema de Fermat, a seguir.

Teorema 4.39 (Teorema de Fermat). Seja p um número primo. Então para todo número natural n vale a seguinte congruência:

$$n^p \equiv n(mod\ p) \quad (4.20)$$

Demonstração. Quando $[n, p] = 1$ e p é um número primo o teorema de Euler implica que $n^{p-1} \equiv 1(mod\ p)$. E após multiplicar os dois lados dessa congruência por n, teremos o resultado desejado. Quando $[n, p] \neq 1$, então $p|n$ e neste caso p também divide n^p. Logo, a congruência (4.20) é verdadeira. □

Como o Pequeno Teorema de Fermat pode ser aplicado para provar que um número natural é composto, o Teorema de Euler pode ser aplicado para verificar se dois números naturais a e m não são coprimos.

Exemplo 4.40.[2] Os dois números 90 e 15 não são coprimos, obviamente. Para verificar isso usando o Teorema de Euler, há duas maneiras. Podemos considerar $m = 90$ ou $m = 15$. No primeiro caso temos que verificar se $15^{24} \not\equiv 1(mod\ 90)$. Para isso devemos verificar se:

$$168341121960282325744628906 25 \not\equiv 1(mod\ 90)$$

Mas, é claro que o número $16834112196028232574462890624$ não é divisível por 90, pois após serem divididos por 2 têm-se que:

$$8417056098014116287231445312$$

---

[2] Os cálculos são feitos por Programa MAPLE 9.5. Mas o leitor deve notar que nesta revisão do livro, depois de vários anos, existem calculadoras disponíveis na Internet que podem fazer cálculos grandes.

não é divisível por 45, pois não é sequer divisível por 5. No outro caso temos que verificar se $90^8 \not\equiv 1(mod\ 15)$. De fato,

$$90^8 - 1 = 4304672099999999 \not\equiv 0(mod\ 15)$$

Portanto, em ambos os casos concluímos que $[90, 15] \neq 1$. Mas a segunda maneira é mais rápida, pois o número 90^8 possui 16 algarismos e o número 15^{24} tem 29 algarismos.

4.4 A congruência de polinômios

Para alcançar um dos nossos objetivos deste capítulo e provar o teorema de Wilson, precisamos apresentar e estudar as propriedades de congruência entre polinômios com coeficientes números inteiros. Além de ser importante na demonstração de teorema de Wilson, a congruência entre polinômios com coeficientes números inteiros abre uma nova janela para o estudo de problemas em álgebra e teoria dos números.

Antes de demonstrar o teorema de Wilson que oferece uma condição necessária e suficiente para primalidade de um número natural, vamos começar com a prova de um teorema de Lagrange[3]. Mencionamos que entre poucos resultados que podem oferecer uma condição necessária e suficiente para primalidade de números naturais, o teorema de Wilson é interessante por sua simplicidade, mas não é prático na questão computacional como veremos.

4.4.1 Congruência e equivalência

Existem pelo menos duas maneiras de definir uma relação de comparação entre polinômios com coeficientes números inteiros, módulo um número natural $m > 1$ no âmbito de congruência entre números inteiros. Para polinômios com coeficientes números inteiros, uma maneira é definir congruência e outra maneira é definir equivalência. Antes de defini-

[3] Joseph-Louis de Lagrange (1736 – 1813).

las devemos estudar um pouco com respeito de polinômios, basicamente para este livro, polinômios com coeficientes números inteiros.

Inicialmente um polinômio $f(x)$ é uma expressão algébrica "formal" como:

$$f(x) = a_n x^n + a_{n-1}x^{n-1} + \cdots + a_1 x + a_0$$

Nesta expressão a formalidade deve ser interpretada dizendo que as somas e produtos e potenciações não estão definidos no momento e que simplesmente devem ser considerados como símbolos. De modo que x é um indeterminado (ou variável), os $a_n, a_{n-1}, \cdots, a_0$ são chamados de coeficientes de polinômio ou simplesmente coeficientes. E a_n é chamado de coeficiente dominante, a_0 é termo constante. Em geral para $0 \leq i \leq n$ o coeficiente a_i é chamado de i-ésimo coeficiente.

Quando os coeficientes são números reais dizemos que $f(x)$ é um polinômio real, quando eles são números inteiros, respectivamente racional, dizemos que $f(x)$ é um polinômio inteiro, respectivamente um polinômio racional. Nestes casos, quando $a_n \neq 0$ dizemos que o grau de polinômio é n, e se $a_n = 1$ dizemos que ele é um polinômio mônico. Uma raiz de um polinômio real é em geral um número complexo γ tal que:

$$f(\gamma) = a_n \gamma^n + a_{n-1}\gamma^{n-1} + \cdots + a_1 \gamma + a_0 = 0$$

Um polinômio real é dito polinômio nulo quando todos os seus coeficientes são número zero. E um polinômio real é dito polinômio constante quando, exceto o termo constante, todos os seus coeficientes são zero.

Pelo fato da forma que um polinômio é definido, ele pode ser visto como uma função com uma variável x. Neste sentido ele pode ter dado o nome função polinômio.

Notação 4.41. Se $f(x)$ é um polinômio, podemos, se for necessário, denotar por $C_i(f)$ o i-ésimo coeficiente de $f(x)$. O grau de $f(x)$ é denotado $gr(f)$. Algumas vezes, para comprar graus de dois polinômios digamos $f(x)$ e $g(x)$, usaremos a notação $max\{gr(f).\,gr(g)\}$ para indicar entre eles qual tem maior grau. E quando $gr(f) = gr(g)$ tem-se $max\{gr(f), gr(g)\} = gr(f) = gr(g)$. Quando a referência a respeito da variável x é claro, em vez de $f(x)$ podemos escrever f. Por fim, o conjunto dos polinômios reais, respectivamente racionais e inteiros é denotado $\mathbb{R}[x]$, respectivamente $\mathbb{Q}[x]$ e $\mathbb{Z}[x]$.

Definição 4.42. Dizemos que dois polinómios f e g são polinômios iguais se, e somente se, eles têm o mesmo grau e $C_i(f) = C_i(g)$ para todo $i = 0,1,2, \cdots gr(f)$.

A igualdade de dois polinômios é fundamental para nossos estudos e a definição precedente mostra que de fato a igualdade de dois polinômios é independente da variável deles. E algumas vezes precisamos comparar polinômios que não têm mesmo grau. Caso f e g são dois polinômios onde $gr(f) = n$, e $gr(g) = k$ são diferentes, digamos $n > k$ podemos acrescentar coeficientes nulos e definir o polinômio $G(x)$ cujos coeficientes $b_i = 0$ para todo $k < i \leq n$. De modo que ele tem tantos coeficientes quanto o polinômio f:

$$G(x) = 0x^n + 0x^{n-1} + \cdots + 0x^{k+1} + b_k x^k + \cdots + b_1 x + b_0$$

Portanto, sempre podemos acrescentar os suficientes coeficientes zero a um polinômio para que dois polinômios possam ter mesmos números de coeficientes, se for necessário.

Definição 4.43. Seja $m > 1$ um número natural. Dois polinômios inteiros f e g são ditos polinômios congruentes módulo m se, e somente se, seus coeficientes $C_i(f) = C_i(g)$ para todo $i = 1, 2, \cdots, max\{gr(f), gr(g)\}$ são números inteiros congruentes módulo m:

$$C_i(f) \equiv C_i(g)(mod\ m) \qquad (4.21)$$

Portanto, a congruência entre dois polinômios é resumida na congruência entre seus coeficientes correspondentes. Quando os graus desses não são iguais então sempre podemos acrescentar os suficientes coeficientes nulos para que eles tenham mesmo número de coeficientes.

A congruência módulo m de dois polinômios f e g será indicada pela:

$$f \equiv g(mod\, m)$$

Por exemplo, os dois polinômios $f(x) = 41\,x^3 + 30\,x^2 + 20$ é congruente com o polinômio $g(x) = 10x^4 + x^3 + 20x$ módulo 10, pois valem as seguintes:

$$0 = C_5(f) \equiv C_5(g) = 10(mod\ 10), 41 = C_4(f) \equiv C_4(g) = 1(mod\ 10),$$

$$30 = C_3(f) \equiv C_3(g) = 0(mod\ 10), 0 = C_2(f) \equiv C_2(g) = 20(mod\ 10),$$

$$0 = C_1(f) \equiv C_1(g) = 20\ (mod\ 10), 20 = C_0(f) \equiv C_0(g) = 0(mod\ 10)$$

A congruência entre polinômios inteiros também pode ser chamada de congruência por coeficientes módulo m.

A relação de congruência entre dois polinômios não é a única relação entre dois polinômios, a mais próxima é a congruência entre valores de funções. Mais precisamente anunciamos a seguinte:

Definição 4.44. Seja $m > 1$ um número natural. Dois polinômios inteiros f e g são polinômios equivalentes módulo m se, somente se, para todo número inteiro x_0 vale a seguinte congruência módulo m dos números inteiros:

$$f(x_0) \equiv g(x_0)(mod\, m) \tag{4.22}$$

Usaremos a notação $f \sim g(mod\, m)$ para indicar que os polinômios inteiros f e g são equivalentes módulo m.

Por exemplo, os dois polinômios $f(x) = 15x$ e $g(x) = 2x^2 + 5x$ são equivalentes módulo 2, pois para qualquer número inteiro x_0 sempre os números inteiros $15x_0$ e $2x_0^2 + 5x_0$ são congruentes módulo 2. De fato, a diferença $2x_0^2 + 5x_0 - 15x_0 = 2x_0^2 - 10x_0$ é sempre divisível por 2.

Antes de prosseguir, vamos demonstrar o resultado seguinte que explica a relação entre congruência e equivalência de polinômios módulo m.

Proposição. 4.45. A congruência implica equivalência. Em outras palavras, se f e g são dois polinômios inteiros que são congruentes módulo m, então eles são equivalentes módulo m.

Demonstração. Vamos supor que os polinômios inteiros f e g são congruentes módulo m. Então, pela definição, temos que $C_i(f) \equiv C_i(g)(mod\ m)$ para todo $i = 0, 1, \cdots, max\{gr(f), gr(g)\}$. Portanto, para todo $x_0 \in \mathbb{Z}$ temos que $C_i(f)x_0^i \equiv C_i(g)x_0^i(mod\ m)$. Daí, somando os dois lados dessa congruência teremos:

$$\sum_{i=0}^{max\{gr(f),gr(g)\}} C_i(f)x_0^i \equiv \sum_{i=0}^{max\{gr(f),gr(g)\}} C_i(g)x_0^i$$

Isso implica que $f(x_0) \equiv g(x_0)(mod\ m)$, o mesmo que $f \sim g(mod\ m)$. □

Devemos notar que a recíproca desta proposição não é verdadeira, pois existem polinômios inteiros que são equivalentes módulo um número natural maior que um, mas não são congruentes módulo o mesmo número. Um exemplo claro dessa situação é que dois polinômios $f(x) = x^2$ e $g(x) = x$ não são congruentes módulo 2. Mas, para todo número inteiro x_0 vale a congruência $x_0^2 \equiv x_0(mod\ 2)$ pelo Pequeno Teorema de Fermat. Portanto, nos concentramos no estudo de congruência entre polinômios inteiros mais que na equivalência entre eles.

4.4.2 Divisão módulo m

A noção de divisibilidade módulo um número natural $m > 1$ para números inteiros e polinômios inteiros tem aplicações nos estudos de equações de congruência. Basicamente, iniciamos com a seguinte definição.

Se a e b são dois números inteiros e $m > 1$ um número natural, definimos a divisão módulo m, dizendo que b divide a módulo m se, e somente se, exisitir um número inteiro c tal que:

$$a \equiv bc(mod\ m) \quad (4.23)$$

O leitor nota que nesta definição não foi suposto que $b \neq 0$. Essa situação vai ficar clara no Exemplo 4.49 a seguir.

O próximo lema relaciona a divisão módulo m de dois números inteiros com a divisão de classes módulo m.

Lema 4.46. Um número inteiro b divide um número inteiro a módulo m se, e somente se, existir uma classe $< c >_m$ tal que:

$$< a >_m = < b >_m \cdot_m < c >_m \quad (4.24)$$

Demonstração. Quando $a \equiv bc(mod\ m)$ temos que $< a >_m = < bc >_m$ que por sua vez é a mesma que a condição (4.24). E quando essa condição é verdadeira, tem-se que $a \equiv bc(mod\ m)$. □

Para ilustrar, considere o exemplo de $m = 10$. Então, 3 divide 7 módulo 10, pois neste caso $7 \equiv 3 \cdot 9(mod\ 10)$. Ou 14 divide 6 módulo 10, pois $6 \equiv 14 \cdot 9(mod\ 10)$.

Como esses dois casos mostram divisão módulo m é diferente da divisão nos inteiros. No primeiro caso um número como 3 divide 7, uma situação que para números inteiros é impossível, e no segundo caso um número maior divide um número menor que ele módulo 10, de novo uma situação impossível para divisão dos inteiros.

Como veremos a seguir, podemos traduzir divisão módulo m em uma equação diofantina e determinar uma condição necessária e suficiente para divisão módulo m.

Lema 4.47. Sejam a e b dois números inteiros. Então b divide a módulo m se, e somente se, a equação diofantina seguinte tiver solução:

$$bx + my = a \tag{4.25}$$

Demonstração. Pela definição, b divide a módulo m se, e somente se, vale a congruência $a \equiv bc(mod\ m)$ para algum número inteiro c. Essa congruência nos diz que $m|a - bc$. Logo, $bc + my = a$ para algum número inteiro y. Portanto, b divide a módulo m se, e somente se, a equação (4.25) tiver solução. □

Corolário 4.48. O número inteiro b divide o número inteiro a módulo m se, e somente se, $[b, m]|a$.

Demonstração. Isso é claro, pois a equação $bx + my = a$ tem solução se, e somente se, $[b, m]|a$ (veja Corolário 1.29). □

Exemplo 4.49. (1) 4 não divide 7 módulo 10, pois $[4,10] = 2$ e $2 \nmid 7$.

(2) Número 0 divide 6 módulo 3, pois $0 \cdot x + 3y = 6$ tem solução. A solução é $y = 2$, e x arbitrário. Isso é diferente da situação onde 0 não pode dividir um número inteiro.

(3) O número 0 não divide 6 módulo 5, pois $0x + 5y = 6$ não possui solução.

Notamos que o conceito da divisão módulo m no conjunto dos números inteiros pode ser generalizado ao conjunto dos polinômios inteiros, pois já sabemos que esse conjunto pode estar equipado com a noção de congruência e equivalência módulo m. Veja a definição a seguir.

Definição 4.50. Sejam $f(x)$ e $g(x)$ dois polinômios de $\mathbb{Z}[x]$ e $m > 1$ um número natural. Dizemos que $g(x)$ divide $f(x)$ módulo m se, e somente se, existir um polinômio $h(x) \in \mathbb{Z}[x]$ tal que:

$$f(x) \equiv g(x)h(x)(mod\ m)$$

Isso é divisão de polinômios pela congruência. Da mesma maneira também podemos definir divisão de polinômios pela equivalência, que com os dados da definição precedente teremos:

$$f(x) \sim g(x)h(x)(mod\ m)$$

Por exemplo, o polinômio $8x + 7$ divide o polinômio $6x^2 + 2x + 1$ módulo 3 pela congruência. De fato, temos que:

$$6x^2 + 2x + 1 \equiv (8x + 7)(3x^4 + 6x^2 + 1)(mod\ 3)$$

Para verificar esta congruência, fazemos a multiplicação dos polinômios do lado direito, e veremos que:

$$6x^2 + 2x + 1 \equiv 24x^5 + 21x^4 + 48x^3 + 42x^2 + 8x + 7(mod\ 3)$$

Onde temos que:

$$0 \equiv 24(mod\ 3), 0 \equiv 21(mod\ 3), 0 \equiv 48(mod\ 3);$$

$$6 \equiv 42(mod\ 3), 2 \equiv 8(mod\ 3), 1 \equiv 7(mod\ 3)$$

Isso tudo mostra o resultado desejado. Da mesma maneira os referidos polinômios também satisfazem a divisão pela equivalência módulo 3.

Definição 4.51. Um número inteiro β é chamado raiz módulo m de um polinômio inteiro $f(x)$ se, e somente se, $f(x) \equiv 0(mod\ m)$.

Por exemplo, o número inteiro 3 é raiz módulo 5 do polinômio $x^4 + 4$, pois $3^4 + 4 = 81 + 4 = 85 \equiv 0(mod\ 5)$.

Proposição 4.52. Se β é uma raiz módulo m de um polinômio inteiro $f(x)$ e γ é um número inteiro tal que $\gamma \equiv \beta(mod\ m)$, então γ também é uma raiz módulo m de $f(x)$. Ainda, se $g(x)$ é um polinômio inteiro equivalente com $f(x)$ módulo m, então β também é raiz de $g(x)$ módulo m.

Demonstração. Pela nossa suposição $f(\beta) \equiv 0(mod\ m)$. Por outro lado, a congruência $\beta \equiv \gamma(mod\ m)$ implica que $f(\beta) \equiv f(\gamma)(mod\ m)$ (por quê?). Logo, $f(\gamma) \equiv 0(mod\ m)$. A segunda parte da proposição é óbvia. □

Em comparação com a propriedade geral de raízes de um polinômio real ou complexo, estudada nas disciplinas de Cálculo ou Variável Complexa, um teorema a seguir representa uma semelhança.

Teorema 4.53 (Teorema de Fatoração). Um número inteiro β é raiz módulo m de um polinômio inteiro $f(x)$ se, e somente se, $x - \beta$ divide $f(x)$ módulo m.

Demonstração. Seja $f(x) = a_n x^n + \cdots + a_1 x + a_0$ um polinômio inteiro. Como

$$\left(x^k - \beta^k\right) = (x - \beta)\left(x^{k-1} + \beta x^{k-2} + \cdots + \beta^{k-1}\right) g_k(x)$$

vale para todo inteiro $k > 1$, e onde $g_k(x) = x^{k-1} + \beta x^{k-2} + \cdots + \beta^{k-1}$, então, temos que:

$$f(x) - f(\beta) = \sum_{i=1}^{n} a_i(x^i - \beta^i) = (x - \beta)h(x)$$

para algum polinômio inteiro $h(x)$. Logo, $f(x) - f(\beta) = (x - \beta)h(x)$. Em particular, vale a congruência $f(x) \equiv (x - \beta)h(x)(mod\ m)$, pois pela hipótese $f(\beta) \equiv 0(mod\ m)$. Reciprocamente, se $x - \beta$ divide $f(x)$ módulo m, então, pela definição existe um polinômio inteiro $g(x)$ tal que $f(x) \equiv (x - \beta)g(x)(mod\ m)$. Substituindo β para x, temos que:

$$f(\beta) \equiv 0(mod\ m)$$

A demonstração está completa. □

Outra diferença entre teoria de raízes para polinômios reais ou complexos e a teoria de raízes módulo m é o fato de que no primeiro caso se $f(x) = g(x)u(x)$ é produto de dois polinômios, uma raiz de $f(x)$ é uma raiz de $g(x)$ ou, de $u(x)$, mas para raízes módulo m isso não é sempre o caso. Por exemplo, seja $f(x) = x^2$, $g(x) = u(x) = x - 2$, e $m = 4$. Neste caso, temos que 4 é uma raiz de $f(x)$ módulo 4, pois 4^2 é divisível por 4. Mas, 4 não é uma raiz de $g(x)$ módulo 4, pois

$$4 - 2 \not\equiv 0(mod\ 4)$$

Como veremos a seguir essa situação não ocorre quando m é um número primo.

Lema 4.54. Seja p um número primo, $f(x), g(x), h(x) \in \mathbb{Z}[x]$ tais que vale $f(x) \equiv g(x)h(x)(mod\ p)$. Então, qualquer raiz módulo p de $f(x)$ também é uma raiz módulo p de $g(x)$ ou de $h(x)$.

Demonstração. Seja β uma raiz módulo p de $f(x)$. Logo, $f(\beta) \equiv 0(mod\ p)$ e então, pela hipótese $f(\beta) \equiv g(x)h(x)(mod\ p)$ implica que vale $g(\beta)h(\beta) \equiv 0(mod\ p)$. Mas, p é um número primo, daí $p|g(\beta)$ ou que $p|h(\beta)$. Portanto, $g(\beta) \equiv 0(mod\ p)$ ou $h(\beta) \equiv 0(mod\ p)$. □

Com respeito de quantidade de raízes módulo m, em geral, as regras conhecidas para raízes de polinômios reais ou complexos não são verdadeiras. Relembramos que nesta teoria o Teorema Fundamental de Álgebra mostra que todo polinômio não constante de grau n e coeficientes complexos possui exatamente n raízes complexas contando com multiplicidade (números reais são considerados como complexos neste teorema). A demonstração rigorosa desse resultado é dada por Gauss, veja o livro [Sho uvc].

Para raízes módulo m a versão do Teorema Fundamental de Álgebra é de Lagrange. Antes de demonstrar o resultado de Lagrange vamos observar por meio de um exemplo (Exemplo 4.56) que nele realmente m tem que ser um número primo.

Definição 4.55. Seja m >1 um número natural. Duas raízes α e β módulo m de um polinômio $f(x) \in \mathbb{Z}[x]$ são ditas raízes incongruentes módulo m se, e somente se, $\alpha \not\equiv \beta (mod\, m)$.

Baseada nesta definição a contagem de raízes módulo m deve ser feita com respeito de incongruência módulo m. Então, no conjunto das raízes incongruentes módulo m de um polinômio inteiro nenhuma raiz é congruente com outra.

Exemplo 4.56. Seja $f(x) = x^2 - 1$ e $m = 8$. O polinômio $f(x)$ possui quatro raízes incongruentes módulo 8. Elas são: $1, 3, 5$ e 7 como pode ser verificado com facilidade. Mas, o grau de $f(x)$ é 2, que faz muita diferença com o Teorema Fundamental de Álgebra. Por outo lado, se invés de $m = 8$ tínhamos considerado o número primo $m = 7$, poderíamos notar que o mesmo polinômio possui apenas duas raízes incongruentes módulo 7, os números 1 e 6. Neste sentido há compatibilidade com o Teorema Fundamental de Álgebra.

Teorema 4.57 (Teorema de Lagrange). Seja $f(x) = a_k x^k + \cdots + a_1 x + a_0$ um polinômio inteiro de grau k e seja p um número primo tal que p não divide a_k ($p \nmid a_k$). Então a equação $f(x) \equiv 0 (mod\, p)$ tem no máximo k raízes módulo p.

Demonstração. Quando $k = 0$, temos que $f(x) = a_0$, que é um polinômio constante, e pela suposição $p \nmid a_0$ neste caso. Portanto, a equação $f(x)$ não tem raízes. Isso prova a afirmação do teorema para quando $k = 0$. Para caso geral aplicamos Indução Matemática sobre k. Vamos supor que todo polinômio inteiro de grau menor ou igual a $k - 1$ possui no máximo $k - 1$ raízes incongruentes módulo p. Se $f(x)$ não possui nenhuma raiz módulo p, então a afirmação do teorema é verdadeira. Portanto, suponhamos que a referida equação possui pelo menos uma raiz módulo p a ser chamada β.

Pelo Teorema de Fatoração podemos escrever $f(x) \equiv (x - \beta)g(x)(mod\, p)$, é claro que $g(x)$ é de grau $k-1$ uma vez que $f(x)$ é de grau k. Mas pelo Lema 4.54 temos que qualquer raiz de $f(x)$ é uma raiz de $x - \beta$, ou de $g(x)$. Por outro lado, $x - \beta$ somente possui uma raiz módulo p que é β, enquanto isso, $g(x)$ pela hipótese da Indução Matemática tem no máximo $k-1$ raízes incongruentes módulo p. Logo, $f(x)$ tem no máximo k raízes incongruentes módulo p. □

Agora podemos demonstrar o seguinte Teorema de Wilson que fornece uma condição necessária e suficiente para que um número natural seja primo.

Teorema 4.58 (Teorema de Wilson). Um número natural n é primo se, e somente se, vale a seguinte congruência:

$$(n-1)! \equiv -1(mod\, n) \tag{4.26}$$

Demonstração. Quando $n = 2$, tem-se $(2-1)! = 1 \equiv -1(mod\, 2)$. Portanto, podemos nos restringir aos números primos ímpares. Vamos supor por absurdo que n é composto, para qual vale a congruência (4.26). Então, se d é um divisor de n com $1 < d < n$, e vale a congruência (4.26), vale também $(n-1)! \equiv -1(mod\, d)$, pois uma vez que n divide $(n-1)! + 1$, o número d, divisor de n também divide esta soma. Por outro lado, $d < n$, então d é um divisor de $(n-1)!$. Logo, $(n-1)! \equiv 0(mod\, d)$. Portanto, $-1 \equiv 0(mod\, d)$. Isso é uma impossibilidade, pois $d > 1$. Logo, n não pode ter um divisor além de 1 e n, então ele é um número primo. Reciprocamente, assumindo n ser um número primo ímpar, consideramos o polinômio $f(x) = x^{n-1} - 1$ e notamos que todos os números do conjunto $\mathcal{B} = \{1, 2, \cdots, n-1\}$ são coprimos com n, pois ele é primo. Portanto, pelo Teorema de Euler para todo $\beta \in \mathcal{B}$ vale a seguinte congruência:

$$f(\beta) = \beta^n - 1 \equiv 0(mod\, n)$$

Isso mostra que β é uma raiz módulo n de $f(x)$. Pelo Teorema de Lagrange $f(x)$ possui no máximo n raízes incongruentes módulo n. Mas todos os números do conjunto $\mathcal{B}$ são incongruentes módulo n, e isso implica que eles são de fato todas as raízes incongruentes de $f(x)$. Agora, pelo Teorema de fatoração temos que:

$$x^{n-1} - 1 \equiv (x-1)(x-2)\cdots(x-(n-1))(mod\, n)$$

Em particular, tomando $x = 0$ nos dois lados da congruência precedente, teremos que:

$$-1 \equiv (-1)^{n-1}(n-1)!\,(mod\, n)$$

Mas n é um número ímpar, então $(-1)^{n-1}$ é igual a 1. Logo, vale $-1 \equiv (n-1)!\,(mod\, n)$. A demonstração está completa. □

Do ponto de vista teórico o teorema de Wilson é um resultado importante, pois entre muitos poucos resultados que oferecem uma condição necessária e suficiente com respeito de primalidade de um número ele se encaixa. Mas do ponto de vista computacional este teorema não pode ser considerado prático, pelo menos antes de calculadoras rápidas e programas eficientes de computador. De fato, para decidir se n é um número primo, usando o referido teorema, devemos calcular $(n-1)!$ que por sua vez envolve $n-2$ multiplicação. Por exemplo, em relação ao Exemplo 4.36 no qual foi usado o Pequeno Teorema de Fermat para decidir se 61 não é um número primo, usando o Teorema de Wilson envolverá muito mais trabalho manual. Devemos calcular 60!. Este é um número com 82 algarismos[4], onde esse número de algarismos é calculado pelo:

$$1 + \lfloor \log_{10} 60! \rfloor = 1 + \lfloor \sum_{k=1}^{60} \log_{10} k \rfloor = 1 + \lfloor 81{,}92017485 \rfloor = 82$$

[4]8,320,987,112,741,390,144,276,341,183,223.364,380,754,172,606,361,245,952,449,277,696, 409,600,000,000,000,000.

Ou para mostrar que o número 109 é primo, utilizando o Teorema de Wilson precisaremos computar o número $108!$ que é um número de 175 algarismos[5].

Logo, em comparação com o Pequeno Teorema de Fermat, o custo operacional de Teorema de Wilson é maior, por isso, ele deixa de ser um resultado prático.

4.5 Corpos finitos[6]

O Teorema de Lagrange particularmente nos motiva a apresentar alguns conceitos algébricos com respeito de corpos finitos. A razão para isso é o fato de que toda vez que foi dito a respeito de módulo um número primo, estaríamos trabalhando no conjunto $(\mathbb{Z}/p\mathbb{Z})^+$ para um número primo p. Este conjunto é um exemplo de um corpo finito com p elementos. Para que esse conjunto seja um corpo precisa que a soma e produto de quaisquer dois elementos seja um elemento do mesmo conjunto. Isso obviamente vale para $(\mathbb{Z}/p\mathbb{Z})^+$. Além disso, como a soma e produto são operações comutativos e associativos e ainda assim pelo fato de que p é um número primo, todos os elementos não nulos de $(\mathbb{Z}/p\mathbb{Z})^+$ possuem um inverso (veja o Exercício 19 a seguir). Logo, no contexto de teoria de corpos (veja livros [Sho alg1], [Sho exem1]), o conjunto $(\mathbb{Z}/p\mathbb{Z})^+$ é um corpo finito com p elementos, e pode ser também denotado $\mathbb{F}_p$.

Todos os corpos finitos ou não, sempre possuem pelo menos dois elementos, o elemento zero que representa o elemento neutro da soma e, elemento um que representa o elemento neutro da multiplicação (produto). Geralmente, o elemento zero é denotado 0 e elemento um como 1.

---

[5] 1,324,641,819,451,828,974,499,891,837,121,832,599,810,209,360,673,358,065,686,551,152, 497,461,815,091,591,578,895,743,130,235,002,378,688,844,343,005,686,404,521,144,382,70 4,205,360,039,762,937,774,080,000,000,000,000,000,000,000,000.

[6] Essa parte é acrescentada para a segunda edição do livro.

O número primo p representa o característico do corpo $\mathbb{F}_p$ no sentido de que o resultado da soma de elemento um consigo mesmo p vezes é igual o elemento zero. Neste sentido a soma $1 \in \mathbb{F}_p$ consigo mesmo p vezes é igual a $0 \in \mathbb{F}_p$.

Por exemplo, no corpo finito $\mathbb{F}_3 = \{0, 1, 2\}$ vale a igualdade $1 + 1 + 1 = 0$. Uma maneira não exata para entender esse é considerar o corpo $\mathbb{Z}/3\mathbb{Z}$ formado por classes $< 0 >_3, < 1 >_3, < 2 >_3$. Logo, a soma da classe $< 1 >_3$ consigo três vezes é a classe $< 1 + 1 + 1 >_3$ cuja representante é 3 e $3 \equiv 0(mod\ 3)$ que implica $< 1 + 1 + 1 >_3 = < 0 >_3$. Neste corpo a tabela da soma e multiplicação é a mesma que a tabela da soma e multiplicação módulo 3.

Como números complexos são construídos por meio do número $\sqrt{-1}$ que é tradicionalmente denotado i, e por sua vez é raiz de um polinômio real como $x^2 + 1$ que não possui raízes reais, em teoria de corpos finitos também existem polinômios que por meio deste os corpos finitos são determinados. O polinômio real $x^2 + 1$ é um caso de polinômios reais conhecidos em nome de polinômios irredutíveis. Ou como outro caso o polinômio $x^2 + x + 1$ também é irredutível, no sentido de que ele não pode ser decomposto como produto de dois polinômios nenhum constante com coeficientes reais. De fato, se existissem dois polinômios reais não constantes $f(x)$ e $g(x)$ tal que $f(x)g(x) = x^2 + x + 1$, então eles tinham que ter grau 1 e logo, poderiam ser de forma $ax + b$ e $cx + d$ respectivamente, onde $a \neq 0, c \neq 0$. Portanto, teríamos que:

$$acx^2 + (ad + bc)x + bd = x^2 + x + 1$$

Daí, $ac = 1, ad + bc = 1$ e $bd = 1$. Isso implica que b e d são ambos não nulos e teremos o sistema seguinte:

$$\begin{cases} c = \dfrac{1}{a} \\ ad + bc = 1 \\ d = \dfrac{1}{b} \end{cases}$$

Substituindo c e d da primeira e terceira igualdade na segunda, teremos $a^2 + b^2 = ab$, e após multiplicar os dois lados da igualdade por 2 temos que $a^2 + b^2 + (a - b)^2 = 0$. Logo, no conjunto dos números reais a única possibilidade para essa igualdade é $a = b = 0$. Isso é uma contradição a nossa suposição. Isso explica porque o referido polinômio é irredutível no conjunto de números reais.

Sem demonstrar vamos anunciar que para todo número primo p e todo número natural n sempre existe um corpo finito que possui $q = p^n$ elementos, e que o número dos elementos de qualquer corpo finito é de forma p^n. Por isso, não existe um corpo finito de 6 elementos. Para detalhes sobre corpos finitos e algumas das suas aplicações, o leitor interessado pode consultar o livro [Sho exem1].

Agora, voltando para o Teorema de Lagrange, considerando um polinômio inteiro $f(x) = a_k x^k + a_{k-1} x^{k-1} + \cdots + a_1 x + a_0$ reduzindo seus coeficientes módulo um número primo p, ele pode ser visto como um polinômio com coeficientes no corpo finito $\mathbb{F}_p$, e a condição dada no referido teorema de que $a_k \not\equiv 0 (mod\ p)$ pode ser traduzido no fato de que no corpo $\mathbb{F}_p$ esse polinômio é de grau k. Então o teorema está dizendo que tal polinômio no corpo $\mathbb{F}_p$ possui no máximo k raízes.

4.6 Exercícios do capítulo 4

As soluções e comentários dos 67 exercícios seguintes e questões são encontradas no livro [Sho 457].

(1) Sejam a, b números inteiros, $m > 1$ e n números naturais. Mostre que a congruência $a \equiv b (mod\ m)$ implica que $a^n \equiv b^n (mod\ m)$.

(2) Por meio da congruência entre números inteiros ache o resto da divisão de 7^{901} por 6 e outra vez por 8.

(3) Por meio da congruência entre números inteiros, calcule o resto da divisão de 81^{900} pelos seguintes números: $2, 8, 9$ e 10.

(4) Por meio da congruência entre números inteiros, calcule o resto da divisão de 301^{2001} por 2 e 3, e desses deduza o resto da divisão por 6.

(5) Sejam a e b dois números inteiros tal que o resto da divisão deles por um número inteiro $m > 1$ é 1. Mostre que o resto da divisão de produto ab por m também é 1.

(6) Suponhamos que p e q são dois números primos distintos e a um número inteiro. Mostre que se o resto da divisão de a por p, e por q é 1, então o resto da divisão de a por pq também é 1.

(7) Mostre que se o resto da divisão de um número inteiro a por um número natural $m > 1$ é 1 então, para todo número natural n o resto da divisão de a^n por m também é 1.

(8) Mostre que se os restos da divisão de dois números inteiros a e b por um número natural $m > 1$ são iguais, então o resto da divisão de $a - b$ por m é zero.

(9) Calcule o resto da divisão de $2001^{543} - 12351^{4231}$ por 50.

(10) O critério da divisão por 2. Mostre que um número natural n é divisível por 2 se, e somente se, a sua unidade é divisível por 2.

(11) O critério da divisão por 3. Mostre que um número natural n é divisível por 3 se, e somente se, a soma de seu algarismo é divisível por 3.

(12) O critério da divisão por 5. Mostre que um número natural n é divisível por 5 se, e somente se, a sua unidade é zero ou 5. Isso é o mesmo que dizer que a sua unidade é divisível por 5.

(13) Ache uma regra para definir quando um número natural é divisível por 7.

(14) Ache uma regra para definir quando um número natural é divisível por 11.

(15) O critério da divisão por 6. Mostre que um número natural é divisível por 6 se, e somente se, ele é divisível por 2 e por 3.

(16) Calcule o oposto de todas as classes de $\mathbb{Z}/20\mathbb{Z}$.

(17) Faça a tabela das classes inversíveis de $\mathbb{Z}/20\mathbb{Z}$.

(18) Seja p um número primo ímpar. Qual é a inversa da classe $< \frac{p-1}{2} >_p$?

(19) Mostre que, se p é um número primo, então todas as classes não nulas $< a >_p$ de $\mathbb{Z}/p\mathbb{Z}$ são inversíveis.

(20) Mostre que, se a é um número natural tal que $a^2 \equiv 1(mod\ p)$ e se, p é um número primo, então $< p - a >_p$ é unipotente.

(21) Mostre que o produto de quaisquer duas classes inversíveis $< a >_m$ e $< b >_m$ é uma classe inversível em $\mathbb{Z}/m\mathbb{Z}$.

(22) Mostre que em geral a soma de duas classes inversíveis $< a >_m$ e $< b >_m$ não é uma classe inversível em $\mathbb{Z}/m\mathbb{Z}$ (basta dar um exemplo).

(23) Mostre que uma classe $< a >_m$ é unipotente se, e somente se, $[a, m] = 1$, e $< a >_m^2 = < 1 >_m$.

(24) Determine todas as classes unipotentes de $\mathbb{Z}/44\mathbb{Z}$.

(25) Mostre que quando p é um número primo, então $< p - 1 >_p$ é uma classe unipotente.

(26) Mostre que quando p é um número primo, a única classe unipotente de $\mathbb{Z}/p\mathbb{Z}$ é $< p-1 >_p$.

(27) Mostre que para todo número natural n, e todo número primo p vale a congruência:

$$(p+1)^n \equiv 1(mod\ p)$$

(28) Calcule $\varphi(20), \varphi(30), \varphi(60), \varphi(80)$ e $\varphi(2006)$.

(29) Calcule $\varphi(\varphi(30)), \varphi(\varphi(60)), \varphi(\varphi(80))$ e $\varphi(\varphi(2006))$.

(30) Faça uma avaliação de quanto as desigualdades $\varphi(m \cdot n) \geq \varphi(m)$ e $\varphi(m \cdot n) \geq \varphi(n)$ para dois números naturais são verdadeiras.

(31) Mostre que para todo número natural $n > 2$ o número $\varphi(n)$ é par.

Sugestão: Considere dois casos $n = 2^k$ com $k > 1$ e $n = p^k$, para um número primo ímpar.

(32) Quantos números naturais a e b entre 1 e 10 existem tal que vale a igualdade $\varphi(a+b) = \varphi(a) + \varphi(b)$? Ache-os.

(33) *O* n-ésimo potência *de* φ. Definimos o n-ésimo potência φ^n da função de Euler φ para um número natural m como:

$$\varphi^n(m) = \varphi \circ \varphi \circ \cdots \circ \varphi(m),\ n \text{ vezes a composição consigo mesma.}$$

Isso é o mesmo que $\varphi^n(m) = \varphi(\varphi(\cdots \varphi(m)) \cdots)$ n vezes. Calcule $\varphi^6(120)$.

(34) Demonstre, pelo menos duas maneiras, que para todo número natural $n > 2$ vale a desigualdade $n > \varphi(n)$.

Sugestão: Uma das maneiras pode ser baseada no fato de que se p é um número primo e α um número natural então $p^\alpha > \varphi(p^\alpha)$.

(35) Mostre que quando n é um número natural e m um número natural suficientemente grande, então $\varphi^m(n) = 1$.

(36) Dê uma estimativa para o número m em relação a n no exercício precedente.

(37) Calcule $\varphi(10!)$. É possível dar uma fórmula geral para o cálculo de $\varphi(n!)$?

(38) Seja p um número primo. Mostre que $\varphi(p)^2 < \varphi(p^2)$.

(39) Seja p um número primo e $\alpha \in \mathbb{N}$. Mostre que $\varphi(p^\alpha)^2 < \varphi(p^{2\alpha})$.

(40) Seja $n \in \mathbb{N}$. É verdadeira que $\varphi(n)^2 \leq \varphi(n^2)$?

(41) Seja $n \in \mathbb{N}$ e p um número primo. Mostre que $\varphi(p)^n \leq \varphi(p^n)$.

(42) É verdadeiro que para todo número natural m e n vale a desigualdade $\varphi(m)^n \leq \varphi(m^n)$?

(43) Sejam $a, n \in \mathbb{N}$ e $[a, n] = 1$. Mostre a seguinte desigualdade de triângulo: $\varphi(an) \leq a\ \varphi(n)$.

(44) Usando o Pequeno Teorema de Fermat verifique se 81 é um número primo.

(45) Usando o Teorema de Euler verifique se $[32, 6] = 1$.

(46) Produto escalar. Para um número natural k e uma classe $< a >_m$ definimos o produto escalar $k < a >_m$ como a soma de $< a >_m$ consigo mesma k vezes. Portanto:

$$k < a >_m = a +_m a +_m a +_m \cdots +_m a \ \ (k \text{ vezes})$$

(1) Mostre que para toda classe $< a >_m$ vale a igualdade $m < a >_m = < 0 >_m$.

(2) Mostre que $k < a >_m = < ka >_m$.

(47) Ideal de $\mathbb{Z}/m\mathbb{Z}$. Da mesma forma que foi definido o ideal de $\mathbb{Z}$ pode se definir ideal de $\mathbb{Z}/m\mathbb{Z}$. Um subconjunto não vazio I de $\mathbb{Z}/m\mathbb{Z}$ é um ideal de $\mathbb{Z}/m\mathbb{Z}$ se, e somente se, valem as seguintes condições:

(1) Para toda $< a >_m, < b >_m \in I$ vale $< a >_m + < b >_m \in I$;

(2) Para toda $< x >_m \in \mathbb{Z}/m\mathbb{Z}$, e toda $< a >_m \in I$ vale:

$$< x >_m \cdot_m < a >_m \in I$$

(a) Mostre que $I = \{< 0 >_m, < 2 >_m, < 4 >_m, < 6 >_m\}$ é um ideal de $\mathbb{Z}/8\mathbb{Z}$.

(b) Mostre que o conjunto $\{< 0 >_m, < 2 >_m\}$ não é um ideal de $\mathbb{Z}/8\mathbb{Z}$.

(c) Ache um ideal de $\mathbb{Z}/15\mathbb{Z}$ que contenha a classe $< 3 >_{15}$.

(48) Mostre que todo ideal de $\mathbb{Z}/m\mathbb{Z}$ possui a classe $< 0 >_m$.

(49) Mostre que, se uma classe $< a >_m$ de um ideal I é inversível então $I = \mathbb{Z}/m\mathbb{Z}$.

(50) Mostre que todo conjunto $\mathbb{Z}/m\mathbb{Z}$, possui dois ideais, o ideal nulo $\{< 0 >_m\}$ e o ideal $\mathbb{Z}/m\mathbb{Z}$.

(51) Mostre que, se p é um número primo, então o único ideal não nulo de $\mathbb{Z}/p\mathbb{Z}$ é ele mesmo.

(52) Ache os elementos inversíveis de $\mathbb{Z}/15\mathbb{Z}$, $\mathbb{Z}/18\mathbb{Z}$ e $\mathbb{Z}/50\mathbb{Z}$.

(53) Criptografia *RSA*. Na criptografia de chave pública RSA são encontradas congruências de forma

$$a^{(p-1)(q-1)} \equiv 1 (mod\ pq) \tag{4.27}$$

Nesta congruência p e q são números primos e $p \neq q$, e a é um número inteiro coprimo com p e com q.

(1) Mostre que vale a congruência (4.27).

Sugestão: Pode ser aplicado o Pequeno Teorema de Fermat.

(2) Mostre que a congruência anterior representa uma generalização do Teorema de Euler, aos números primos.

(3) Mostre a seguinte forma geral do Teorema de Euler para vários números primos distintos $p_1, p_2, \cdots, p_k$ e um número inteiro a coprimo com eles:

$$a^{\varphi(\prod_{i=1}^{k} p_i)} \equiv 1(mod\ \prod_{i=1}^{k} p_i) \qquad (4.28)$$

(54) Relação de equivalência. As seguintes propriedades determinam que congruência e equivalência entre polinômios inteiros são uma relação de equivalência.

(1) Propriedade reflexiva. Mostre que para todo polinômio inteiro f, e todo número natural $m > 1$ valem $f \equiv f(mod\ m)$ e $f{\sim}f(mod\ m)$.

(2) Propriedade simetria. Mostre que para todo polinômio inteiro f, g e todo número natural $m > 1$ vale a seguinte: Se $f \equiv g(mod\ m)$, então $g \equiv f(mod\ m)$, e se $f{\sim}g(mod\ m)$ então, $g{\sim}f(mod\ m)$.

(3) Propriedade transitiva. Mostre que para todo polinômio inteiro f, g, h, e todo número natural $m > 1$ vale a seguinte: Se $f \equiv g(mod\ m)$, e $g \equiv h(mod\ m)$, então $f \equiv h(mod\ m)$, e se $f{\sim}g(mod\ m)$ e $g{\sim}h(mod\ m)$, então $f{\sim}h(mod\ m)$.

(55) Verifique se os polinômios $f(x)$ e $g(x)$ são congruentes módulo $m > 1$ um número inteiro:

(1) $f(x) = 2x^5 + 2x^3 + x^2 + 1, g(x) = 2x^4 + x^2 + 1$ para $m = 2$;

(2) $f(x) = 100x^2 + 1, g(x) = 6x^3 + x^2 - 2$ para $m = 3$;

(56) Verifique se os seguintes polinômios $f(x)$ e $g(x)$ são equivalentes módulo um inteiro $m > 1$:

(1) $f(x) = x^3, g(x) = x$ para $m = 3$;

(2) $f(x) = x^3 + 3x^2 + 3x + 1, g(x) = x + 1$ para $m = 3$;

(3) $f(x) = x^5 - 5x^4 + 10x^3 - 10x^2 + 5x - 1, g(x) = x - 1$ para $m = 5$;

(4) $f(x) = x^4 + 4x^3 + 6x^2 + 4x + 1, g(x) = x + 1$ para $m = 2$;

(57) É verdadeiro que os polinômios do exercício precedente são congruentes módulo m, respectivamente?

(58) Dê uma justificativa geral matemática para o fato de que, quando $m = p$ é um número primo, o Teorema de Fatoração ou Teorema de Lagrange são resultados semelhantes com os conhecidos na teoria de polinômios reais e complexos.

Sugestão: No $\mathbb{R}$ e $\mathbb{C}$ todo elemento não nulo é inversível. Neste sentido esses conjuntos são corpos, em particular no corpo $\mathbb{C}$ vale o Teorema Fundamental da Álgebra. Veja também o que foi explicado na parte de corpos finitos acima.

(59) Mostre que os polinômios $x^3 - x$ e $-2x$ são equivalentes módulo 2.

(60) Mostre que os polinômios $x^3 - 3x^2 + 2x$ e $-3x$ são equivalentes módulo 3.

(61) Mostre que os polinômios $\prod_{k=0}^{m-1}(x - k)$ e $-mx$ são equivalentes módulo um número inteiro $m > 1$.

(62) Seja $m > 1$ um número natural. Ache as raízes módulo m dos seguintes polinômios $f(x)$, caso elas existem:

(1) $f(x) = x^2 - 2$ para $m = 3, m = 7$ e $m = 14$;

(2) $f(x) = x^2 + 2$ para $m = 3, m = 7$ e $m = 14$;

(3) $f(x) = x^3 - 1$ para $m = 7$.

(63) Ache uma raiz β módulo 7 de polinômio $f(x) = x^3 - 1$ e aplique o Teorema de Fatoração a este polinômio para mesmo $m = 7$.

(64) Mostre que para todo número de Fermat F_n vale a seguinte:

$$F_n \equiv 2 \ (mod\ 3)$$

Sugestão: Pode ser aplicada Indução Matemática.

(65) Números pseudoprimos. A definição de números pseudoprimos é dada logo antes do Exemplo 4.36. Mostre que o número 561 é pseudoprimo.

Sugestão: Para verificar que $2^{560} \equiv 1(mod\ 561)$, primeiro observe que $561 = 3 \cdot 11 \cdot 17$. Podemos escrever que $2^{560} = (2^{10})^{56}$. Mas temos que $2^{10} = 1024$ e $1024 \equiv 1(mod\ 3)$ e também $1024 \equiv 1(mod\ 11)$. Mas, $1024 \not\equiv 1(mod\ 17)$. Para superar essa, considere $2^{560} = (2^{16})^{35}$. Mas, temos que $2^{16} = 65536$. Por outro lado, $65536 \equiv 1(mod\ 17)$. Agora pode ser deduzido que o número 561 é pseudoprimo.

(66) Mostre que os números seguintes são pseudoprimos:

$$341, 561, 645, 1105$$

(67) Seja n um número pseudoprimo e a um número inteiro, tal que, $[n, a] = [n, a + 1] = 1$. Mostre que vale a congruência seguinte:

$$(a + 1)^n \equiv a^n + 1(mod\ n)$$

Sugestão: Valem as seguintes:

$$a^n \equiv a(mod\ n), (a + 1)^n \equiv a + 1 \ (mod\ n)$$

4.6.1 Os seguintes são acrescentados para a segunda edição do livro

(68) Matrizes podem ter um papel fundamental na resolução de certos problemas em teoria dos números, como é o caso da famosa solução de Último Teorema de Fermat por Andrew Wiles (veja, por exemplo, livros [Sho ubh], [Sho gh]) As matrizes na sua forma mais simples foram introduzidas na sessão 3.8.1, do capítulo anterior. A definição de congruência entre números inteiros pode ser estendida às matrizes com facilidade.

Seja $m > 1$ um número natural. Dizemos que duas matrizes inteiras $A = \begin{bmatrix} a_1 & a_2 \\ a_3 & a_4 \end{bmatrix}$ e $B = \begin{bmatrix} b_1 & b_2 \\ b_3 & b_4 \end{bmatrix}$ são matrizes congruentes módulo m se, e somente se, as suas entradas correspondentes são congruentes módulo m como números inteiros. Neste caso escrevemos $A \equiv B(mod\ m)$.

Isso é o mesmo que dizer que $a_i \equiv b_i(mod\ m)$ para $i = 1,2,3,4$.

Mostre que com respeito das operações de soma e multiplicação a congruência módulo m de duas matrizes congruentes módulo m, a congruência é preservada.

(69) Com os dados do exercício anterior, a soma dos elementos de diagonal de matriz, neste caso $a_1 + a_4$ é chamada o traço de matriz A. E ele é denotado $tr(A)$. Mostre que se $A \equiv B(mod\ m)$ então $tr(A) \equiv tr(B)(mod\ m)$, e $\det A \equiv \det B\,(mod\ m)$.

(70) Verifique se a Lei de Cancelamento para congruência entre números inteiros também vale para congruência entre matrizes inteiras.

(71) Sejam A e B duas matrizes inteiras 2×2. É verdadeiro que se $m > 1$ é o máximo divisor comum de A e é igual o máximo divisor comum de B (veja Exercício 92 do capítulo anterior), então $A \equiv B(mod\ m)$.

(72) Mostre que se A é uma matriz inteira e $\det A = 1$, então existe uma matriz inteira B tal que $AB = BA = 1$. Neste caso a matriz B é chamada de inversa da matriz A. Mostre que B é unicamente determinada pela A. Ache a

forma geral de B se a matriz $A = \begin{bmatrix} a & b \\ c & d \end{bmatrix}$. Pode achar todas as matrizes A e B ambas 2×2 tal que para um dado número natural $m > 1$ valeria a congruência $A \equiv B(mod\ m)$?

(73) Considere o conjunto das matrizes inteiras $\begin{bmatrix} a & b \\ c & d \end{bmatrix}$ e um número natural $m > 1$. Mostre que o subconjunto dessas matrizes onde $c \equiv 0(mod\ m)$ é fechado com respeito de multiplicação, e soma de matrizes. Mostre que quando o $\det \begin{bmatrix} a & b \\ c & d \end{bmatrix} = 1$, esse subconjunto também é fachado com respeito da inversão.

(74) O mesmo do exercício precedente pode ser dito para o subconjunto de matrizes onde $b \equiv 0(mod\ m)$?

(75) Neste exercício vamos definir a função φ, a função de Euler para matrizes inteiras 2×2 com determinantes não nulos. Definimos que $\varphi\left(\begin{bmatrix} a & b \\ c & d \end{bmatrix}\right) = \varphi(|\det \begin{bmatrix} a & b \\ c & d \end{bmatrix}|)$, onde no lado direito é função de Euler aplicado ao valor absoluto do determinante da matriz. Obviamente essa definição pode ser estendida às matrizes $n \times n$ em geral.

Sejam A e B duas matrizes inteiras 2×2. Mostre que $\varphi(AB) = \varphi(A)\varphi(B)$ se, e somente se $[\det A, \det B] = 1$.

(76) Baseado no exercício anterior, definimos que duas matrizes inteiras 2×2 com determinantes não nulos, é dito matrizes coprimos se, e somente se, os valores absolutos dos seus determinantes são coprimos. Obviamente essa definição pode ser estendida às matrizes gerais $n \times n$.

Ache todas as matrizes diagonais 2×2 inteiras com determinantes menores ou iguais a 60 que são coprimos com a matriz $A = \begin{bmatrix} -3 & 1 \\ 0 & 4 \end{bmatrix}$.

Sugestão: Uma matriz inteira diagonal é de forma $\begin{bmatrix} a & 0 \\ 0 & d \end{bmatrix}$. Para que essa matriz seja coprimo com a matriz A cuja determinante é -12, devemos escolher todas as possibilidades para a e d de modo que $[|-12|, |ab|] = [12, |ab|] = 1$. Notamos que $\varphi(12) = 4$, pois $E_{12} = \{1,5,7,11\}$ são os únicos números menores ou iguais a 12 que são coprimos com 12. Logo, as opções para o produto ad são claros. Por exemplo, a matriz $\begin{bmatrix} -5 & 0 \\ 0 & 11 \end{bmatrix}$ é coprimo com a matriz A e seu determinante não é maior que 60.

(77) No exercício precedente, existem exatamente quantas matrizes diagonais coprimos com A? Pode calcular essa quantidade utilizando somente a função de Euler para matrizes?

(78) Seja $m > 1$ um número natural. O subconjunto das matrizes inteiras $\begin{bmatrix} a & b \\ c & d \end{bmatrix}$ onde suas entradas de diagonal $a \equiv 0(mod\ m)$, $d \equiv 0(mod\ m)$ são fechadas com respeito da soma e multiplicação?

(79) Pela definição, o polinômio característico da matriz $A = \begin{bmatrix} a & b \\ c & d \end{bmatrix}$ é o polinômio de grau 2, $P_A(x) = \det[xI - A] = \det \begin{bmatrix} x-a & -b \\ -c & x-d \end{bmatrix}$. Isso é o mesmo que $P_A(x) = x^2 - (a+d)x + ad - bc = x^2 - tr(A) + \det A$.

Mostre que se A e B são duas matrizes congruentes módulo $m > 1$, então seus polinômios característicos também são congruentes módulo m.

(80) Seja $A = \begin{bmatrix} 1 & 2 \\ -1 & 3 \end{bmatrix}$ uma matriz inteira, e $m = 5$. Quantas matrizes inteiras 2×2 com determinante igual a 1 existem que são congruentes com A módulo 5?

(81) Considere a matriz $B = \begin{bmatrix} 2 & 2 \\ -1 & 2 \end{bmatrix}$. Quantas matrizes inteiras 2×2 com determinante igual a 1 existem que são congruentes com B módulo 5?

(82) Matrizes sobre corpos finitos. Seja $(\mathbb{Z}/3\mathbb{Z})^+ = \{0, 1, 2\}$ o corpo finito com 3 elementos onde os números $0, 1, 2$ são identificados com as classes $< 0 >_3, < 1 >_3, < 2 >_3$, respectivamente. Ache o conjunto de todas as matrizes 2×2 com entradas neste corpo. Ache todas as matrizes inversíveis

neste conjunto. Ache todas as matrizes com determinante 1, e com determinante 2.

Capítulo 5

Equações de Congruência

As equações diofantinas sempre foram fonte inspiradora para desenvolverem novas teorias, para solucioná-las, ou para mostrar que não possuem solução. A equação diofantina mais simples que neste livro foi considerada é a equação como $ax + my = b$. Essa equação, por sua vez, pode ser escrita como uma equação de congruência $ax \equiv b(mod\, m)$, na qual o objetivo é achar um ou todos os números módulo m para x que satisfazem essa equação, ou mostrar que ela não possui solução. De fato, as equações de congruências devem ter dois papéis importantes, serem um método para resolver equações diofantinas, ou terem aplicação própria em Teoria dos Números ou campos relevantes como Criptografia. Tudo isso mostra que estudo de equações de congruências é necessário para um eventual desenvolvimento de Teoria dos Números e suas aplicações.

Incialmente, para conseguirmos definir uma equação de congruência, devemos começar com um polinômio inteiro não nulo f de grau n, e, um número natural $m > 1$.

Definição 5.1. Uma equação de congruência é uma equação de forma:

$$f(x) \equiv 0(mod\, m) \tag{5.1}$$

O objetivo é achar os possíveis números x inteiro que satisfazem essa congruência. Neste sentido as soluções para x são classes do $(\mathbb{Z}/m\mathbb{Z})^+$, ou provar que a equação (5.1) não tem solução.

Quando o grau de $f(x)$ é zero, ele é um número constante não nulo a_0 e, neste caso, a equação (5.1) é reduzida a uma equação de congruência de números como $a_0 \equiv 0(mod\, m)$. Ela possui solução se, e somente se, $m|a_0$.

Quando $f(x)$ é um polinômio de grau 1, ele é de forma $f(x) = ax + b$. E neste caso a equação (5.1) será escrita como:

$$ax + b \equiv 0(mod\, m) \tag{5.2}$$

A equação de forma em (5.2) será nomeada a equação de congruência de grau um. Considerando essa equação e interpretando que m divide $ax + b$, ela pode ser reescrita como:

$$ax - my = -b \tag{5.3}$$

Logo, a existência de solução para as equações (5.2) e (5.3) são equivalentes, em outras palavras, se uma delas tiver solução, a outra também terá.

5.1 A equação de primeiro grau

Nesta sessão nos concentramos nas equações de congruências de primeiro grau. Elas são definidas pelos polinômios inteiros de grau 1. Nosso primeiro resultado é o seguinte teorema que oferece uma condição necessária e suficiente para que uma equação de grau 1 tenha solução.

Teorema 5.2. A equação do primeiro grau (5.2) tem solução se, e somente se $[a, m]|b$.

Demonstração. A existência de uma solução para equação (5.2) e a equação diofantina (5.3) são as mesmas. □

Definição 5.3. Quando na equação (5.2) ou (5.3) vale $[a, m] = 1$ a equação do primeiro grau $ax + b \equiv 0(mod\, m)$ é chamada equação afim.

O teorema anterior implica o seguinte corolário.

Corolário 5.4. Toda equação afim sempre possui uma única solução módulo m.

Demonstração. A existência da solução para a equação afim é uma consequência do teorema anterior. Para resolver uma equação afim como $ax + b \equiv 0(mod\, m)$, podemos escrevê-la como $ax \equiv -b(mod\, m)$, e multiplicar os dois lados por inversa de a módulo m. A existência da inversa de a módulo m é garantida pela definição precedente. Agora, seja essa inversa a^{-1}. Então, temos a seguinte:

$$a^{-1}ax \equiv -a^{-1}b(mod\, m) \tag{5.4}$$

Mas, $a^{-1}a \equiv 1\ (mod\, m)$, e portanto, $a^{-1}ax \equiv x(mod\, m)$. Então, a congruência (5.4) pode ser reescrita como:

$$x \equiv -a^{-1}b(mod\, m) \tag{5.5}$$

Isso não somente mostra que a equação afim tem solução, mas, explicitamente, determina a sua única solução desejada, que é $-a^{-1}b(mod\, m)$. A demonstração está completa. □

Com respeito de número das soluções da equação de primeiro grau, o seguinte teorema tem uma resposta completa.

Teorema 5.5. Quando a equação de primeiro grau $ax + b \equiv 0(mod\, m)$ tiver solução, existem exatamente tanto quanto o máximo divisor comum $[a, m]$ soluções incongruentes módulo m, e todas são dadas pela:

$$x = x_0 - \frac{mr}{[a,m]} \quad \text{Onde } 0 \leq r < [a, m] \tag{5.6}$$

O número x_0 é uma solução qualquer e é chamada solução inicial da referida equação.

Antes de demonstrar este teorema mencionamos que o resultado do teorema precedente com respeito de equações afins é de acordo com o resultado desse teorema, pois com respeito de equações afins sempre $[a, m] = 1$ pela definição. Portanto, a unicidade de solução é garantida e se encaixa no Teorema 5.5.

Demonstração do Teorema 5.5. Seja x_0 uma solução inicial para a equação (5.2). Vamos provar que então x da igualdade (5.6) também é uma solução para a mesma equação. Substituindo, temos que:

$$ax + b = ax_0 + \frac{amr}{[a,m]} + b$$

O fato de que $[a,m]|a$ implica que $\frac{amr}{[a,m]}$ é um múltiplo de m e, portanto, $ax_0 + b \equiv 0(mod\, m)$, que implica $ax + b \equiv 0(mod\, m)$ também. Vamos agora provar que todas as soluções da equação (5.2) são dadas pela fórmula (5.6). Se x_0 é uma solução inicial então $ax_0 - my_0 = -b$ para algum $y_0 \in \mathbb{Z}$. Logo,

$$ax + b = ax - ax_0 + my_0 = ax - (ax_0 - my_0) = ym,$$

pois as soluções de $ax + b \equiv 0(mod\, m)$ e $ax - my = -b$ são as mesmas. Daí, $a(x - x_0) = (y - y_0)m$. Agora, supondo que $[a,m] = d$, $a = a_1 d$, e $m = m_1 d$, a igualdade precedente pode ser reescrita como:

$$a_1 d(x - x_0) = (y - y_0)m_1 d$$

Isso é que:

$$a_1(x - x_0) = (y - y_0)m_1 \text{ Onde } [a_1, m_1] = 1$$

Portanto, $m_1|(x - x_0)$, então existe $k \in \mathbb{Z}$ tal que $x - x_0 = km_1 = \frac{km}{[a,m]}$. Logo,

$$x = x_0 + \frac{km}{[a,m]} \tag{5.7}$$

Para completar a demonstração aplicamos o Teorema da Divisão de Euclides a número k e número $[a,m]$. Temos que:

$$k = q[a,m] + r \text{ Onde } 0 \leq r < [a,m]$$

Substituindo k na igualdade (5.7) teremos $x = x_0 + qm + \frac{rm}{[a,m]}$. Lembrando que $qm \equiv 0(mod\ m)$ podemos observar que as soluções são de forma dada na fórmula (5.6). Quando r varia de 0 até $[a,m]$, o número x percorre $[a,m]$ números incongruentes módulo m. □

Exemplo 5.6. A equação $21x + 20 \equiv 0(mod\ 40)$ é uma equação afim, pois $[21,40] = 1$. Para resolvê-la podemos calcular o inverso de 21 módulo 40. Temos que $21^{-1} \equiv 21\ (mod\ 40)$, pois $21 \times 21 = 441$ e vale $441 \equiv 1(mod\ 40)$. Logo, tem se:

$$21^{-1} \cdot 21x \equiv -21^{-1} \cdot 21\ (mod\ 40)$$

Daí, $x \equiv -21 \cdot 20(\ mod\ 40)$ (pela fórmula 5.5). Após multiplicar $21 \cdot 20$ e notar que este produto é congruente com $20(mod\ 40)$. Temos a solução da referida equação $x \equiv 20(mod\ 40)$.

Na solução da equação do exemplo precedente, foi calculada a inversa 21^{-1} módulo 40 através de congruência $21t \equiv 1(mod\ 40)$. A única possibilidade para t é o número 21. Os únicos números entre 1 e 39 que são inversíveis módulo 40 são os seguintes, que são os $\varphi(40) = 16$ os números que são exatamente aqueles números naturais coprimos com 40:

$$1, 3, 7, 9, 11, 13, 17, 19, 21, 23, 27, 29, 31, 33, 37, 39$$

Os inversos desses números são respectivamente:

$$1, 27, 23, 9, 11, 37, 33, 19, 21, 7, 3, 29, 31, 17, 13, 39$$

Entre eles existem os seguintes diferentes de 1, que são iguais às suas inversas (unipotente). Eles são $9, 11, 19, 21, 39$.

Do ponto de vista teórico, a importância de uma equação de congruência de grau um está na resolução de uma equação diofantina como $ax - my = -b$, com incógnitas x, y. Uma equação diofantina como esta pode ser estudada no contexto de equações de congruências de forma

$ax + b \equiv 0(mod\ m)$. Essa é uma situação onde pode transferir o estudo de uma equação diofantina para uma equação de congruência e procurar sua solução no conjunto finito $\mathbb{Z}/m\mathbb{Z}$ em vez do conjunto infinito $\mathbb{Z}$, que é vantajoso.

Exemplo 5.7. Para resolver a equação diofantina $10x + 7y = 3$ podemos considerar duas opções de congruências e escolher uma delas. Ou $7y - 3 \equiv 0(mod\ 10)$ ou $10x - 3 \equiv 0(mod\ 7)$. Mas o conjunto $\mathbb{Z}/7\mathbb{Z}$ possui menos elementos do que o conjunto $\mathbb{Z}/10\mathbb{Z}$. Logo, é melhor escolher a segunda opção. Pelo fato de que $10 \equiv 3(mod\ 7)$, a equação $10x - 3 \equiv 0(mod\ 7)$ pode ser reescrita como $3x - 3 \equiv 0(mod\ 7)$. Sendo uma equação afim ela possui uma única solução $x \equiv 1(mod\ 7)$. Daí, a solução para x da equação diofantina referida é $x = 1 + 7k$ onde k varia em todo $\mathbb{Z}$. Substituindo na equação diofantina, teremos que $y = -1 - 10k$.

5.1.1 Equações de duas variáveis

A forma geral de uma equação de congruência de grau 1 e de duas variáveis é dada pela:

$$ax + by + c \equiv 0(mod\ m) \tag{5.8}$$

Esta equação pode ser estudada no contexto de uma equação diofantina de três incógnitas x, y e z dada pela forma geral:

$$ax + by + mz = c \tag{5.9}$$

Relembramos que o máximo divisor comum de três números inteiros a_1, a_2 e a_3 é definido pela regra associativa de recorrência:

$$[a_1, a_2, a_3] = [[a_1, a_2], a_3] \tag{5.10}$$

Com esses dados anunciamos o seguinte lema.

Lema 5.8. A equação diofantina $ax + by + mz = c$ possui solução se, e somente se $[a, b, m]|c$.

Demonstração. Primeiro, vamos supor que se a equação (5.9) tiver solução, vamos provar que então $[a, b, m]|c$. Se a equação (5.9) tiver solução, digamos x_0, y_0 e z_0, então teremos $ax_0 + by_0 + mz_0 = c$. Portanto, uma vez que $[a, b, m]$ divide os números a, b e m, então $[a, b, m]$ também divide a soma $ax_0 + by_o + mz_0 = c$. Logo, $[a, b, m]|c$. Segundo, vamos supor que vale a condição $[a, b, m]|c$ e provar que existe solução para a equação (5.9). Para fazer isso, considere o seguinte conjunto:

$$I = \{ax + by + mz \,|x, y, z \in \mathbb{Z}\}$$

Uma vez que x, y e z variam em todo $\mathbb{Z}$, o conjunto I se torna num ideal em $\mathbb{Z}$. Pelo que sabemos então existe um número natural g em I tal que $I = g\mathbb{Z}$. Também sabemos que podemos escolher valores para x, y e z tal que a, b e m sejam elementos de $g\mathbb{Z}$. Então, $g|a, g|b$ e $g|m$. Daí, $g|[a, b, m]$, que isso pode ser provado da mesma maneira de Proposição 1.28. Por outro lado, $[a, b, m]|c$, então $g|c$ também. Logo, $c \in g\mathbb{Z}$. Isso mostra a existência de números inteiros x_0, y_0 e z_0 satisfazendo a equação (5.9). □

Exemplo 5.9. A equação $2x + 4y = 1$ não possui solução. Mas, a equação $2x + 4y + 7z = 1$ tem solução, como $x_0 = -1, y_0 = -1$ e $z_0 = 1$. Equivalentemente a equação de congruência $2x - 1 \equiv 0(mod\ 4)$ não tem solução, mas $2x + 7z - 1 \equiv 0(mod\ 4)$. Tudo isso é uma consequência do fato de que $2 = [2, 4] \nmid 1$, mas $[2, 4, 7]|1$.

Uma maneira geral para resolver a equação de congruência (5.8) é o método de redução de variáveis, pelo qual uma solução dessa equação é determinada através da solução da equação $ax + c \equiv 0(mod\ m)$ ou da equação $by + c \equiv 0(mod\ m)$ que ambas possuem somente uma variável. Esse método será apresentado após o lema a seguir.

Lema 5.10. Seja $[a, b, m] = d$ e $[a, m] = d_1$. Então $[b, d_1] = d$ para todo número inteiro a, b e $m > 1$.

Demonstração. Pela definição d é o maior número natural que divide os números a, b e m. Por outro lado, tem-se que:

$$\big[[a,m],b\big] = [a,m,b] = [a,b,m] = \big[b,[a,m]\big] = [b,d_1] = d$$

A demonstração está completa. □

Método 5.11 (Redução de variáveis). Esse método consiste dos seguintes passos, e por eles pode resolver a equação (5.8),

$$ax + by + cz \equiv 0(mod\ m)$$

O objetivo desse método é de achar, pelo menos, uma solução para a referida equação.

Passo 1. Nomear $d = [a,b,m], d_1 = [a,m]$. Verificar se $d|c$. Suponhamos que $d|c$. Neste caso, iremos para o próximo passo;

Passo 2. Achar números r, s tal que $ar + ms = d_1$.

De fato, esses números r e s existem, pois pelo que sabemos $d_1 = [a,m]$ e obviamente $d_1|d_1$. Logo, a equação $au + mv = d_1$ terá solução, o número r será a solução para u e s a solução para v. Ou pode resolver a equação $au + mv = d_1$ usando a equação de congruência $au - d_1 \equiv 0(mod\ m)$.

Passo 3. Achar números r_1 e s_1, tal que $br_1 + d_1 s_1 = -c$.

Esses números r_1 e s_1 existem, pois $[b, d_1] = d$ e $d|c$, e logo a equação diofantina $bz + d_1 w = -c$ possui solução. Por sua vez, esta equação diofantina pode ser resolvida como a equação de congruência $bz + c \equiv 0(mod\ d_1)$.

Passo 4. Substituir d_1 obtido do Passo 2, em d_1 do Passo 3. Isso nos dará:

$$as_1 r + br_1 + ms_1 s = -c.$$

Isso quer dizer que:

$$as_1r + br_1 + c \equiv 0(mod\ m)$$

Passo final. Nomear as soluções $x = s_1r$ e $y = r_1$

Esses satisfazem a equação (5.8) pelo Passo 4.

Exemplo 5.12. Vamos resolver a equação seguinte:

$$4x + 7y - 5 \equiv 0(mod\ 14) \quad (5.11)$$

Seguindo os passos do método da redução de variáveis, começamos com $d = [4,7,14] = 1$. Logo, a equação (5.11) possui solução. Calculando $d_1 = [4,14] = 2$ temos que resolver a equação $4u + 14v = 2$ para achar r e s. Usando a equação de congruência $4x - 2 \equiv 0(mod\ 14)$ concluímos que $r = 4$ e $s = -1$. Calculando $d = [b, d_1] = [7,2] = 1$, temos então que resolver a equação $7z + 2w = 5$ para determinar r_1 e s_1. Para isso resolvemos a equação $7z - 5 \equiv 0(mod\ 2)$. Isso nos dará $r_1 = 1$ e $s_1 = -1$. Portanto, a solução da equação (5.11) é $x = rs_1 = -4$ e $y = r_1 = 1$. Essas respostas devem ser consideradas módulo 14. Em outras palavras, no conjunto $(\mathbb{Z}/14\mathbb{Z})^+$. Por isso, a solução $x = -4$ neste conjunto será $x \equiv 10(mod\ 14)$, e $y \equiv 1(mod\ 14)$.

Não foi elaborada a questão de quantidade de soluções para as equações de duas variáveis, e esta questão será respondida no seguinte teorema, pelo qual veremos que a equação (5.11) de fato possui 14 soluções módulo 14. Essas soluções serão contadas como número de pares (x, y) satisfazendo a referida equação módulo 14.

Teorema 5.13. Quando a equação de congruência $ax + by + c \equiv 0(mod\ m)$ possui solução, ela terá exatamente dm soluções como pares (x, y) incongruentes módulo m, onde $d = [a, b, m]$.

Antes de demonstrar este teorema vamos ter que definir e organizar alguns dados.

Seja $d_1 = [a, m]$ como antes. A equação $by + c \equiv 0(mod\ d_1)$ tem exatamente $d = [b, d_1]$ soluções incongruentes módulo d_1 para a variável y (veja Teorema 5.5). Denotaremos essas soluções por $y_1, y_2, \cdots, y_{d_1}$, escolhidos de tal forma que:

$$0 \leq y_i < d \text{ Para todo } i \in \{1, 2, \cdots, d\}$$

Para cada $i \in \{1, 2, \cdots, d\}$. Definimos:

$$Y_i = \{t_i = y_i + kd_1 | k = 0, 1, 2, \cdots (\frac{m}{d_1} - 1)\} \qquad (5.12)$$

Lema 5.14. Para cada $j \in \{1, 2, \cdots, d\}$ e $y \in Y_j$ valem as seguintes:

$$(1)\ bt_j = by_j + bkd_1 + c \equiv 0(mod\ m);$$

$$(2)\ 0 \leq y = y_j + kd_1 \leq y_j + m - d_1 < m.$$

Demonstração. O item (1) é uma consequência do fato de que y_j é uma solução de equação $by + c \equiv 0(mod\ d_1)$. O item (2) é consequência do fato de que $0 \leq y_j < d_1$ e k assume seu maior valor para $\frac{m}{d_1} - 1 = \frac{m-d_1}{d_1}$. Isso implica a demonstração. □

Corolário 5.15. Em cada conjunto Y_j existem $\frac{m}{d_1}$ números inteiros y tais que:

$$0 \leq y < m \text{ e } by + c \equiv 0(mod\ d_1) \qquad (5.13)$$

Lema 5.16. No total existem $\frac{md}{d_1}$ números inteiros y distintos satisfazendo a condição anterior (5.13).

Demonstração. Como temos d conjuntos Y_j, no total teremos $\frac{md}{d_1}$ números inteiros y satisfazendo a condição (5.13). □

Demonstração do Teorema 5.13. Como pelo Teorema 5.5 existem $d_1 = [a, m]$ soluções para a equação $ax + c \equiv 0(mod\ m)$, então pelo lema precedente existem $d_1 \cdot \frac{md}{d_1} = ma$ soluções para a equação em questão $ax + by + c \equiv 0(mod\ m)$. Isso completa a demonstração. □

Exemplo 5.17. Considere a seguinte equação de congruência que é a mesma que (5.11):

$$4x + 7y - 5 \equiv 0(\text{mod } 14) \qquad (5.14)$$

Como sabemos $d = [4, 7, 14] = 1$ e $m = 14$. Queremos achar as 14 soluções incongruentes módulo 14 e representá-las como pares (x, y). Seja $d_1 = [2, 14] = 2$. Estudamos a equação $7y - 5 \equiv 0(mod\ 2)$. Para essa o $y_1 = 1$ é a única solução. Neste caso os conjuntos Y_j resumem-se a um só conjunto:

$$Y_1 = \{y = 1 + 2k\ |k = 0, 1, \cdots, (\frac{14}{2} - 1)\}$$

$$= \{y = 1 + 2k|\ k = 0, 1, 2, 3, 4, 5, 6\}$$

$$= \{1, 3, 5, 7, 9, 11, 13\}$$

Os elementos de Y_1 são de dois a dois congruentes módulo 2. Substituindo os números do conjunto Y_1 para y na equação (5.14), sete equações são obtidas:

$$4x + 7k - 5 \equiv 0(mod\ 14), \qquad k = 1, 3, 5, 7, 9, 11, 13$$

Para todos esses valores de k têm-se que $7k - 5 \equiv 0(mod\ 14)$. Então para todos esses valores de k, todas as sete equações anteriores são da forma seguinte:

$$4x + 2 \equiv 0(mod\ 14)$$

E, essa equação possui $[4, 14] = 2$ soluções incongruentes módulo 14, que são $x_1 = 3, x_2 = 10$. Agora, as 14 soluções incongruentes módulo 14 da equação (5.14) serão denotadas pelos pares (x, y) onde x varia no conjunto

$\{3, 10\}$ que são soluções de $4x + 2 \equiv 0(mod\ 14)$, e y varia no conjunto Y_1. Portanto, os pares das soluções são:

$$(3,1), (10,1), (3,3), (10,3), (3,5), (10,5), (3,7), (10,7);$$

$$(3,9), (10,9), (3,11), (10,11), (3,13), (10,13).$$

Exemplo 5.18. Vamos resolver a equação $6x + 15y - 9 \equiv 0(mod\ 18)$ e achar todas as soluções dela. Começamos com $d = [6, 15, 18] = 3, d_1 = [6{,}18] = 6$ e a equação $15y - 9 = 0(mod\ 6)$. Essa equação possui $3 = [15, 6]$ soluções incongruentes módulo 6 e elas são: $y_1 = 1, y_2 = 3$, e $y_3 = 5$. Também temos que $\frac{m}{d_1} - 1 = \frac{18}{6} - 1 = 2$. A cada solução y_i para $i = 1, 2, 3$ está associado um conjunto Y_i, respectivamente, e eles são:

$$Y_1 = \{1 + kd_1 | k = 0, 1, 2\} = \{1, 7, 13\};$$

$$Y_2 = \{3 + kd_1 | k = 0, 1, 2\} = \{3, 9, 15\};$$

$$Y_3 = \{5 + kd_1 | k = 0, 1, 2\} = \{5, 11, 17\}.$$

Substituindo os números de Y_1 para y na equação $6x + 15y - 9 \equiv 0(mod\ 18)$, obtemos as três seguintes equações:

$$6x + 6 \equiv 0(mod\ 18);$$

$$6x + 6 \equiv 0(mod\ 18);$$

$$6x + 6 \equiv 0(mod\ 18)$$

que de fato são as mesmas. As soluções delas são: $x = 2, 5, 8, 11, 14, 17$. Então, a primeira lista de 18 soluções são as seguintes:

$$(2,1), (2,7), (2,13), (5,1), (5,7), (5,13);$$

$$(8,1), (8,7), (8,13), (11,1), (11,7), (11,13);$$

$$(14,1), (14,7), (14,13), (17,1), (17,7), (17,13).$$

Substituindo os números de Y_2 para y na equação $6x + 15y - 9 \equiv 0(mod\ 18)$, obtemos as seguintes três equações idênticas:

$$6x \equiv 0(mod\ 18);$$

$$6x \equiv 0(mod\ 18);$$

$$6x \equiv 0(mod\ 18)$$

cujas 6 soluções incongruentes módulo 18 são $x_1 = 0, x_2 = 3, x_3 = 6, x_4 = 9, x_5 = 12$, e $x_6 = 15$. Junto com os três números de Y_2 eles geram os seguintes pares de 18 soluções:

$$(0,3),(0,9),(0,15),(3,3),(3,9),(3,15);$$

$$(6,3),(6,9),(6,15),(9,3),(9,9),(9,15);$$

$$(12,3),(12,9),(12,15),(15,3),(15,9),(15,15).$$

Da mesma forma, para determinar a contribuição de 6 soluções obtidas através do conjunto Y_3 encontramos com três equações idênticas:

$$6x + 12 \equiv 0(mod\ 18);$$

$$6x + 12 \equiv 0(mod\ 18);$$

$$6x + 12 \equiv 0(mod\ 18)$$

com soluções incongruentes $x_1 = 1, x_2 = 4, x_3 = 7, x_4 = 10, x_5 = 13, x_6 = 16$. Logo, os 18 pares que representam as soluções dessas equações são:

$$(1,5),(1,11),(1,17),(4,5),(4,11),(4,17);$$

$$(7,5),(7,11),(7,17),(10,5),(10,11),(10,17);$$

$$(13,5),(13,11),(13,17),(16,5),(16,11),(16,17).$$

As três listas anteriores de cada um com 18 soluções incongruentes módulo 18 completam a lista de 54 soluções incongruentes módulo 18 da equação $6x + 15y - 9 \equiv 0(mod\ 18)$.

5.1.2 Sistema linear de equações de primeiro grau

Em geral, um sistema linear de k equações de congruências de primeiro grau é definido como um conjunto finito de equações todas com grau 1, com mesma incógnita, módulos m_i para $i = 1, 2, \cdots, k$. Portanto, tal sistema pode ser representado pelas seguintes equações:

$$\begin{cases} f_1(x) \equiv 0(mod\ m_1) \\ f_2(x) \equiv 0(mod\ m_2) \\ \quad\cdot \quad \equiv \quad \cdot \\ \quad\cdot \quad \equiv \quad \cdot \\ f_k(x) \equiv 0(mod\ m_k) \end{cases} \qquad (5.15)$$

onde, as funções $f_i(x)$ para $i = 1, 2, \cdots, k$ são polinômios inteiros de grau 1. Eles são de forma linear $a_i x + b_i$ de uma variável. A solução (as soluções) deve ser procurada no conjunto de números inteiros satisfazendo todas as equações módulos m_i para $i = 1, 2, \cdots, k$.

Para um sistema como (5.15) as perguntas gerais sobre equações são aplicáveis, de modo que pode se perguntar se o sistema possui solução, ou quantas soluções ele tem. Para responder tudo isso, devemos ainda entender que as soluções são módulos de mesmo número, ou não? Vamos considerar, antes de tudo, um exemplo de um caso particular, onde $k = 2$, e $m_1 = m_2$.

Exemplo 5.19. Podemos perguntar se o seguinte sistema de equações lineares possui solução:

$$\begin{cases} x - 3 \equiv 0(mod\ 5) \\ x - 4 \equiv 0(mod\ 5) \end{cases} \qquad (5.16)$$

Existem várias maneiras para responder esta pergunta. Avaliando teremos: (1) O sistema em questão pode ser reescrito como um sistema de duas equações diofantinas, da seguinte forma:

$$\begin{cases} x - 5y = 3 \\ x - 5z = 4 \end{cases}$$

Após subtrair a segunda equação da primeira, teremos:

$$5(z - y) = 1$$

Logo, chegaremos a uma impossibilidade de que $5|1$. Portanto, o sistema (5.16) não é solúvel. (2) Podemos subtrair a primeira equação de congruência da segunda equação no sistema (5.16), e obter:

$$1 \equiv 0(mod\ 5)$$

Isso é outra impossibilidade de que $5|1$. (3) Podemos somar as duas equações do sistema (5.16), e notar que:

$$2x - 7 \equiv 0(mod\ 5)$$

Ela é a mesma que:

$$2x - 2 \equiv 0(mod\ 5) \tag{5.17}$$

Logo, $x = 0$ é uma solução para a equação (5.17). Mas, isso de fato não implica que $x = 0$ é uma solução do sistema (5.16). Portanto, a soma das equações não fornece uma solução. (4) Podemos percorrer os elementos do conjunto $(\mathbb{Z}/5\mathbb{Z})^+ = \{0, 1, 2, 3, 4\}$ e testar se existe um número nesse conjunto que simultaneamente satisfaça as duas equações de sistema (5.16). Pode ser testado e observado que tal número não existe.

Nos primeiros dois casos do exemplo anterior ficou claro que o papel de diferença entre constantes -3 e -4 em relação a $m = 5$ é fundamental, pois $5 \nmid (-3 - (-4))$, ou seja, $5 \nmid 1$. Então, podemos provar o seguinte lema.

Lema 5.20. Seja:

$$\begin{cases} x + b_1 \equiv 0(mod\, m) \\ x + b_2 \equiv 0(mod\, m) \end{cases} \tag{5.18}$$

um sistema de duas equações de mesmo módulo. Então esse sistema tem solução se, e somente se $m|b_1 - b_2$.

Demonstração. Seja x_0 uma solução para este sistema. Logo, tem-se:

$$\begin{cases} x_0 + b_1 \equiv 0(mod\, m) \\ x_0 + b_2 \equiv 0(mod\, m) \end{cases}$$

Obviamente, após subtração as equações, temos que $b_1 - b_2 \equiv 0(mod\, m)$ e logo, $m|b_1 - b_2$. Reciprocamente, notamos que cada equação do sistema tem solução, vamos provar que quando $b_1 - b_2 \equiv 0(mod\, m)$ o referido sistema possui solução. Se x_1 e x_2 são respectivamente as soluções da primeira e da segunda equação do sistema, se cada um satisfaz ambas as equações então qualquer um deles é a solução do sistema, mas se não, então eles não são iguais ao módulo m. Isto é $x_1 \not\equiv x_2(mod\, m)$. Agora subtraídas as congruências $x_1 + b_1 \equiv 0(mod\, m)$ e $x_2 + b_2 \equiv 0(mod\, m)$, teremos que $x_1 - x_2 \equiv 0(mod\, m)$. Isso é uma contradição à suposição de que x_1 e x_2 não são congruentes módulo m. Isso implica a demonstração do lema. □

Pelo método empregado na demonstração anterior, e usando Indução Matemática, podemos provar o teorema a seguir:

Teorema 5.21. O sistema linear seguinte de k equações tem solução se, e somente se, $m|b_i - b_j$ para todo $i, j = 1, 2, \cdots, k$, e neste caso, a solução é única módulo m:

$$\begin{cases} x + b_1 \equiv 0(mod\, m) \\ x + b_2 \equiv 0(mod\, m) \\ \quad\cdot \quad \equiv \quad \cdot \\ \quad\cdot \quad \equiv \quad \cdot \\ x + b_k \equiv 0(mod\, m) \end{cases} \tag{5.19}$$

Exemplo 5.22. Neste exemplo acharemos uma solução para o sistema a seguir:

$$\begin{cases} x-6 \equiv 0(mod\ 10) \\ x+4 \equiv 0(mod\ 10) \\ x-26 \equiv 0(mod\ 10) \end{cases}$$

Neste sistema $b_1 = -6, b_2 = 4, b_2 = -26$ e $m = 10$. Temos que $10|-6-4, 10|-26+6$. Logo o sistema possui solução e pelo lema anterior temos que $x \equiv 6(mod\ 10)$.

5.1.3 Sistema com módulos diferentes

Um caso interessante é quando os módulos num sistema linear são diferentes. Neste caso anunciamos o próximo teorema cuja demonstração pode ser encontrada no livro [SSG] páginas 90-95. Pelo fato de que os coeficientes das maiores potências de x são todos iguais a 1, chamaremos o sistema seguinte de sistema mônico.

$$\begin{cases} x+b_1 \equiv 0(mod\ m_1) \\ x+b_2 \equiv 0(mod\ m_2) \\ \quad\cdot \quad \equiv \quad \cdot \\ \quad\cdot \quad \equiv \quad \cdot \\ x+b_k \equiv 0(mod\ m_k) \end{cases} \tag{5.20}$$

Notamos que esse sistema é o mesmo sistema (5.19) se todos os módulos fossem iguais.

Teorema 5.23 (sistema mônico). O sistema mônico (5.20) possui solução se, e somente se, para todo $i, j = 1, 2, \cdots, k$ vale a seguinte condição:

$$[m_i, m_j] | b_i - b_j$$

Quando esse sistema admite solução, a solução é única módulo o múltiplo comum $< m_1, m_2, \cdots, m_k >$.

Usaremos este teorema para definir e estudar sistemas afins.

Definição 5.24. Um sistema afim é um sistema de equações lineares de congruências cujas equações são todas afins.

De acordo com essa definição, um sistema afim de k equações pode ser representado como o seguinte sistema:

$$\begin{cases} a_1x + b_1 \equiv 0(mod\ m_1) \\ a_2x + b_2 \equiv 0(mod\ m_2) \\ \quad \cdot \quad \equiv \quad \cdot \\ \quad \cdot \quad \equiv \quad \cdot \\ a_kx + b_k \equiv 0(mod\ m_k) \end{cases} \tag{5.21}$$

onde para todo $i = 1, 2, \cdots, k$ vale $[a_i, m_i] = 1$ pelo fato de que cada equação é afim.

Contrário aos resultados anteriores, um sistema afim como (5.21) pode não ter solução. Veja o exemplo a seguir.

Exemplo 5.25. Considere o seguinte sistema afim:

$$\begin{cases} x + 1 \equiv 0(mod\ 2) \\ x + 2 \equiv 0(mod\ 4) \end{cases}$$

Esse sistema pode ser interpretado como o seguinte sistema de duas equações e três incógnitas:

$$\begin{cases} x + 1 = 2y \\ x + 2 = 4z \end{cases}$$

Subtraindo a primeira equação da segunda, encontramos com a igualdade $1 = 2(y - 2z)$. Essa é obviamente uma igualdade impossível, pois 2 não pode dividir 1. Uma razão para não solubilidade desse sistema afim é o fato de que os módulos das equações não são números coprimos, pois $[2, 4] = 2 \neq 1$. Também, tentando mudar as equações para o mesmo módulo neste caso, o mínimo múltiplo comum é usado e neste caso $< 2, 4 > = 4$. Então, após multiplicar a primeira equação por 2 teremos o seguinte sistema novo:

$$\begin{cases} 2x + 2 = 4y \\ x + 2 = 4z \end{cases}$$

Subtraindo a segunda equação da primeira, teremos a equação $x \equiv 0(mod\ 4)$. Mas, isso não satisfaz o sistema mencionado. Isso pode ser consequência do Teorema 5.23, ou uma justificativa para mostrar que a condição do coprimalidade entre os módulos é fundamental para validade daquele teorema.

Quando os módulos são coprimos o seguinte teorema garante a existência da solução.

Teorema 5.26 (Teorema Chinês de resto). Suponhamos que no sistema afim (5.21) vale a condição de coprimalidade entre módulos, isto é, $[m_i, m_j] = 1$ para todo $i, j = 1, 2, \cdots, k$ com $i \neq j$. Então, para todos os números inteiros $b_1, b_2, \cdots, b_k$ o sistema (5.21) tem uma solução que é único módulo o múltiplo comum $M = \prod_{i=1}^{k} m_i$.

Demonstração. Como as equações do sistema afim são equações afins, após multiplicação dos coeficientes a_i por seus respectivos inversos a_i^{-1} módulo m_i para $i = 1, 2, \cdots, k$, chegamos a um sistema mônico como o seguinte:

$$\begin{cases} x + a_1^{-1}b_1 \equiv 0(mod\ m_1) \\ x + a_2^{-1}b_2 \equiv 0(mod\ m_2) \\ \quad . \qquad \equiv \qquad . \\ \quad . \qquad \equiv \qquad . \\ x + a_k^{-1}b_k \equiv 0(mod\ m_k) \end{cases} \tag{5.22}$$

Logo, pelo Teorema 5.23 existe uma única solução módulo M. □

Um método em passos para resolver o sistema (5.21) é o seguinte:

Método 5.27. Os seguintes passos são usados para resolução do sistema afim (5.21):

Passo 1. Multiplicar todas as equações por inversos de coeficientes do x, respectivamente. Isso nos leva ao sistema (5.22).

Passo 2. Considere o sistema (5.22). Denotando $c_i = a_i^{-1} b_i$ para todo $i = 1, 2, \cdots, k$. Substituindo os números c_i nas respectivas equações do sistema (5.22), teremos um sistema mônico de tipo (5.20).

Passo 3. Seja $n_i = \frac{M}{m_i} = m_1 \cdots m_{i-1} \cdots m_k$ que é produto de $k-1$ números. Então, para todo $i = 1,2, \cdots, k$ tem-se $[n_i, m_i] = 1$. Logo, n_i é inversível módulo m_i. Agora, seja n_i^{-1} o inverso de n_i módulo m_i, iremos para o próximo passo.

Passo 4. Definimos a seguinte fórmula (5.23):

$$x_0 = -c_1 n_1 n_1^{-1} - c_2 n_2 n_2^{-1} - \cdots - c_k n_k n_k^{-1} = -\sum_{i=1}^{k} c_i n_i n_i^{-1}$$

Passo 5. O seguinte lema mostra que o número x_0 é a única solução do sistema (5.21).

Isso é o fim do processo da resolução do sistema (5.21).

Lema 5.28. O número inteiro x_0 definido no passo 4 na fórmula (5.23) é a única solução do sistema (5.21).

Demonstração. Basta provar que x_0 satisfaz todas as equações do sistema (5.21). Observamos que $n_\ell n_\ell^{-1} \equiv 1 (mod\, m_\ell)$ para todo $\ell = 1, 2, \cdots, k$. Logo, $c_\ell n_\ell n_\ell^{-1} \equiv c_\ell (mod\, m_\ell)$. Mas, para todo $j \neq \ell$ tem se $c_j n_j n_j^{-1} \equiv 0\ (mod\, m_\ell)$, pois $m_\ell | n_j$. Portanto $x_0 = -\sum_{i=1}^{k} c_i n_i n_i^{-1} \equiv -c_i (mod\, m_i)$. Isso é o mesmo que $x_0 + c_i \equiv 0 (mod\, m_i)$ para todo $i = 1, 2, \cdots, k$. □

Exemplo 5.29. A seguir determinamos a solução do sistema:

$$\begin{cases} 2x + 4 \equiv 0 (mod\ 3) \\ 4x + 3 \equiv 0 (mod\ 5) \\ x + 1 \quad \equiv 0 (mod\ 7) \\ 5x + 6 \equiv 0 (mod\ 11) \end{cases}$$

Com os dados desse sistema aplicando o método anterior para a sua resolução tem-se $M = 1155, n_1 = 385, n_2 = 231, n_3 = 165,$ e $n_4 = 105$. Um cálculo simples mostra que $n_1^{-1} \equiv 1\ (mod\ 3), n_2^{-1} \equiv 1(mod\ 5)$, $n_3^{-1} \equiv 2(mod\ 7)$, e $n_4^{-1} \equiv 2\ (mod\ 11)$. Também outro cálculo simples mostra que:

$$a_1^{-1} = 2^{-1} \equiv 2\ (mod\ 3), a_2^{-1} = 4^{-1} \equiv 4(mod\ 5);$$

$$a_3^{-1} = 1^{-1} \equiv 1(mod\ 7), a_4^{-1} = 5^{-1} \equiv 9(mod\ 11).$$

Por outro lado, tem-se:

$$\begin{aligned} c_1 &= 2 \cdot 4 \equiv 8(mod\ 3) &\equiv 2(mod\ 3) \\ c_2 &= 4 \cdot 3 \equiv 12(mod\ 5) &\equiv 2\ (mod\ 5) \\ c_3 &= 1 \cdot 1 \equiv 1\ (mod\ 7) &\equiv 1(mod\ 7) \\ c_4 &= 9 \cdot 6 \equiv 54(mod\ 11) &\equiv 10(mod\ 11) \end{aligned}$$

Logo, vale a seguinte resposta final:

$$x_0 = -2 \cdot 385 \cdot 1 - 2 \cdot 231 \cdot 1 - 1 \cdot 165 \cdot 2 - 10 \cdot 105 \cdot 2$$

$$= -770 - 462 - 330 - 2100 = -3662 \equiv 985(mod\ 1155)$$

O leitor interessado poderia verificar que o número 958 satisfaz todas as quatro equações do sistema precedente e seus respectivos módulos números m_i para $i = 1, 2, 3, 4$.

5. 2 As equações exponenciais

As equações exponenciais para os leitores que estão familiarizados com o curso de Cálculo devem ser mais compreensíveis, as funções exponencial e logaritmo andam juntas, pois uma é a inversa de outra como duas funções. O uso de logaritmo é importante na resolução de certas equações exponenciais. Nesta sessão e na próxima será apresentada a função logaritmo discreto. A palavra "discreto" é por causa de domínio dessa função seja o conjunto discreto de números inteiros.

Para conseguirmos explicar o logaritmo discreto, iniciamos esta sessão com o caso geral de uma equação exponencial.

O protótipo de uma equação exponencial de congruência é de forma:

$$g^x \equiv a \ (mod \ m) \tag{5.24}$$

Nesta congruência $m > 1$ é um número natural, a e g são números inteiros, e como uma equação x é a incógnita. É desejável determinar todas as soluções x módulo m. A seguir vamos considerar alguns casos desta equação.

Exemplo 5.30. Consideramos alguns casos especiais. (1) Se $g = a$, então $x = 1$ é uma solução para a equação (5.24). Quando $m = p$ é um número primo, e $a = g$ então, além de $x = 1$ a outra solução será $x = p$, pois pelo Teorema de Fermat $a^p \equiv a(mod \ p)$.

(2) Para $m = 7, a = 2, g = 3$ tem se $x = 2$ uma solução da equação $3^x \equiv 2(mod \ 7)$ que é única solução módulo 7.

5.2.1 Raiz primitiva

Para começar, quando $a = 1, g = 1$ um valor para x sempre existe que é uma solução óbvia (solução trivial) da equação (5.24). Este valor para a e g será desconsiderado na seguinte definição.

Definição 5.31. Uma raiz primitiva módulo m é um número natural $g \neq 1$ tal que $[g, m] = 1$, e tal que $\varphi(m)$ é o menor número satisfazendo a congruência $g^{\varphi(m)} \equiv 1(mod \ m)$. Em outras palavras, se $g^t \equiv 1(mod \ m)$, então $t \geq \varphi(m)$.

Exemplo 5.32. (1) O número $g = 3$ é uma raiz primitiva para $m = 7$. De fato, $\varphi(7) = 6$ é o menor número natural tal que $3^6 \equiv 1(mod \ 7)$. É fácil verificar que para todo número $t = 1, 2, 3, 4, 5$ tem-se $g^t \not\equiv 1(mod \ 7)$.

(2) O número $m = 8$ não possui raiz primitiva nenhuma. De fato, os candidatos para as raízes primitivas para este número podem ser $g = 3$, $g = 5$ e $g = 7$. Mas, para nenhum deles $\varphi(8) = 4$ é o menor número tal que $g^{\varphi(m)} \equiv 1(mod\ 8)$. Temos que $3^2 \equiv 1(mod\ 8), 5^2 \equiv 1(mod\ 8)$ e $7^2 \equiv 1\ (mod\ 8)$.

Definição 5.33. Seja a um número natural coprimo com o número natural $m > 1$. O expoente módulo m de a é o menor número natural t tal que $a^t \equiv 1(mod\ m)$.

Portanto, de acordo com essa definição, o expoente de uma raiz primitiva módulo m é sempre igual a $\varphi(m)$.

Lema 5.34. Se o expoente de a módulo m é igual a t, então $a^s \equiv 1(mod\ m)$ se, e somente se $t|s$.

Demonstração. Aplicamos o Teorema da Divisão de Euclides a t e s. Temos que $s = qt + r$, onde $0 \leq r < t$. Logo, valem as seguintes:

$$a^s = a^{qt+r} = a^{qt} \cdot a^r \equiv 1(mod\ m)$$

Em particular, isso implica que $a^r \equiv 1(mod\ m)$. Se $r \neq 0$ isso nos direciona a uma contradição, pois r é menor que t. Portanto, $r = 0$. Então $t|s$. A demonstração está completa. □

Notação 5.35. Denotaremos por $\exp_m(a)$ o expoente de a módulo m.

Veremos no último capítulo desse livro que o expoente é de fundamental importância no algoritmo de AKS para testar primalidade de números naturais.

5.2.2 O logaritmo discreto

O logaritmo discreto ou índice é uma consequência natural da equação exponencial.

Definição 5.36. Para um número natural a coprimo com m, e g uma raiz primitiva módulo m, definimos o índice de a módulo m na base g que também é chamado logaritmo discreto de a módulo m na base g como o único número $t \in \{1, 2, \cdots, \varphi(m)\}$ satisfazendo:

$$g^t \equiv a(mod\ m) \tag{5.25}$$

Notação 5.37. O índice ou logaritmo discreto de a é denotado $ind_g(a)$.

Exemplo 5.38. Considere a raiz primitiva $g = 3$ como no Exemplo 5.32. Ela é uma raiz primitiva de $m = 7$. Neste caso, podemos calcular o logaritmo discreto de número $a = 2$. Temos que encontrar $t \in \{1, 2, \cdots, \varphi(7) = 6\}$ tal que $3^t \equiv 2(mod\ 7)$. É claro que $ind_3(2) = 2$. Também podemos notar que $ind_3(3) = 1$, pois obviamente $3^1 \equiv 3\ (mod\ 7)$, e também $ind_3(4) = 4$, pois $3^4 \equiv 4(mod\ 7)$, ou $ind_3(5) = 5, ind_3(6) = 3$.

Exemplo 5.39. O número 3 é uma raiz primitiva módulo 19. A tabela seguinte determina os índices de $a = 1, 2, \cdots, 18$ módulo 19 na base 3. Na primeira linha da tabela são números a e na segunda são seus índices $ind_3(a)$:

a	1	2	3	4	5	6	7	8	9	10	11	12	13	14	15	16	17	18
$\text{Ind}_3(a)$	18	7	1	14	5	8	6	3	2	11	12	15	17	13	5	10	16	9

Antes de prosseguir os estudos sobre o logaritmo discreto, devemos responder duas perguntas: sempre existe o índice de a módulo m numa base g? Se ele existe, ele é único?

De fato, para um dado número natural $m > 1$ a existência de índice não é garantida, pois o índice é definido através de uma raiz primitiva módulo m, e o Exemplo 5.32 mostra que o número 8 não possui uma raiz primitiva: quais números possuem raiz primitiva?

Lema 5.40. Todo número primo possui uma raiz primitiva.

Demonstração. Veja o livro [SSG] Teorema 4.1.13 página 125. □

Antes de demonstrar a existência de logaritmo discreto, vamos provar que o logaritmo discreto é único.

Lama 5.41. Para um número natural a coprimo com um número natural $m > 1$, e uma raiz primitiva g, o índice de a módulo m na base g é único.

Demonstração. Vamos supor por absurdo que existem dois índices de a módulo m para a mesmo base g. Então, sejam $g^{t_1} \equiv a(mod\, m)$ e $g^{t_2} \equiv a(mod\, m)$. Logo, se os índices $t_1 \neq t_2$ um deles tem que ser maior do que outro. Sem perda de generalidade, podemos supor que $t_2 > t_1$. Então subtraindo as congruências, teremos $g^{t_2} - g^{t_1} \equiv 0(mod\, m)$. Portanto $g^{t_1}(g^{t_2-t_1} - 1) \equiv 0(mod\, m)$. Mas, $[m, g] = 1$. Daí $g^{t_2-t_1} \equiv 1(mod\, m)$. Isso é uma contradição, pois g é uma raiz primitiva e $t_2 - t_1 < \varphi(m)$. Logo, temos que ter $t_1 = t_2$. □

A unicidade de índice deve ser entendida no sentido de que eles são congruentes módulo $\varphi(m)$. Isso é o mesmo que $t_1 = t_2 + k\varphi(m)$ para algum número inteiro k. De fato, isso é a consequência de $g^{\varphi(m)} \equiv 1(mod\, m)$ sempre.

Lema 5.42. Para todo número natural a coprimo com um número natural $m > 1$ se exisitir uma raiz primitiva g módulo m o logaritmo discreto $ind_g(a)$ existe.

Demonstração. Baseado no Lema 5.40, para um número primo p coprimo com o número a podemos de imediato provar que a equação $g^t \equiv a(mod\, p)$ sempre tem solução. De fato, sendo $[a, p] = 1$ temos que a classe $< a >_p$ é inversível. Por outro lado, $< g >_p$ também é inversível pela mesma razão. Mas, as potências $< g >_p, < g^2 >_p, \cdots, < g^{\varphi(m)} >_p$ todas são de fato inversíveis módulo p. Por outro lado, como foi visto na demonstração do lema precedente, todas as classes $< g^i >_p$ para $i = 1, 2, \cdots, \varphi(p)$ são distintas. Logo, $< a >_p$ é igual a uma dessas classes.

Daí, $g^t \equiv a(mod\, p)$ para algum $1 \leq t \leq \varphi(p)$. A mesma ideia funciona para um número natural m em vez de um número primo p. □

Para número zero e inteiros negativos é possível definir logaritmo discreto? De fato pela Definição 5.36 se $a = 0$, obviamente para qualquer raiz primitiva g não existe um número natural t tal que $g^t \equiv 0(mod\, m)$, pois isso implica que $m|g$ é uma contradição com respeito de $[g, m] = 1$ (veja Definição 5.31).

Se a for um inteiro negativo nós podemos definir seu logaritmo discreto como o logaritmo discreto de seu valor absoluto. Por isso, vamos manter que a é um número natural.

5.2.3 Propriedades de logaritmo discreto

Para um número natural $m > 1$ e uma raiz primitiva dele g, o logaritmo discreto poderia ser visto como uma função associando a cada número natural a do conjunto E_m formado pelos números naturais coprimos com número m, um único número $ind_g(a)$ no conjunto dos números $\Delta_m = \{1, 2, \cdots, \varphi(m)\}$. Portanto, como uma função tem-se:

$$ind_g: E_m \to \Delta_m \qquad (5.26)$$

Essa é a função que queremos estudar nesta sessão. O lema precedente mostra que a função ind_g é sobrejetora. Ela é injetora quando o domínio dela é trocado pelo conjunto E_m de números coprimos entre 1 e m (veja Exercício 44 no final deste capítulo). Em particular, ela satisfaz as duas propriedades principais de função $\log x$ estudado em Cálculo. A propriedade de multiplicação e exponenciação.

Lema 5.43. Sejam n, e $m > 1$ números naturais, g uma raiz primitiva módulo m. Considere números naturais a e b tais que $[a, m] = [b, m] = 1$. Então, valem as seguintes propriedades de função ind_g:

(1) Se $a \equiv b(mod\, m)$, então vale a propriedade de congruência:

$$ind_g(a) \equiv ind_g(b)(mod\ \varphi(m))$$

(2) Vale a propriedade multiplicativa:

$$ind_g(ab) \equiv [ind_g(a) + ind_g(b)](mod\ \varphi(m))$$

(3) Vale a propriedade exponenciação:

$$ind_g(a^n) \equiv [n \cdot ind_g(a)](mod\ \varphi(m))$$

Demonstração. Seja $t_1 = ind_g(a)$ e $t_2 = ind_g(b)$. A definição do índice mostra que $g^{t_1} \equiv a(mod\ m)$ e $g^{t_2} \equiv b(mod\ m)$. Logo, pelo fato de que $a \equiv b(mod\ m)$ tem-se $g^{t_1} \equiv g^{t_2}(mod\ m)$. Supondo que $t_1 > t_2$ temos que $g^{t_1 - t_2} \equiv 1(mod\ m)$. Mas, pelo Lema 5.41 fica claro que $t_1 - t_2 \equiv 0(mod\ \varphi(m))$. Isso implica o resultado desejado no item (1). Para demonstrar o item (2) observamos que $ab \equiv g^{t_1}g^{t_2} \equiv g^{t_1+t_2}(mod\ m)$. Portanto, pela definição de índice temos que ou $t_1 + t_2$ é igual ao $ind_g(ab)$ ou ele é igual a $ind_g(ab)$ vezes um múltiplo de $\varphi(m)$. Em qualquer forma pelo Lema 5.41 concluímos o item (2). Da mesma maneira podemos provar o item (3). De fato, a congruência $g^{t_1} \equiv a(mod\ m)$ mostra que $g^{nt_1} \equiv a^n(mod\ m)$. Logo, concluímos o item (3). □

Exemplo 5.44. O único número cujo índice é $\varphi(m)$ é o número 1. Em resumo tem-se:

$$b^t \equiv 1(mod\ m) \Leftrightarrow t \cdot ind_g(b) \equiv \varphi(m)\big(mod\ \varphi(m)\big) \equiv 0(mod\ \varphi(m))$$

Essa também nos diz que:

$$b^t \equiv 1(mod\ m) \Leftrightarrow t \cdot ind_g(b) \equiv 0\ (mod\ \varphi(m))$$

Exemplo 5.45. Neste exemplo resolvemos a equação exponencial seguinte usando logaritmo discreto:

$$5y^{11} \equiv 8(mod\ 19)$$

O Exemplo 5.39 e a sua tabela mostra que 3 é uma raiz primitiva módulo 19 e $ind_3(5) = 4, ind_3(8) = 3$. Aplicamos o lema precedente à referida equação, e antes notamos que $\varphi(19) = 18$. Observamos que:

$$ind_3(5) + 11\, ind_3(y) \equiv ind_3(8)(mod\ 18)$$

Equivalentemente, podemos deduzir que:

$$4 + 11\, ind_3(y) \equiv 3\ (mod\ 18)$$

Essa é uma equação de congruência linear de grau 1 e de uma variável $ind_3(y)$. Facilmente é resolvida cuja resposta é $ind_3(y) = 13$ módulo 18. De novo usando a tabela do Exemplo 5.39, temos que o número cujo índice é 13 é exatamente 14. Portanto, $y = 14$. Isso quer dizer que $5 \cdot 14^{11} \equiv 8(mod\ 19)$.

Desta congruência podemos derivar várias outras, como por exemplo, que $9500 \cdot 14^{1811} \equiv 27\ (mod\ 19)$.

O exemplo anterior é um caso especial do seguinte resultado.

Lema 5.46. Sejam p um número primo, k e a números naturais. Seja $d = [k, \varphi(p)]$. Então a

$$x^k \equiv a\ (mod\ p) \tag{5.27}$$

tem solução se, e somente se, valesse a seguinte condição:

$$a^{\frac{\varphi(p)}{d}} \equiv 1\ (mod\ p) \tag{5.28}$$

Demonstração. Podemos utilizar o resultado final do Exemplo 5.44. Seja g uma raiz primitiva módulo p. Vamos supor que a equação (5.27) tenha solução. Então podemos aplicar o logaritmo discreto, e obter a seguinte equação linear:

$$k \cdot ind_g(x) \equiv ind_g(a)(mod\ \varphi(p))$$

Em particular, pela nossa suposição, esta equação possui solução para a incógnita $ind_g(x)$. Para provar a congruência (5.28), vamos provar que o índice $ind_g\left(a^{\frac{\varphi(p)}{d}}\right) \equiv 0 \left(mod\ \varphi(p)\right)$ (veja o resultado final do Exemplo 5.44). Mas, como $ind_g\left(a^{\frac{\varphi(p)}{d}}\right) = \frac{\varphi(p)}{d}\, ind_g(a)(mod\ \varphi(p))$. Então, pela congruência anterior, temos que:

$$ind_g\left(a^{\frac{\varphi(p)}{d}}\right) \equiv \frac{\varphi(p)}{d} \cdot k \cdot ind_g(x)\left(mod\ \varphi(p)\right) \equiv 0(mod\ \varphi(p))$$

Reciprocamente, se $ind_g\left(a^{\frac{\varphi(p)}{d}}\right) \equiv 0(mod\ \varphi(p))$ a equação (5.27) terá solução. □

O leitor atento talvez possa provar que no lema precedente o número primo p pode ser trocado por um número natural $m > 1$ e ainda o resultado do lema seja verdadeiro.

5. 3 Exercícios do capítulo 5

As soluções e comentários dos 54 exercícios seguintes e questões são encontradas no livro [Sho 457].

(1) Resolva a equação $x^2 - 1 \equiv 0(mod\ 8)$ e ache todas as suas soluções incongruentes módulo 8.

(2) Resolva a equação $x^2 + x + 1 \equiv 0(mod\ 8)$.

(3) É verdadeiro que as soluções módulo 8 de $x^3 - 1 \equiv 0(mod\ 8)$ são as mesmas que as de $(x-1)(x^2+x+1) \equiv 0(mod\ 8)$?

(4) Resolva a equação diofantina $301x + 2111y = 5$ por meio de uma equação de congruência.

Resposta: $x = -1592$ e $y = 227$.

(5) Resolva a equação diofantina $3x + 4y + 8z = 1$ usando uma equação de congruência, ache todas as suas soluções.

(6) Por meio de uma equação de congruência resolva a equação diofantina $x + y - 2xy = 1$.

(7) Por meio de uma equação de congruência resolva a equação diofantina $2x - y + 8xy = 2$.

(8) Mostre que a equação diofantina $x^2 - y^2 + x + y = 1$ não é solúvel. Isso quer dizer que não existem números inteiros para x e y satisfazendo essa equação.

(9) Resolva a equação diofantina $x^3 - 2x = 1$ usando uma equação de congruência. Faça o mesmo para $x^3 - 3x = 1$ e $2x^3 - 8x = 1$. Aqui a palavra diofantina está sendo usada no sentido de achar soluções em números inteiros.

(10) Resolva a equação diofantina $x^2 + y^2 - 3xy = 1$, usando uma equação de congruência.

(11) Ache todas as soluções da equação $21x - 30 \equiv 0(mod\ 33)$.

(12) Ache todas as soluções da equação $204x - 10 \equiv 0(mod\ 89)$.

(13) Mostre que se $f(x)$ é um polinômio sem termo constante a equação $f(x) \equiv 0(mod\ m)$ sempre possui solução, qualquer que seja $m > 1$ número natural.

(14) Mostre que a integral de todo polinômio $g(x)$ sempre tem solução na equação $g(x) \equiv 0(mod\ m)$ para todo número natural $m > 1$.

(15) Ache o menor número natural m para que a equação seguinte tenha solução: $2x + 8y - mz = 200$.

(16) Ache todas as soluções dos seguintes sistemas de equações diofantinas:

$$\begin{cases} 2x + 3y = 5 \\ -x + 4y = 3 \end{cases} \text{ e } \begin{cases} 2x + 3y = 5 \\ x + 4y = 3 \end{cases}$$

(17) Dê uma condição necessária e suficiente para que um sistema de duas equações diofantinas $a_1x + b_1y = c_1$ e $a_2x + b_2y = c_2$ tenha solução.

(18) Verifique que o sistema $\begin{cases} x - 3 \equiv 0 (mod\ 5) \\ x - 4 \equiv 0 (mod\ 5) \end{cases}$ não possui solução. Some as equações e mostre que a equação obtida tem solução módulo 5. Como justificar este fenômeno?

(19) Resolva o sistema $\begin{cases} x - 3 \equiv 0 (mod\ 5) \\ x - 4 \equiv 0 (mod\ 7) \end{cases}$ e ache a solução módulo 35. Em quantas maneiras pode resolvê-lo?

(20) Resolva o sistema $\begin{cases} 7x - 3 \equiv 0 (mod\ 5) \\ x - 4 \equiv 0 (mod\ 5) \end{cases}$

(21) Resolva o sistema $\begin{cases} 7x + 4y - 3 \equiv 0 (mod\ 5) \\ x + y - 4 \equiv 0 (mod\ 5) \end{cases}$

(22) Resolva se tiver solução a equação $3x^2 + 5 \equiv 0 (mod\ 10243)$.

(23) Resolva o sistema mônico seguinte de três equações:

$$\begin{cases} x - 1 \equiv 0 (mod\ 3) \\ x - 2 \equiv 0 (mod\ 5) \\ x - 4 \equiv 0 (mod\ 7) \end{cases}$$

(24) Resolva o sistema mônico seguinte de três equações:

$$\begin{cases} x - 8 \equiv 0 (mod\ 89) \\ x - 1 \equiv 0 (mod\ 11) \\ x - 5 \equiv 0 (mod\ 23) \end{cases}$$

Resposta: $x \equiv 6238 (mod\ 22517)$.

(25) Transforme a equação $7x - 23 \equiv 0(mod\ 2946701)$ em um sistema de três equações de congruência e resolva-o.

Sugestão: Decompor o módulo como produto de divisores primos e aplique o Teorema Chinês de Resto para formar um sistema e resolva-o.

(26) Resolva a equação de congruência de duas variáveis $8x + 9y - 3 \equiv 0(mod\ 10)$ e ache pelo menos, uma solução dela.

(27) Ache todas as soluções da equação do exercício precedente.

(28) Seja $a > 1$ um número natural. Resolva a seguinte equação e ache uma solução dela:

$$ax + (a + 1)y - a \equiv 0(mod\ a - 1)$$

De fato, ache todas as soluções.

(29) Verifique se a equação $83x + 234y - 210 \equiv 0(mod\ 1999)$ possui solução. Se tiver, ache pelo menos, uma das soluções.

(30) Resolva o sistema $\begin{cases} 2x + 3y - 1 \equiv 0(mod\ 8) \\ 3x + 5y - 2 \equiv 0(mod\ 8) \end{cases}$ e ache uma solução para ela.

Resposta: $x \equiv 7(mod\ 8)$ e $y \equiv 1(mod\ 8)$.

(31) Resolva o sistema de duas equações diofantinas $\begin{cases} 2x + 3y - 8z = 1 \\ 3x + 5y - 8z = 2 \end{cases}$.

Resposta: $x = -17, y = 9, z = -1$.

(32) Mostre que o sistema $\begin{cases} 2x + 4y - 3 \equiv 0(mod\ 7) \\ x + 2y - 10 \equiv 0(mod\ 11) \end{cases}$ não é solúvel.

Sugestão: Multiplique a primeira equação por 11 e a segunda por 7 e assim transforme o sistema anterior em um sistema com mesmos módulos, o módulo 77.

(33) Mostre que o seguinte sistema de equações possui infinitas soluções:

$$\begin{cases} 2x + 4y - 4 \equiv 0 (mod\ 5) \\ x + y - 1 \equiv 0 (mod\ 7) \end{cases}$$

Sugestão: Multiplique a primeira equação por 7 e a segunda por 5 e assim determine um novo sistema com os mesmos módulos. Após eliminar uma das incógnitas, a infinidade de número das soluções ficará clara.

(34) Mostre que o seguinte sistema possui duas soluções. Ache as duas:

$$\begin{cases} x + y - 1 \equiv 0 (mod\ 2) \\ 2x + y - 2 \equiv 0 (mod\ 3) \end{cases}$$

Resposta: $(x, y) = (1, 0), (2, 1)$.

(35) Desenvolva uma regra geral para resolver um sistema como:

$$\begin{cases} a_1 x + b_1 y + c_1 \equiv 0 (mod\ m_1) \\ a_2 x + b_2 y + c_2 \equiv 0 (mod\ m_2) \end{cases}$$

onde cada equação possui solução, e $[m_1, m_2] = 1$.

(36) Resolva o sistema afim $\begin{cases} 2x + 5 \equiv 0 (mod\ 7) \\ 3x - 6 \equiv 0 (mod\ 11) \end{cases}$

Resposta: $x \equiv -20\ (mod\ 77)$ ou $x \equiv 57 (mod\ 77)$.

(37) Resolva o sistema do exercício precedente por meio de Teorema Chinês de resto.

(38) Resolva o seguinte sistema afim sem usar o Teorema Chinês de resto:

$$\begin{cases} x + 1 \equiv 0 (mod\ 2) \\ 2x - 1 \equiv 0 (mod\ 3) \\ 4x + 4 \equiv 0 (mod\ 5) \end{cases}$$

Sugestão: Resolva o sistema constituído pelas duas primeiras equações e forme um novo sistema pelo resultado obtido e a terceira equação. Resposta: $x \equiv 29(mod\ 30)$.

(39) Resolva o sistema do exercício precedente por meio de Teorema Chinês de Resto.

(40) Quadrado módulo m. Para um número natural $m > 1$ definimos que um número natural a é quadrado módulo m se, somente se $[a, m] = 1$, e existir uma classe $< b >_m$ tal que $< a >_m = < b^2 >_m$.

(1) Mostre que o número 1 é quadrado para todo $m > 1$.

(2) Mostre que para todo $m = 2, 3, 4, 5, 6$ o número 2 não é quadrado módulo m.

(3) Mostre que 2 é quadrado módulo $m = 7$.

(4) Mostre que para $m = 4$ nenhum número exceto 1 é quadrado.

(5) Mostre que para $m = 7$ os únicos quadrados são $1, 2$ e 4.

(41) Mostre que se a_1 e a_2 são números quadrados módulo $m > 1$ então, $a_1 a_2$ também é.

(42) Mostre que se a_1 é um número quadrado módulo $m > 1$, e $a_2 \equiv a_1 (mod\ m)$, então a_2 também é.

(43) Mostre que um número a é quadrado módulo $m > 1$ se, esomente se, a equação $x^2 \equiv a(mod\ m)$ possui solução.

(44) Mostre que a função $ind_g: E_m \to \Delta_m$ é injetora e sobrejetora.

(45) Mostre que 7 é uma raiz primitiva módulo 11.

(46) Ache uma raiz primitiva módulo 17.

(47) Seja g uma raiz primitiva de um número natural $m > 1$. Qual é o valor de $ind_g(g)$?

(48) Faça uma tabela dos índices na base 7 módulo 11 de todos os números de 1 até 10.

(49) Use o exercício precedente e resolva a equação $7y^2 \equiv 5(mod\ 11)$.

(50) Use a tabela do Exemplo 5.39 e resolva a equação $7y^2 \equiv 6(mod\ 19)$.

(51) Mostre que em geral a propriedade da divisão de logaritmo real não é verdadeira para logaritmo discreto. Em outras palavras, mostre que em geral não vale a congruência seguinte:

$$ind_g(a) - ind_g(b) \equiv ind_g\left(\frac{a}{b}\right)(mod\ \varphi(m))$$

onde $m > 1$ é um número natural e g é uma raiz primitiva.

(52) Considere a tabela do Exemplo 5.39 e verifique se a propriedade da divisão do exercício anterior vale para números a e b, se $b|a$.

(53) Mostre que quando $b|a$ então vale a propriedade da divisão para logaritmo discreto (veja exercício precedente).

(54) Seja $m > 1$ um número natural para o qual existe uma raiz primitiva g. Mostre que $ind_g(g^n) = n$ para todo número natural n.

5.3.1 Os seguintes são acrescentados para a segunda edição do livro

(55) Ache todos os números $m \leq 19$ tais que $19^{\varphi(m)} \equiv 1(mod\ m)$.

(56) É possível que um número natural g seja raiz primitiva para dois números primos distintos?

(57) É possível que um número natural g seja raiz primitiva para infinitos números primos distintos?

(58) Ache uma solução para o sistema $\begin{cases} x^6 \equiv 1 (mod\ 7) \\ x^{18} \equiv 1 (mod\ 19) \end{cases}$

(59) Grupos cíclicos. Pode explicar o conceito de raiz primitiva em linguagem algébrica de teoria de grupos cíclicos? (veja o livro [Sho alg1]).

(60) Mostre que a matriz $\begin{bmatrix} 1 & 1 \\ 0 & 1 \end{bmatrix}$ gera um grupo cíclico com multiplicação de matrizes e que este grupo representa o conjunto dos números inteiros.

(61) Mostre que a matriz do exercício precedente gera um grupo cíclico de ordem infinita e a matriz $\begin{bmatrix} 0 & -1 \\ 1 & 0 \end{bmatrix}$ gera um grupo cíclico de ordem quatro.

Sugestão: A ordem de um grupo é o número de elementos do grupo.

(62) Considere a matriz inteira $\begin{bmatrix} x & y \\ 0 & w \end{bmatrix}$. Para qual (quais) número primo p (números primos) a equação de congruência matricial seguinte possui solução?

$$\begin{bmatrix} x & y \\ 0 & w \end{bmatrix}^2 \equiv \begin{bmatrix} 1 & 0 \\ 0 & 1 \end{bmatrix} (mod\ p)$$

(63) Considere a matriz inteira $\begin{bmatrix} x & y \\ 0 & w \end{bmatrix}$. Para qual número primo p a seguinte equação matricial de congruência possui solução?

$$\begin{bmatrix} x & y \\ 0 & w \end{bmatrix}^2 \equiv \begin{bmatrix} 1 & 1 \\ 0 & 1 \end{bmatrix} (mod\ p)$$

(64) Por meio de logaritmo discreto resolva o sistema seguinte:

$$\begin{cases} 5y^{11} \equiv 8 (mod\ 19) \\ 11y^3 \equiv 12 (mod\ 19) \end{cases}$$

Capítulo 6

Reciprocidade quadrática

O estudo de quadrados módulo um número natural $m > 1$ introduzido nos exercícios no final do capítulo anterior, e as maneiras de decidir se um número inteiro a dado é quadrado módulo m, formam uma das mais profundas teorias dentro de Teoria dos Números. Grandes matemáticos contribuíram para desenvolver o resultado principal sobre reciprocidade quadrática e para generalizar essa a casos mais gerais. Não obstante a simplicidade da pergunta principal sobre reciprocidade quadrática e resíduo quadrático, as ideias desenvolvidas para solucioná-las são ricas em informações aritméticas e problemas a oferecer.

Em resumo, o objetivo principal de reciprocidade quadrática é decidir quando a seguinte equação quadrática de congruência possui solução módulo m, com respeito de um dado número inteiro a:

$$x^2 \equiv a(mod\ m) \tag{6.1}$$

O caminho percorrido para entender a teoria de reciprocidade quadrática que pretendemos estudar neste capítulo tem seu início uma conjectura de Fermat. Foi estudado por Euler e Legendre, e eventualmente demonstrada por Gauss. A palavra "quadrática" é reservada por conta da equação anterior ser quadrática, então pode-se perguntar se existe a teoria de reciprocidade cúbica. De fato, tal teoria existe e as formas mais gerais também existem. Tudo isso se encaixa na teoria geral de Corpo de Classe.

6.1 O resíduo quadrático

A palavra "resíduo quadrático" é atribuída a um número inteiro a que satisfaz a equação (6.1). Formalmente, definimos o seguinte:

Definição 6.1. Dizemos que um número inteiro a é resíduo quadrático módulo um número natural $m > 1$ se, e somente se, existe um número inteiro x tal que $x^2 \equiv a\ (mod\ m)$. Isso é a mesma que a satisfaz a equação (6.1). Quando essa equação não tiver solução para um dado número inteiro a dizemos que a não é resíduo quadrático módulo m.

Por exemplo, o número 5 é resíduo quadrático módulo 11, pois vale a congruência $4^2 = 16 \equiv 5\ (mod\ 11)$. Por outro lado o número 2 não é resíduo quadrático módulo 3, pois a equação quadrática $x^2 \equiv 2(mod\ 3)$ não tem solução. Para isso, basta observar que nenhum elemento do $(\mathbb{Z}/3\mathbb{Z})^+ = \{0, 1, 2\}$ satisfaz a referida equação.

O fato de que números naturais são produtos de seus divisores primos nos leva a querer estudar resíduo quadrático módulo números primos. Para isso, primeiro vamos considerar o caso de número primo par, o número 2.

Lema 6.2. Para todo número inteiro a a equação $x^2 \equiv a(mod\ 2)$ possui solução.

Demonstração. Se a é um número par, digamos $a = 2k$ para algum número inteiro k, neste caso, podemos escolher a solução $x = 0$. E quando $a = 2k + 1$ é um número ímpar podemos escolher a solução da referida equação $x = 1$. □

Portanto, tem-se o seguinte resultado óbvio.

Corolário 6.3. Todo número inteiro a é resíduo quadrático módulo 2.

Agora que a situação de resíduo quadrático módulo o número primo 2 é respondido completamente, podemos concentrar no estudo de casos de números primos ímpares. E isso que é o nosso esforço neste capítulo. Iniciamos com a seguinte definição:

Definição 6.4. Seja p um número primo ímpar e a um número inteiro coprimo com p. Isto é $[a,p]=1$ e logo $p\nmid a$. Definimos o símbolo de Legendre como o símbolo $\left(\frac{a}{p}\right)$ pelo:

$$\left(\frac{a}{p}\right)=\begin{cases}1 \text{ se } a \text{ é resíduo quadrático módulo } p\\ -1 \text{ se } a \text{ não é resíduo quadrático módulo } p\end{cases}$$

Como essa definição mostra, o símbolo de Legendre assume dois números 1 ou -1. Essa definição pode ser estendida e acrescentada $\left(\frac{a}{p}\right)=0$ para quando $p|a$. Mas, nós não vamos considerar isso exceto nos casos a serem anunciados, pois já assumimos que $p\nmid a$.

No lema a seguir é determinada a quantidade e o representante de todos os números que são resíduos quadráticos módulo um número primo ímpar.

Lema 6.5. Seja p um número primo ímpar. Então, módulo p, existem $\frac{p-1}{2}$ números inteiros incongruentes que são resíduos quadráticos. Os seus representantes são os números do seguinte conjunto:

$$R=\{1^2,2^2,\cdots,\left(\frac{p-1}{2}\right)^2\}$$

Módulo p esse conjunto será denotado R_p.

Demonstração. O objetivo é achar os possíveis números $1\le a\le p-1$ satisfazendo a equação $x^2\equiv a(mod\, p)$. Primeiramente, consideremos o conjunto $V=\{1,2,\cdots,p-1\}$. Quando x percorrer neste conjunto, temos que $x^2\equiv(p-x)^2(mod\, p)$, pois x divide p^2-2xp. Em seguida, consideramos o conjunto $U=\{1,2,\cdots,\frac{p-1}{2}\}$. Os elementos desse conjunto são congruentes com os respectivos elementos do conjunto denotado $W=\{p-1,p-2,\cdots,\frac{p+1}{2}\}$. Isso implica que é suficiente considerar somente os números x tal que $1\le x\le\frac{p-1}{2}$. Por outro lado, todos os números do conjunto R são incongruentes módulo p, pois, caso contrário, a equação $x^2 - a \equiv 0(mod\ p)$ vai ter que ter quatro soluções incongruentes módulo um número primo, o p. Isso é uma contradição ao Teorema de Lagrange. Portanto, os membros de R são as únicas possibilidades como resíduos quadráticos módulo p. □

Notamos que os elementos do conjunto R do lema anterior podem ser vistos como representantes das classes cujos membros são quadrados módulo p, ou são resíduos quadráticos módulo p, ou ainda como classes que são quadradas no conjunto $\mathbb{Z}/p\mathbb{Z}$.

Exemplo 6.6. Para o número primo $p = 23$ tem-se:

$$R = \{1^2, 2^2, \cdots, 11^2\} = \{1,4,9,16,25,36,49,64,81,100,121\}$$

E, com respeito do conjunto R_{23} temos que:

$$R_{23} = \{1,4,9,16,2,13,3,18,12,8,6\}$$

Então, qualquer número inteiro que é resíduo quadrático módulo 23 é um elemento de R_{23}, ou que ele é congruente com um dos números do conjunto R_{23}. Também podemos dizer que a classe $< 2 >_{23}$ é quadrada, pois $< 2 >_{23} = < 5^2 >_{23}$ ou que $< 13 >_{23} = < 6^2 >_{23}$. Ainda, temos que $< 15 >_{23}$ não é uma classe quadrada, pois 15 não é um elemento de R_{23}.

O lema anterior oferece um meio para detectar se um dado número inteiro a é resíduo quadrático módulo um número primo ímpar p. Mas, quando p é um número "grande" esse meio não pode ser eficiente. Outra maneira poderia ser o seguinte método de Euler.

6.1.1 Um teorema de Euler

Antes de anunciar e demonstrar o teorema de Euler com respeito de saber a possibilidade de um dado número inteiro é resíduo quadrático módulo um número primo ímpar, vamos por meio do Pequeno Teorema de

Fermat provar o seguinte lema importante para nossos estudos neste capítulo.

Lema 6.7. Se p é um número primo ímpar e a é um número inteiro coprimo com p então, vale uma das seguintes possibilidades:

$$a^{\frac{p-1}{2}} \equiv 1 \ (mod\ p) \text{ Ou que } a^{\frac{p-1}{2}} \equiv -1 \ (mod\ p)$$

Demonstração. Pelo Pequeno Teorema de Fermat se p é um número primo ímpar e $[a, p] = 1$ então vale a seguinte:

$$a^{p-1} - 1 \equiv \left(a^{\frac{p-1}{2}} - 1\right)\left(a^{\frac{p-1}{2}} + 1\right) \equiv 0(mod\ p)$$

Logo, sendo p um número primo, temos que ou p divide $a^{\frac{p-1}{2}} - 1$ ou $a^{\frac{p-1}{2}} + 1$. □

Corolário 6.8. Com os dados do lema precedente tem-se:

$$a^{\frac{p-1}{2}} \equiv \pm 1(mod\ p) \tag{6.2}$$

Teorema 6.9 (Teorema de Euler). Seja p um número primo ímpar e a um número inteiro tal que $[a, p] = 1$. Então,

$$a^{\frac{p-1}{2}} \equiv \left(\frac{a}{p}\right) (mod\ p) \tag{6.3}$$

Demonstração. Um dado número inteiro a ou é resíduo quadrático módulo p, ou não é. Esses dois casos serão considerados a seguir. Seja $1 \leq r \leq p - 1$ número natural. Logo, a equação $rx \equiv a(mod\ p)$ possui uma solução (veja Teorema 5.2). Se s é uma solução para essa equação, então, $rs \equiv a(mod\ p)$. Se a não é resíduo quadrático módulo p, temos que $\left(\frac{a}{p}\right) = -1$ pela definição de símbolo de Legendre, e também temos que $r \not\equiv s(mod\ p)$ (pois, se $r \equiv s(mod\ p)$, logo, $rs \equiv s^2(mod\ p)$ e portanto, $s^2 \equiv a(mod\ p)$, uma contradição). Por outro lado, quando r varia no conjunto dos números inteiros entre 1 e $p-1$, s também o fará. Logo, para cada $1 \leq r_i \leq p-1$, existe um número $1 \leq s_i \leq p-1$ tal que $r_i s_i \equiv a(mod\, p)$ para todo $i = 1, 2, \cdots, \frac{p-1}{2}$ (veja Lema 6.5). Agora, pelo Teorema de Wilson e o Lema 6.7 temos que:

$$-1 \equiv (p-1)! \equiv \prod_{i=1}^{\frac{p-1}{2}} r_i s_i \equiv a^{\frac{p-1}{2}} (mod\, p)$$

Isto é $\left(\frac{a}{p}\right) = a^{\frac{p-1}{2}} (mod\, p)$. Mas, se a é resíduo quadrático módulo p, temos que $\left(\frac{a}{p}\right) = 1$, e que existe um número inteiro b tal que $b^2 \equiv a(mod\, p)$. Mas, pelo Pequeno Teorema de Fermat temos que $a^{\frac{p-1}{2}} \equiv b^{p-1} \equiv 1(mod\, p)$, ou seja, $a^{\frac{p-1}{2}} \equiv \left(\frac{a}{p}\right) (mod\, p)$. A demonstração está completa. □

O teorema de Euler também é conhecido em nome de teste de Euler. Este teste mede se um dado número inteiro a é ou não resíduo quadrático módulo um número primo ímpar p sob a condição de que $[a, p] = 1$. Mas este teste do ponto computacional não é muito eficiente, veja o exemplo a seguir.

Exemplo 6.10. (1) Seja $p = 29$ e $a = 3$. Neste caso temos que:

$$3^{\frac{29-1}{2}} \equiv 3^{14} \equiv 4782969 \equiv -1(mod\, 29)$$

Então, pelo teste de Euler $3^{\frac{29-1}{2}} \equiv \left(\frac{3}{29}\right) (mod\, 29)$. Logo, $\left(\frac{3}{29}\right) = -1$.

(2) Para $p = 1987$ e $a = 13$ temos que:

$$\left(\frac{13}{1987}\right) \equiv 13^{993} (mod\, 1987).$$

Mas calcular 13^{993} que é um número de 1107 algarismos[1] é muito trabalhoso. E nós não conseguimos deixar claro se $\left(\frac{13}{1987}\right) = 1$ ou -1. O leitor pode utilizar Teorema 6.26 a seguir e verificar se $\left(\frac{13}{1987}\right) = 1$ ou -1.

De novo, esse exemplo também reflete que é necessário desenvolver outras técnicas e métodos mais eficientes para detectar se um número inteiro é resíduo quadrático módulo um número primo ímpar, ou não.

Lema 6.11. Seja p um número primo ímpar, a, b dois números inteiros tais que $[a, p] = [b, p] = 1$. Então valem as seguintes:

(1) Se $a \equiv b(mod\ p)$ tem se $\left(\frac{a}{p}\right) = \left(\frac{b}{p}\right)$;

(2) Sempre $\left(\frac{a}{p}\right)\left(\frac{b}{p}\right) = \left(\frac{ab}{p}\right)$.

Demonstração. Pelo teste de Euler, valem as duas congruências seguintes:

$$\left(\frac{a}{p}\right) \equiv a^{\frac{p-1}{2}}(mod\ p),\text{ e } \left(\frac{b}{p}\right) \equiv b^{\frac{p-1}{2}}(mod\ p)$$

Logo, $\left(\frac{a}{p}\right) \equiv \left(\frac{b}{p}\right)(mod\ p)$. Mas, $p > 2$ e $\left|\left(\frac{a}{p}\right) - \left(\frac{b}{p}\right)\right| \leq 2$. Portanto, o número primo p somente pode dividir a diferença $\left(\frac{a}{p}\right) - \left(\frac{b}{p}\right)$ somente quando ela é zero. Isso mostra a validade do item (1). Para demonstrar o item (2), de novo aplicamos o teorema de Euler, ele nos dará:

$$\left(\frac{a}{p}\right)\left(\frac{b}{p}\right) \equiv a^{\frac{p-1}{2}} \cdot b^{\frac{p-1}{2}}(mod\ p)$$

$$\left(\frac{a}{p}\right)\left(\frac{b}{p}\right) \equiv (ab)^{\frac{p-1}{2}}(mod\ p)$$

---

[1] O número de algarismos desse número é igual :$\lfloor 1 + 993 \cdot \log_{10} 13 \rfloor = 1 + \lfloor 1106{,}145749 \rfloor = 1107$

$$\left(\frac{a}{p}\right)\left(\frac{b}{p}\right) \equiv \left(\frac{ab}{p}\right)(mod\ p)$$

Então, p está dividindo a diferença $\left(\frac{a}{p}\right)\left(\frac{b}{p}\right) - \left(\frac{ab}{p}\right)$, cujo valor absoluto é menor ou igual a 2. Mas $p > 2$, então a divisão é somente possível quando $\left(\frac{a}{p}\right)\left(\frac{b}{p}\right) = \left(\frac{ab}{p}\right)$. A demonstração está completa. □

Observamos que quando $a > p$, o resultado do item (1) do lema acima é útil para calcular o valor do símbolo $\left(\frac{a}{p}\right)$. Neste caso, pela divisão de Euclides temos que $a = b + pr$, e logo $\left(\frac{a}{p}\right) = \left(\frac{b}{p}\right)$.

Por exemplo, temos que $\left(\frac{1987}{17}\right) = \left(\frac{15}{17}\right)$. Por outro lado, pelo teste de Euler vale $\left(\frac{15}{17}\right) \equiv 15^{\frac{17-1}{2}}(mod\ 7)$, que é equivalente a dizer $\left(\frac{15}{17}\right) = 1$, pois $15^{\frac{17-1}{2}} = 15^8 = 2562890625 \equiv 1(mod\ 17)$.

6.1.2 O resto principal e um lema de Gauss

Na tentativa de estabelecer resultados mais práticos sobre a questão de detectar se um número inteiro a é resíduo quadrático de um número primo ímpar p, definimos a seguinte e demonstramos o seguinte resultado de Gauss em seguida.

Definição 6.12. Para um número natural $m > 1$ e um número inteiro a não nulo, definimos o resto principal de a módulo m, como o único número inteiro $r_m(a)$ no intervalo semiaberto e semifechado $(-\frac{m}{2}, \frac{m}{2}]$ tal que $a \equiv r_m(a)(mod\ m)$.

Como pode ser verificado, o intervalo $(-\frac{m}{2}, \frac{m}{2}]$ contém exatamente m número inteiro. Para contar esses, considere o intervalo dobrado $(-m, m]$ cujos números inteiros são $-m+1, -m+2, \cdots 0,1, \cdots m$. Ele então contém $2m$ números inteiros. Portanto, $(-\frac{m}{2}, \frac{m}{2}]$ contém m números inteiros. Pelo fato de que $r_m(a) \in (-\frac{m}{2}, \frac{m}{2}]$ podemos entender que $r_m(a) \equiv r\ (mod\ m)$ para algum membro $r \in \mathbb{Z}/m\mathbb{Z}$. Logo, $r_m(a)$ é de fato, único.

Exemplo 6.13. Seja $m = 15$ e $a = 84$. No intervalo $(-\frac{15}{2}, \frac{15}{2}]$ existem os seguintes números inteiros:

$$-7, -6, -5, -4, -3, -2, -1, 0, 1, 2, 3, 4, 5, 6, 7$$

Exatamente são 15 números. Neste caso $84 \equiv -6(mod\ 15)$. Logo, $r_{15}(84) = -6$.

No lema a seguir demonstramos algumas propriedades óbvias do resto principal.

Lema 6.14. Seja p um número primo ímpar e a um número inteiro coprimo com p. Considere o conjunto $U = \{1, 2, \cdots, \frac{p-1}{2}\}$. Seja $r_i = r_p(ia)$ para $i \in U$. Então valem as seguintes:

(1) Para todo $i, j \in U$, com $i \neq j$ tem se $|r_i| \neq |r_j|$;

(2) Seja $A = \{|r_1|, |r_2|, \cdots, |r_{\frac{p-1}{2}}|\}$ então $A = U$.

Demonstração. Se $|r_i| = |r_j|$ então, dois casos podem ocorrer: $r_i = r_j$ ou $r_i = -r_j$. Se $r_i = r_j$ então, $ia \equiv ja(mod\ p)$, onde sabemos que $[a, p] = 1$, logo, isso implica que $i \equiv j(mod\ p)$ pela Lei de Cancelamento, mas essa congruência é uma impossibilidade, pois ambos $i, j \leq \frac{p-1}{2}$ e $i \neq j$. Por outro lado, se $r_i = -r_j$ então, $ia \equiv -ja(mod\ p)$ que implica $i \equiv -j(mod\ p)$. Isso também é uma impossibilidade, pois de novo podemos observar que $i, j \leq \frac{p-1}{2}$. Isso tudo implica o item (1) do lema. Para provar o item (2), observamos que a definição do resto principal implica que:

$$A = \left\{|r_1|, |r_2|, \cdots, |r_{\frac{p-1}{2}}|\right\} \subset U$$

Agora, pelo item (1) no conjunto de $\frac{p-1}{2}$ elementos do conjunto A nenhum dos dois elementos são iguais. Logo, este conjunto é igual a U. □

Para explicar o seguinte lema de Gauss precisamos de uma notação.

Notação 6.15. Seja U o conjunto definido no lema precedente, e $U_a = aU = \{a, 2a, \cdots, \frac{(p-1)}{2}\, a\}$. Nós denotamos por μ o número dos elementos do conjunto U_a cujos restos principais módulo p são negativos.

Na demonstração do seguinte lema fica claro como que o número μ é usado.

Lema 6.16 (lema de Gauss). Seja p um número primo ímpar e a um número inteiro coprimo com p. Então vale a seguinte igualdade:

$$\left(\frac{a}{p}\right) = (-1)^{\mu} \tag{6.4}$$

Demonstração. Os itens (1) e (2) do lema anterior nos levam a concluir que:

$$a \cdot 2a \cdots \frac{p-1}{2} a \equiv r_p(a) r_p(2a) \cdots r_p\left(\frac{p-1}{2} a\right) (mod\ p) \equiv$$

$$r_1 r_2 \cdots r_{\frac{p-1}{2}} (mod\ p) \equiv (-1)^{\mu} \frac{(p-1)}{2}!\,(mod\ p)$$

No lado direito da última congruência o fator $(-1)^{\mu}$ representa o produto dos sinais negativos dos restos principais que são negativos. Logo, comparando a primeira congruência e a última tem-se:

$$a^{\frac{p-1}{2}} \frac{p-1}{2}! \equiv (-1)^{\mu} \frac{p-1}{2}!\,(mod\ p)$$

Então, pela Lei de Cancelamento, podemos concluir que:

$$a^{\frac{p-1}{2}} \equiv (-1)^{\mu} (mod\ p)$$

Mas pelo resultado de Euler, temos que:

$$a^{\frac{p-1}{2}} \equiv \left(\frac{a}{p}\right) (mod\ p)$$

Então, comparando essas congruências, temos o resultado desejado:

$$\left(\frac{a}{p}\right) = (-1)^{\mu}$$

A demonstração está completa. □

Uma aplicação do Lema de Gauss é o seguinte lema com respeito da possibilidade de número 2 ser resíduo quadrático de um número primo ímpar.

Lema 6.17. O número 2 é resíduo quadrático módulo um número primo ímpar se, e somente se, esse número primo é de forma $8t+1$ ou $8t-1$ para algum número natural t.

Demonstração. Seja p um número primo ímpar. Vamos contar o número dos elementos do conjunto U_2 (veja notação 6.15). Temos que $U_2 = \{2, 4, 6, \cdots, p-1\}$ cujos restos principais módulo p são negativos, e em seguida, aplicamos o Lema de Gauss . Então, seja U_2^+ o subconjunto de U_2 dos números com restos principais positivos, e U_2^- com restos negativos. Seja $\delta = card(U_2^+)$. Portanto, temos que $card(U) = (p-1)/2 = \mu + \delta$. Observamos que:

$$U_2^+ \subset \{2, 4, \cdots, \frac{p-1}{2}\}, \text{ e } U_2^- \subset \{\frac{p-1}{2}, \cdots, p-3, p-1\}$$

O nosso interesse está voltado para números primos de forma $8t \pm 1$. Isso pode ser visto como aqueles números primos de forma $4k \pm 1$, onde $k = 2t$. Agora, vamos supor que p seja de forma $4k-1$. Logo, $\frac{p-1}{2} = 2k-1$ é um número ímpar, portanto, δ e μ possuem paridades diferentes e logo,

$\frac{p-1}{2} \notin U_2^+$. Isso implica que $U_2^+ = \{2, 4, \cdots, \frac{p-3}{2}\}$ e que $\delta = \frac{p-3}{2}$, que por sua vez implica que $\mu = \frac{p-1}{2} - \delta = \frac{p-3}{2} + 1$, ou seja, $\mu = \delta + 1$. Então:

$$\frac{p-1}{2} = 2k - 1 = \delta + \mu = \delta + \delta + 1 = 2\delta + 1$$

Daí, $k = \delta + 1$. Logo, k é um número par se, e somente se, μ é um número par, que é $(-1)^\mu = \left(\frac{2}{p}\right)$, e que neste caso $p = 4k - 1$ se, e somente se, $k = 2t$, e também logo, $p = 8t - 1$. Agora, para completar a demonstração, vamos supor que p seja um número primo de forma $4k + 1$. Então, $\frac{p-1}{2} = 2k$, e logo $\frac{p-1}{2} \in U_2^+$, e então $\delta = \mu$. Portanto, temos que:

$$\frac{p-1}{2} = 2k = \delta + \mu = 2\mu$$

Logo, $k = \mu$. Isso implica que k é um número par se, e somente se, $1 = (-1)^\mu = \left(\frac{2}{p}\right)$ se, e somente se, $k = 2t$ para algum número natural t. Isso é que $p = 8t + 1$. □

Exemplo 6.18. Neste exemplo estudamos o lema precedente. Vamos primeiro supor que $p = 19$ que é um número primo ímpar, mas que não é de forma $8t \pm 1$. Neste caso tem-se:

$$U_2 = \{2, 4, 6, 8, 10, 12, 14, 16, 18\}$$

Os restos principais de números de U_2 módulo 19 são respectivamente iguais os seguintes:

$$2, 4, 6, 8, -9, -7, -5, -3, -1$$

Logo:

$$U_2^+ = \{2, 4, 6, 8\}, \text{ e } U_2^- = \{10, 12, 14, 16, 18\}$$

Portanto, com esses dados $\mu = 5$ e $\delta = 4$. Logo, $\left(\frac{3}{19}\right) = (-1)^5 = -1$. Isso quer dizer que o número 2 não é um resíduo quadrático módulo 19. Vamos agora supor que $p = 17$ que é um número primo ímpar de forma $8t + 1$. Neste caso $U_2 = \{2, 4, 6, 8, 10, 12, 14, 16\}$. Os restos principais dos números de U_2 módulo 17 são respectivamente os seguintes:

$$2, 4, 6, 8, -7, -5, -3, -1$$

Logo:

$$U_2^+ = \{2, 4, 6, 8\}, \text{ e } U_2^- = \{10, 12, 14, 16\}$$

Então, $\mu = 4$ e $\delta = 4$. Portanto, $\left(\frac{2}{17}\right) = (-1)^4 = 1$. Portanto, o número 2 é resíduo quadrático módulo 17. De fato a solução da equação quadrática $x^2 \equiv 2(mod\ 17)$ é $x = 11$.

6.2 A reciprocidade quadrática de Gauss

Nesta seção apresentamos o famoso teorema de Gauss sobre a reciprocidade quadrática. Como Tom Apostol escreveu no seu livro[2] existem mais de 150 maneiras para demonstrar o Teorema da Reciprocidade Quadrática. De fato, isso pode representar o interesse dos pesquisadores sobre esse teorema e achar uma "demonstração mais simples". Também representa o fato de que nenhum teorema importante, que é resultado de décadas ou séculos de pesquisas tem uma demonstração simples. Mencionamos que no caso de teorema de Gauss algumas demonstrações são mais elementares, no sentido de que elas não envolvem matemática avançada. A maneira que elaboramos neste livro é originalmente devido a Eisenstein[3]. No livro [SSG] essa ideia foi desenvolvida com claridade. Nosso trabalho aqui está baseado no livro [SSG], mas mostramos que nele os polinômios de contra parte de Techbycheff têm um papel central, uma coisa não mencionada ou estudada no livro. Em nossa opinião, essa demonstração

[2] Introduction to Analytic Number Theory.

[3] Ferdinand Gotthold Max Eisenstein (1823 – 1852).

apesar de que esteja talvez um pouco mais longa, ela é completamente elementar.

6.2.1 Os polinômios de Techbycheff e seus contra partes

Para definir os polinômios de Techbycheff, basta relembrar a seguinte identidade trigonométrica:

$$cos(n+1)t + \cos(n-1)t = 2\cos(nt)\cos t \quad \text{Para todo } n \geq 1 \qquad (6.5)$$

Similarmente, podemos considerar o seguinte, também:

$$\operatorname{sen}(n+1)t + \operatorname{sen}(n-1)t = 2\operatorname{sen}(nt)\cos t \quad \text{Para todo } n \geq 1 \qquad (6.6)$$

As identidades (6.5) e (6.6) são fórmulas de recorrências pelas quais pode se calcular $\cos(n+1)t$ através de $\cos(n-1)t$ e $\cos t$, ou $\operatorname{sen}(n+1)t$ através de $\operatorname{sen}(n-1)t$ e $\cos t$. A seguir vamos estudá-las com mais detalhes.

Exemplo 6.19. Alguns casos particulares das identidades precedentes são os seguintes:

$$\cos(5t) = 2\cos(4t)\cos t - \cos(3t) = 16\cos^2 t - 20\cos^3 t + 5\cos t$$

$$\begin{aligned}\cos(6t) &= 2\cos(5t)\cos t - \cos(4t)\\ &= 32\cos^6 t - 48\cos^4 t + 18\cos^2 t - 1\end{aligned}$$

Ou usando a identidade (6.6) podemos escrever que:

$$\begin{aligned}\operatorname{sen}(4t) &= 2\operatorname{sen}(3t)\cos t - \operatorname{sen}(2t)\\ &= 2\operatorname{sen}(3t)\cos t - 2\operatorname{sen}t\cos t\end{aligned}$$

$$\begin{aligned}\operatorname{sen}(5t) &= 2\operatorname{sen}(4t)\cos t - \operatorname{sen}(3t)\\ &= 16\operatorname{sen}^5 t - 20\operatorname{sen}^3 t + 5\operatorname{sen} t\end{aligned}$$

A identidade (6.5) nos direciona a um polinômio bem conhecido, o polinômio de Techbycheff (veja os livros [Sho alg1], [Sho tmc]), definido pelo:

$$T_n(x) = \cos(n\ arc\cos x) \text{ Para } n \geq 0 \tag{6.7}$$

Baseada na definição e no exemplo precedente, temos que:

$$\begin{aligned}
T_0(x) &= 1 \\
T_1(x) &= x \\
T_2(x) &= 2x^2 - 1 \\
T_3(x) &= 4x^3 - 3x \\
T_4(x) &= 8x^4 - 8x^2 + 1 \\
T_5(x) &= 16x^5 - 20x^3 + 5x \\
T_6(x) &= 32x^6 - 48x^4 + 18x^2 - 1
\end{aligned}$$

Em geral pela identidade (6.5) tem-se a seguinte fórmula de recorrência:

$$T_{n+1}(x) = 2xT_n(x) - T_{n-1}(x) \text{ Para } n \geq 1 \tag{6.8}$$

Lema 6.20. Para todo número natural n, o grau do polinômio $T_n(x)$ é igual a n. Para todo número ímpar n o coeficiente de x^n é 4^n. Para todo número n ímpar, o polinômio $T_n(x)$ não tem termo constante, todas as potências de x são números ímpares, e potências de x no $T_n(x)$ quando n é um número par, são números pares.

Demonstração. Quando $n = 1$, $T_1(x) = x$ e seu grau é igual a 1. Em caso geral, aplicamos Indução Matemática e suponhamos que o grau de $T_{n-1}(x)$ é $n - 1$. Pela fórmula de recorrência (6.8) o grau de $T_{n+1}(x)$ é igual a $n + 1$. Se n é ímpar então, podemos supor que $n = 2k + 1$ para algum número natural k. Mas, reescrevendo a fórmula (6.8) da seguinte maneira:

$$T_{n+2}(x) = 2xT_{n+1}(x) - T_n(x)$$

então, por essa fórmula temos que:

$$\begin{aligned} T_{2k+3}(x) &= 2xT_{2k+2}(x) - T_{2k+1}x \\ &= 2x[2xT_{2k+1}(x) - T_{2k}(x)] - T_{2k+1}(x) \\ &= 4x^2T_{2k+1}x - 2xT_{2k}(x) - T_{2k+1}(x) \end{aligned}$$

Agora, vamos supor pela hipótese da Indução Matemática que o coeficiente de x^{2k+1} é 4^k. Então, o coeficiente de x^{2k+3} é $4 \cdot 4^k = 4^{k+1}$. Também, a primeira igualdade dos cálculos anteriores mostra que $T_{2k+3}(x)$ não tem termo constante, uma vez que $T_{2k+1}(x)$ é sem termo constante, usando de novo Indução Matemática. Para demonstrar a última afirmação, aplicamos mais uma vez Indução Matemática e observamos que as potências de x no polinômio $T_3(x)$ são ímpares, e no $T_2(x)$ são pares. Para continuar, vamos supor que este valha para $T_{2k+1}(x)$ e $T_{2k+2}(x)$. Então pela igualdade $T_{2k+3}(x) = 2xT_{2k+2}(x) - T_{2k+1}(x)$ temos o resultado desejado, pois as potências de $xT_{2k+2}(x)$ e $T_{2k+1}(x)$ são números ímpares. □

Retornando para a fórmula de recorrência (6.6), definimos:

$$S_n(u) = \text{sen}(nu) \tag{6.9}$$

Ainda, pela mesma fórmula de recorrência podemos escrever:

$$S_n(u) = 2\cos u\, S_{n-1}(u) - S_{n-2}(u) \text{ Para } n \geq 2 \tag{6.10}$$

Por exemplo, valem as seguintes:

$$\begin{aligned} S_3(u) &= 2\cos u S_2(u) - S_1(u) \\ &= 2\cos u\,\text{sen}(2u) - \text{sen}\,u \\ &= -4\text{sen}^3 u + 3\,\text{sen}\,u \end{aligned}$$

Seja $x = \text{sen}\,u$ isso define um polinômio $S_n(x)$. O cálculo acima mostra que $S_3(x) = -4x^3 + 3x$. Esse é exatamente $-T_3(x)$.

Lema 6.21. Para todo número natural n ímpar, $S_n(x)$ é um polinômio de grau n com variável x, cujo coeficiente dominante é $(-4)^{\frac{n-1}{2}}$. Este polinômio não tem termo constante e todas as potências de x nele são ímpares.

Antes de demonstrar esse lema vamos anunciar o seguinte:

Definição 6.22. Para um número natural ímpar n, chamaremos $S_n(x)$ onde $x = \operatorname{sen} u$ de polinômio contra parte de Techbycheff.

Demonstração do Lema 6.21. Seja $n = 2k + 1$ um número natural ímpar. Então, a fórmula de recorrência (6.6) pode ser reescrita como:

$$\begin{aligned} S_{2k+3}(x) &= 2\cos u\, S_{2k+2}(x) - S_{2k+1}(x) \\ &= 2\cos u \operatorname{sen}[(2k+2)u] - S_{2k+1}(x) \\ &= 2\cos u\, sen[(2k+1)+1]u - S_{2k+1}(x) \end{aligned}$$

Mas, a última igualdade acima pode ser reescrita como:

$$= 2\cos^2 u \operatorname{sen}(2k+1)u - 2\cos u \cos[(2k+1)u]\operatorname{sen} u - S_{2k+1}(x)$$

E finalmente, temos:

$$\begin{aligned} S_{2k+3}(x) &= 2(1-\operatorname{sen}^2 u)S_{2k+1}(x) - 2\operatorname{sen} u \cos u \times \\ &\quad \cos[(2k+1)u] - S_{2k+1}(x) \end{aligned} \tag{6.11}$$

Para $n = 3$, temos $S_3(x) = -4x^2 + 3x$, onde $x = \operatorname{sen} u$, satisfazendo todas as afirmações do lema. E este polinômio é exatamente negativo de polinômio de Techbycheff. Agora, vamos pela hipótese da Indução Matemática supor que o lema é verdadeiro para todos os números ímpares menores que $2k + 3$. Observamos que pela igualdade (6.11) a maior potência de x é gerada pelos primeiros dois termos. A contribuição ao coeficiente deste é a soma $-2(-4)^k - 2(4)^k(-1)^{k+1}$. Nesta soma, o número $(-4)^k$ é o coeficiente dominante de $S_{2k+1}(x)$ (hipótese da Indução). Por outro lado, 4^k é o coeficiente dominante de expansão de $\cos[(2k+1)u]$ em termo de $\cos u$ (lema anterior) e finalmente, $(-1)^{k+1}$ é gerado para escrever $\cos u \cos[(2k+1)u]$ como uma expressão começando com $(1 - 2\operatorname{sen}^2 u)^{k+1}$, cuja contribuição é $(-1)^{k+1}$. Somando os termos da expressão (6.11), temos:

$$-2(-4)^k - 2(-1)^k(4)^k = -2(-4)^k - 2(-4)^4 = (-4)^{k+1}$$

Isso completa a demonstração com respeito do coeficiente dominante. E mostra que o coeficiente dominante de $S_{2k+3}(x)$ é de fato $(-4)^{k+1} = (-4)^{\frac{2k+3-1}{2}}$. Outras afirmações são consequências da Indução Matemática usando a igualdade (6.11). □

Seguindo o livro [SSG] provamos o lema trigonométrico que realiza a fração $\frac{\text{sen}[(2k+1)x]}{\text{sen}\, x}$ como um produto finito de diferença de quadrados de função $\text{sen}\, x$, muito útil para a demonstração de teorema de Gauss, na maneira de Eisenstein.

Lema 6.23 (Lema trigonométrico). Seja m um número ímpar. Então:

$$\frac{\text{sen}(mu)}{\text{sen}\, u} = (-4)^{\frac{m-1}{2}} \prod_{j=1}^{\frac{m-1}{2}} (\text{sen}^2 u - \text{sen}^2(\frac{2\pi j}{m}))$$

Demonstração. Como o número m é ímpar, $m = 2k + 1$ para algum número natural k. Pelo lema anterior $S_{2k+1}(x)$ é um polinômio em $x = \text{sen}\, u$ de grau $2k + 1$, sem termo constante e com coeficiente dominante $(-4)^k$. Após dividir por x, temos $\frac{\text{sen}(mu)}{\text{sen}\, u} = H(\text{sen}^2 u)$, um polinômio de grau $2k$ em variável x ou de grau k em variável $x^2 = \text{sen}^2 u$. Em particular, para $u_j = \frac{2\pi j}{m}$ com $j = 1, 2, \cdots, k$ temos:

$$H\left(\text{sen}^2 u_j\right) = H\left(\text{sen}^2 \frac{2\pi j}{m}\right) = 0,$$

pois $\text{sen}\left(mu_j\right) = \text{sen}(2\pi j) = 0$, e ainda $\text{sen}\, u_j \neq 0$. Logo, os k números u_j são todos raízes do polinômio $H(x)$ de grau k. Portanto, tem-se:

$$H(x^2) = (-4)^k \prod_{j=1}^{k} (x^2 - \text{sen}^2 u_j) = (-4)^k \prod_{j=1}^{k} (x^2 - \text{sen}^2 \left(\frac{2\pi j}{m}\right))$$

Mas, $k = \frac{m-1}{2}$ e $x^2 = \text{sen}^2 u$, logo, vale a seguinte:

$$\frac{\operatorname{sen}(mu)}{\operatorname{sen} u} = (-4)^{\frac{m-1}{2}} \prod_{j=1}^{\frac{m-1}{2}} (\operatorname{sen}^2 u - \operatorname{sen}^2\left(\frac{2\pi j}{m}\right))$$

Isso completa a demonstração. □

Exemplo 6.24. (1) Para $m = 23$ vale a seguinte igualdade:

$$\frac{\operatorname{sen}(23u)}{\operatorname{sen} u} = (-4)^{11} \prod_{j=1}^{11} (\operatorname{sen}^2 u - \operatorname{sen}^2\left(\frac{2\pi j}{23}\right))$$

(2) O polinômio contra parte de Techbycheff de grau 5 é dado pelo $S_5(x) = 16x^5 - 20x^3 + 5x$. Logo, após dividir este polinômio por $x \neq 0$, pelo lema trigonométrico, temos:

$$16x^4 - 20x^2 + 5 = 4^2(x^2 - \operatorname{sen}^2\left(\frac{2\pi}{5}\right))(x^2 - \operatorname{sen}^2\left(\frac{4\pi}{5}\right))$$

Nós podemos usar este resultado e calcular o valor de $\operatorname{sen}\left(\frac{2\pi}{5}\right)$. Para fazer isso resolvemos a equação quártica do lado esquerdo da igualdade precedente. Isso implica que $x^2 = \frac{5\pm\sqrt{5}}{8}$. Logo, tem-se:

$$16x^4 - 20x^2 + 5 = 16(x^2 - \frac{5+\sqrt{5}}{8})(x^2 - \frac{5-\sqrt{5}}{8})$$

Comparando esta igualdade com a precedente, entendemos que:

$$sen\left(\frac{2\pi}{5}\right) = \sqrt{\frac{5+\sqrt{5}}{8}} = \frac{1}{2}\sqrt{\frac{5+\sqrt{5}}{2}}$$

Da mesma forma:

$$sen\left(\frac{\pi}{5}\right) = sen\left(\frac{4\pi}{5}\right) = \sqrt{\frac{5-\sqrt{5}}{8}} = \frac{1}{2}\sqrt{\frac{5-\sqrt{5}}{2}}$$

6.2.2. O teorema de Gauss

Nesta parte demonstramos o teorema de reciprocidade quadrática de Gauss. Para isso começamos com algumas explicações preliminares.

Para um número primo ímpar p já tínhamos definido o conjunto $U = \{1, 2, \cdots, \frac{p-1}{2}\}$. Para cada número $s \in U$ e um número inteiro $a \neq 0$, consideramos os restos principais $r_p(as)$. Se $|r_p(as)|$ é o valor absoluto de $r_p(as)$ então, podemos definir números $e_s(a)$ para que a seguinte congruência seja válida:

$$as \equiv e_s(a)|r_s(a)|(mod\ p)$$

É claro que $e_s(a) = \begin{cases} 1 \text{ se } r_p(as) > 0 \\ -1 \text{ se } r_p(as) < 0 \end{cases}$. O seguinte lema relaciona os números $e_s(a)$ com o símbolo de Legendre $\left(\frac{a}{p}\right)$.

Lema 6.25. Vale a igualdade seguinte:

$$\left(\frac{a}{p}\right) = \prod_{s \in U} e_s(a) \tag{6.12}$$

Demonstração. Decorre imediatamente do Lema 6.16 de Gauss, pois

$$\prod_{s \in U} e_s(a) = (-1)^{\mu} = \left(\frac{a}{p}\right)$$

A demonstração está completa. □

Teorema 6.26 (Reciprocidade quadrática de Gauss). Sejam p e q dois números primos ímpares e distintos. Então vale a seguinte fórmula da reciprocidade quadrática:

$$\left(\frac{p}{q}\right)\left(\frac{q}{p}\right) = (-1)^{\frac{1}{2}(p-1)(q-1)} \tag{6.13}$$

Demonstração. Pelo lema precedente vale a seguinte igualdade:

$$\left(\frac{q}{p}\right) = \prod_{s\in U} e_s(q) \tag{6.14}$$

Mas $qs \equiv e_s(q)|r_p(qs)|(mod\, p)$, então podemos concluir que existe um número $t \in \mathbb{Z}$ tal que $qs = e_s(q)\left|r_p(qs)\right| + tp$, assim, temos:

$$\text{sen}\left(\frac{2\pi}{p}qs\right) = \text{sen}[\frac{2\pi}{p}(e_s(q)\left|r_p(qs)\right| + tp)]$$

$$= \text{sen}[e_s(q)\frac{2\pi}{p}\left|r_p(qs)\right| + 2\pi t]$$

$$= \text{sen}[e_s(q)\frac{2\pi}{p}\left|r_p(qs)\right|]$$

$$= e_s(q)\text{sen}(\tfrac{2\pi}{p}\left|r_p(qs)\right|),$$

Pois $e_s(q) = \pm 1$

Portanto, a igualdade (6.14) pode ser reescrita como:

$$\left(\frac{q}{p}\right) = \prod_{s\in U}[\frac{\text{sen}\left(\frac{2\pi}{p}qs\right)}{\text{sen}(\frac{2\pi}{p}\left|r_p(qs)\right|)}] \tag{6.15}$$

Por outro lado, pelo item (2) do Lema 6.14 temos que:

$$U = \left\{1, 2, \cdots, \frac{p-1}{2}\right\} = \{\left|r_p(1q)\right|, \left|r_p(2q)\right|, \cdots, \left|r_p\left(\frac{p-1}{2}q\right)\right|\}$$

Portanto, a igualdade (6.15) pode ser reescrita como:

$$\left(\frac{q}{p}\right) = \prod_{s\in U}[\frac{\text{sen}\left(\frac{2\pi}{p}qs\right)}{\text{sen}(\frac{2\pi}{p}s)}]$$

Usando o lema trigonométrico para $m = q$ e $u = \frac{2\pi}{p}s$ chegaremos a:

$$\left(\frac{q}{p}\right) = \prod_{s\in U}(-4)^{\frac{p-1}{2}}((-4)^{\frac{q-1}{2}}\prod_{t=1}^{\frac{q-1}{2}}(\text{sen}^2\left(\frac{2\pi s}{p}\right) - \text{sen}^2\left(\frac{2\pi t}{q}\right)))$$

$$= (-4)^{\frac{q-1}{2}\cdot\frac{p-1}{2}}\prod_{s\in U}\prod_{t\in T}(\text{sen}^2\left(\tfrac{2\pi s}{p}\right) - \text{sen}^2\left(\tfrac{2\pi t}{q}\right)), \quad (6.16)$$

pois $card(U) = \frac{p-1}{2}$, e estamos considerando $T = \{1, 2, \cdots, \frac{q-1}{2}\}$. Repetindo o mesmo procedimento no cálculo de $\left(\frac{p}{q}\right)$, mas conservando as definições anteriores dos conjuntos U e T, nosso cálculo dará:

$$\left(\frac{p}{q}\right) = \prod_{t\in T}(-4)^{\frac{q-1}{2}}((-4)^{\frac{p-1}{2}}\prod_{s=1}^{\frac{p-1}{2}}(\text{sen}^2\left(\frac{2\pi s}{q}\right) - \text{sen}^2\left(\frac{2\pi t}{p}\right)))$$

$$= (-4)^{\frac{p-1}{2}\cdot\frac{q-1}{2}}\prod_{s\in U}\prod_{t\in T}(\text{sen}^2\left(\tfrac{2\pi s}{q}\right) - \text{sen}^2\left(\tfrac{2\pi t}{p}\right)) \quad (6.17)$$

Logo, a comparação entre (6.16) e (6.17) nos dará a seguinte igualdade:

$$\left(\frac{p}{q}\right) = \left(\frac{q}{p}\right)(-1)^{\frac{p-1}{2}\cdot\frac{q-1}{2}} \quad (6.18)$$

Mas, de fato as igualdades (6.18) e (6.13) são as mesmas, pois os símbolos de Legendre assumem valores $+1$ e -1. □

Exemplo 6.27. Vamos por meio do teorema precedente calcular o valor do símbolo $\left(\frac{31}{1997}\right)$. Para isso, seja $p = 31$ e $q = 1997$. Para calcular esse valor, precisamos calcular o valor de $\left(\frac{1997}{31}\right)$. Mas, $1997 \equiv 13(mod\ 31)$ e então $\left(\frac{1997}{31}\right) = \left(\frac{13}{31}\right)$ (veja item (1) do Lema 6.11). Por outro lado, para calcular $\left(\frac{13}{31}\right)$ notamos que $\left(\frac{13}{31}\right)\left(\frac{31}{13}\right) = (-1)^{\frac{13-1}{2}\cdot\frac{31-1}{2}} = (-1)^{6\cdot 15} = 1$. Logo, o valor de $\left(\frac{13}{31}\right)$ é igual ao valor de $\left(\frac{31}{13}\right)$. Mas, $31 \equiv 5(mod\ 13)$. Daí, pelo mesmo lema $\left(\frac{31}{13}\right) = \left(\frac{5}{13}\right)$. Então, $\left(\frac{1997}{31}\right) = \left(\frac{13}{31}\right) = \left(\frac{5}{13}\right)$. Agora, para calcular $\left(\frac{5}{13}\right)$, utilizamos o teorema precedente de novo, temos então que $\left(\frac{5}{13}\right)\left(\frac{13}{5}\right) = (-1)^{\frac{5-1}{2}\cdot\frac{13-1}{2}} = (-1)^{2\cdot 6} = 1$. Logo, $\left(\frac{5}{13}\right) = \left(\frac{13}{5}\right)$. Mas, de novo temos que $13 \equiv 3(mod\ 5)$. Logo:

$$\left(\frac{1997}{31}\right) = \left(\frac{13}{31}\right) = \left(\frac{5}{13}\right) = \left(\frac{13}{5}\right) = \left(\frac{3}{5}\right) = -1,$$

pois é de imediato testar que a equação $x^2 \equiv 3(mod\ 5)$ não possui solução. Então, $\left(\frac{1997}{31}\right) = -1$. Agora, o teorema de Gauss implica que:

$$\left(\frac{31}{1977}\right)\left(\frac{1997}{31}\right) = (-1)^{\frac{1997-1}{2}\cdot\frac{31-1}{2}} = (-1)^{14970} = 1$$

Isso implica que $\left(\frac{31}{1977}\right) = -1$.

6.3 Casos especiais

Nesta parte do livro discutimos alguns casos especiais de reciprocidade quadrática de Gauss nos exemplos de destaques.

Lema 6.28. Sejam $p < q$ dois números primos gêmeos e ímpares. Então, o símbolo $\left(\frac{p}{q}\right) = 1$ se, e somente se, p é de forma $8t \pm 1$.

Demonstração. O fato de que esses dois números primos são gêmeos mostra que a diferença entre eles é 2. Logo, $q = p + 2$. Pelo teorema precedente temos que:

$$\left(\frac{p}{q}\right) = \left(\frac{p}{p+2}\right) = \left(\frac{p+2}{p}\right)(-1)^{\frac{p-1}{2}\cdot\frac{p+2-1}{2}} = (-1)^{\frac{p^2-1}{4}}$$

Mas, $\left(\frac{p+2}{p}\right) = \left(\frac{2}{p}\right)$, pois $p + 2 \equiv 2(mod\ p)$. Logo, pelo Lema 6.17, tem-se que $\left(\frac{2}{p}\right) = 1$ se, e somente se, $p = 8t \pm 1$ para algum número natural t. Pelo fato de que para esses números primos a fração $\frac{1}{4}(p^2-1)=(16t^2\pm 4)$ é sempre um número par, então $\left(\frac{p}{p+2}\right)=1$ se, e somente se, $p=8t\pm 1$. □

Exemplo 6.29. Pelo lema precedente temos os seguintes valores:

$$\left(\frac{3}{5}\right)=\left(\frac{5}{7}\right)=\left(\frac{11}{13}\right)=\left(\frac{1949}{1951}\right)=-1,\text{ e }\left(\frac{41}{43}\right)=\left(\frac{17}{19}\right)=1 \qquad (6.19)$$

A seguir, demonstraremos um teorema com respeito de teste de primalidade para números de Fermat, o Teorema de P. Pépin[4]. Contudo, hoje em dia, este teorema pode não ter valor prático para verificar a primalidade de números de Fermat, pois pode ser usado o Teorema de Pocklington (por exemplo, veja o livro [Sho crip]). Também outros métodos como o que veremos no próximo capítulo a Teoria de AKS.

Teorema 6.30 (Teorema de Pépin). Um número de Fermat F_n para $n\geq 1$ é primo se, e somente se, valer a seguinte congruência:

$$3^{\frac{F_n-1}{2}}\equiv -1\ (mod\ F_n) \qquad (6.20)$$

Demonstração. Começamos com o Exercício 64 do Capítulo 4. Como consequência temos que $F_n\equiv 2\ (mod\ 3)$. Vamos supor que F_n seja um número primo. Então, pela reciprocidade quadrática tem-se:

$$\left(\frac{3}{F_n}\right)\left(\frac{F_n}{3}\right)=(-1)^{\frac{3-1}{2}\cdot\frac{F_n-1}{2}}=(-1)^{2^{2^n-1}}=1$$

Mas, pela congruência precedente, temos então $\left(\frac{F_n}{3}\right)=\left(\frac{2}{3}\right)$. Também notamos que $\left(\frac{2}{3}\right)=-1$. Por outro lado, aplicando Teste de Euler (Teorema 6.9), concluímos a validade da congruência (6.20). Para completar a demonstração, vamos supor que valha a congruência (6.20), mas que F_n não seja primo. Então se p é um divisor primo de F_n a mesma congruência

---

[4] Sur la formule $2^{2^n}+1$. Comptes Rendus Acad. Sci. Paris 85 (1877), páginas 329-333.

implica que $3^{\frac{F_n-1}{2}} \equiv -1\ (mod\ p)$, onde obviamente p é ímpar. Se t é o expoente de 3 módulo p (isso é que t é o menor número tal que $3^t \equiv 1\ (mod\ p)$), então, pelo Lema 5.34 temos que $t|F_n - 1$. Isso quer dizer que $t|2^{2^n}$. Portanto, $t = 2^{2^\ell}$ para algum número natural ℓ, com $\ell \leq 2^n$. Podemos supor que $\ell = 2^n - k$ para algum número inteiro $k \geq 0$. Vamos provar que $k = 0$. Se $k > 0$ então valem as seguintes:

$$3^{\frac{F_n-1}{2}} \equiv 3^{2^{2^n}-1} \equiv 3^{2^{\ell+k-1}} \equiv \left(3^{2^\ell}\right)^{2^{k-1}} \equiv (3^t)^{2^{k-1}} \equiv 1\ (mod\ p)$$

Mas, isso é uma impossibilidade, pois pela nossa suposição vale a congruência $3^{\frac{F_n-1}{2}} \equiv -1\ (mod\ p)$. Portanto, $k = 0$ e $\exp_p(3) = 2^{2^n}$. De novo considerando o Lema 5.34, temos que 2^{2^n} divide $p - 1$. Logo, $2^{2^n} \leq p - 1$. Isso implica que $F_n \leq p$. Sendo p um divisor primo de F_n concluímos que $F_n = p$. Isso quer dizer que F_n é um número primo. □

Observamos que na sessão 3.3 onde números de Fermat foram apresentados, o primeiro número era $F_0 = 3$. Este número ainda satisfaz a condição do Teorema de Pépin, pois $3^{\frac{F_n-1}{2}} = 3^{\frac{3-1}{2}} = 3$ e esse número obviamente NÃO satisfaz a condição $3 \equiv -1\ (mod\ 3)$. Portanto, no teorema precedente é necessário que n seja maior ou igual a 1.

Por exemplo, para $n = 1$ tem-se $F_1 = 5$. Neste caso verificamos se F_1 satisfaz a condição do Teorema de Pépin. Temos que $3^{\frac{F_n-1}{2}} = 3^{\frac{5-1}{2}} = 9$, e obviamente $9 \equiv -1\ (mod\ 5)$.

Veja o Exercício 47 no final deste capítulo. Para mostrar que o Teorema de Pépin não oferece um método prático para testar primalidade de números de Fermat e que a computação necessária será em geral muito grande, basta considerar o primeiro número de Fermat composto que é $F_5 = 4294967297$. Para testar que esse número não satisfaz a condição do teorema precedente verificamos se

$3^{\frac{F_n-1}{2}} = 3^{2147483648} \equiv -1(mod\ 4294967297)$. Mas, o cálculo do $3^{2147483648}$ é muito grande! Portanto, não saberemos se F_5 é composto ou não por meio do teorema precedente. De fato, o número de algarismos de $3^{2147483648}$ é maior que 10246100928814931456, ou seja, trilhões e trilhões.

6.4 Exercícios do capítulo 6

As soluções e comentários dos 50 exercícios seguintes são encontradas no livro [Sho 457].

(1) Mostre que se a equação $x^2 \equiv a\ (mod\ m)$ tiver uma solução x_0, então, $[a, m] | x_0^2$.

(2) Mostre que se a equação $x^2 \equiv a(mod\ m)$ tiver uma solução x_0, então, $[m, x_0] | a$.

(3) Do exercício precedente deduz-se que quando a equação $x^2 \equiv 1\ (mod\ m)$ tem uma solução x_0, então m e x_0 são coprimos entre si.

(4) Mostre que quando p é um número primo e $x^2 \equiv a(mod\ p)$ tem solução, e $p|a$, então a única solução módulo p dessa equação é $x_0 = 0$. Isso deve explicar porque queremos que $[a, p] = 1$ nos resultados sobre resíduo quadrático módulo p.

(5) Mostre que quando a equação $x^2 \equiv a(mod\ m)$ possui solução, então, para todo número natural n a equação $y^2 \equiv n^2 a(mod\ m)$ também tem solução.

Sugestão: A solução de $y^2 \equiv n^2 a(mod\ m)$ será nx_0, onde x_0 é uma solução da equação $x^2 \equiv a(mod\ m)$.

(6) Resolva a equação $x^2 \equiv 5(mod\ 9)$. Por que ela não é solúvel?

(7) Mostre que quando p é um número primo e $n \in \mathbb{N}$, se a equação $x^2 \equiv a(mod\ p^n)$ tiver solução, então a equação $x^2 \equiv a\ (mod\ p)$ também tem solução.

(8) Resolva a equação $x^2 + 4x + 4 \equiv 2(mod\ 7)$.

Resposta: $x \equiv 1\ (mod\ 7)$

(9) Mostre que se $b^2 - c \equiv 0(mod\ m)$, então a equação quadrática com coeficientes números inteiros $x^2 + 2bx + c \equiv 0(mod\ m)$ tem solução. Qual é a solução dela?

(10) Dê uma condição necessária para que o sistema seguinte tenha solução:

$$\begin{cases} x^2 \equiv c_1(mod\ m) \\ x^2 \equiv c_2(mod\ m) \end{cases}$$

(11) Seja $m > 1$ um número natural. Mostre que vale a congruência:

$$x^2 \equiv (m - x)^2(mod\ m)$$

(12) Seja $m > 1$ um número natural. Suponha que a equação de congruência $x^2 \equiv a(mod\ m)$ tenha solução. Mostre que então a equação $(x - m)^2 \equiv a(mod\ m)$ também tem solução.

(13) Mostre que a equação $x^2 - a \equiv 0(mod\ p)$ tem no máximo duas soluções incongruentes módulo p, para todo número primo p.

(14) Mostre que os seguintes 11 números são resíduos quadráticos módulo 23 (veja Lema 6.5 e Exemplo 6.6):

$$R_{23} = \{1, 2, 3, 4, 6, 8, 9, 12, 13, 16, 18\}$$

(15) Considerando o exercício precedente, resolva as seguintes equações:

$$x^2 \equiv 18(mod\ 23), \text{e } x^2 \equiv 13\ (mod\ 23)$$

(16) Suponha que a é resíduo quadrático módulo um número primo p. É verdadeiro que a^2 é resíduo quadrático módulo p^2?

Resposta: Sim.

(17) Considerando o exercício precedente. É verdadeiro que a^n é resíduo quadrático módulo p^n para todo número natural n?

Resposta: Sim.

(18) Por meio de Teste de Euler (Teorema 6.9) verifique, se 4 é resíduo quadrático módulo 13.

(19) Seja p um número primo ímpar. Mostre que se $a \in \mathbb{Z}$ e $[a,p] = 1$, então, $\left(\frac{a}{p}\right) = \left(\frac{(1-p)a}{p}\right)$.

(20) Mostre que a seguinte fórmula para soma de símbolos de Legendre não é verdadeira:

$$\left(\frac{a+b}{p}\right) = \left(\frac{a}{p}\right) + \left(\frac{b}{p}\right)$$

(21) Mostre que a seguinte igualdade não é verdadeira:

$$\left(\frac{ab}{p}\right) = \left(\frac{a}{p}\right) + \left(\frac{b}{p}\right)$$

(22) Por meio de um exemplo mostre que a seguinte fórmula não é verdadeira $\left(\frac{a+b}{p}\right) = \left(\frac{a}{p}\right)\left(\frac{b}{p}\right)$.

(23) Calcule os restos principais módulo 31 para todos os números x com $1 \leq x \leq 31$.

(24) Seja $m > 1$ um número natural. Mostre que o resto principal de todo número inteiro a módulo m é único.

(25) Com os dados do exercício anterior, mostre que todos os números inteiros do intervalo $(-\frac{m}{2},\frac{m}{2}]$ são restos principais. Isso quer dizer que para todo número inteiro $t \in (-\frac{m}{2},\frac{m}{2}]$ existe um número inteiro a tal que $r_m(a) = t$.

(26) Seja p um número primo ímpar e $a \in \mathbb{Z}$ tal que $[a,p] = 1$. Por meio do lema de Gauss (Lema 6.16), calcule o símbolo $\left(\frac{15}{11}\right)$.

(27) (Contra parte de Techbycheff). Mostre que para um número natural ímpar n o polinômio contra parte de Techbycheff $S_n(x)$ pode ser definido pelo $S_n(x) = \text{sen}(n \text{ arc sen } x)$.

(28) Calcule $S_3(x), S_5(x), S_7(x)$ e $S_9(x)$.

(29) Resolva as equações $S_3(x) = 0, S_5(x) = 0$ e $S_7(x) = 0$.

(30) Considere o Exemplo 6.24 e ache o valor de $\text{sen}\left(\frac{2\pi}{7}\right)$.

(31) Pode ser demonstrado um resultado semelhante ao Lema Trigonométrico para $\frac{\cos(mx)}{\cos x}$?

(32) É verdadeiro que o máximo divisor comum dos coeficientes de polinômio $T_n(x)$ é sempre igual a 1 para todo $n \in \mathbb{N}$?

(33) Mostre que os polinômios $T_5(x)$ e $S_5(x)$ são congruentes módulo 2 e módulo 3. Então, eles são congruentes módulo 6 também.

(34) Mostre que o termo constante do polinômio $T_{2n}(x)$ é $(-1)^n$ para todo número natural n.

(35) É verdadeiro que $T_3(x) \equiv S_3(x)(mod\ 2)$?

(36) Calcule $\frac{\text{sen}(7x)}{\text{sen } x}$.

(37) Calcule o símbolo$\left(\frac{47}{1997}\right)$.

(38) Calcule o valor do símbolo $\left(\frac{256}{1997}\right)$ por meio do Teorema da Reciprocidade Quadrática de Gauss.

(39) Calcule o valor do símbolo $\left(\frac{4362}{1997}\right)$ usando o Teorema da Reciprocidade Quadrática de Gauss.

(40) Seja p um número primo ímpar e $a \in \mathbb{Z}$ tal que $[a, p] = 1$. Mostre que quando n é um número natural par então $x^2 \equiv a^n (mod\ p)$ tem solução.

(41) Seja p um número primo ímpar e $a \in \mathbb{Z}$ tal que $[a, p] = 1$. Mostre que se a não é resíduo quadrático módulo p, então para todo número natural n ímpar a^n também não é resíduo quadrático módulo p.

(42) Mostre que quando n é um número natural par vale $\left(\frac{a^n}{p}\right) = 1$ para todo número primo ímpar e todo número inteiro a coprimo com p.

(43) Mostre que quando p é um número primo ímpar e a, e b são dois números inteiros coprimos com p então $\left(\frac{ab^2}{p}\right) = \left(\frac{a}{p}\right)$.

(44) Mostre que se p é um número primo ímpar de forma $4k + 1$ e a um número inteiro positivo coprimo com p então $\left(\frac{-a}{p}\right) = \left(\frac{a}{p}\right)$.

(45) Por meio de Teste de Euler, determine os números primos ímpares p tal que $\left(\frac{-1}{p}\right) = 1$.

(46) Mostre que no Lema 6.17 quando δ e μ não tem a mesma paridade então, $\frac{p-1}{2} \notin U_2^+$.

(47) Por meio do Teorema de Pépin (Teorema 6.30) verifique a primalidade de números de Fermat F_1, F_2, F_3, F_4 e F_5. Pode ser feito com F_6?

(48) Símbolo de Jacobi. Para um número inteiro a, um número natural n com representação aritmética $n = \prod_{i=1}^{k} p_i^{\alpha_i}$, o símbolo de Jacobi [5] é definido como produto de símbolos de Legendre:

$$\left(\frac{a}{n}\right)_J = \prod_{i=1}^{k} \left(\frac{a}{p_i}\right) \tag{6.21}$$

O símbolo de Jacobi pode assumir um dos seguintes valores: $1, 0$ ou -1. O segundo caso é quando $[a, n] \neq 1$ e outros casos de acordo com os valores assumidos por símbolos de Legendre do lado direito da definição. O símbolo de Jacobi tem muitas propriedades semelhantes com o símbolo de Legendre, mas de fato não é uma generalização total. Para entender isso, faça as seguintes opções:

(1) Se n é um número primo então $\left(\frac{a}{n}\right)_J = \left(\frac{a}{n}\right)$;

(2) Vale $\left(\frac{ab}{n}\right)_J = \left(\frac{a}{n}\right)_J \left(\frac{b}{n}\right)_J$;

(3) Calcule $\left(\frac{9107}{19}\right)_J$;

(4) Se $a \equiv b(mod\ n)$ então, $\left(\frac{a}{n}\right)_J = \left(\frac{b}{n}\right)_J$;

(5) Para todo número natural $n > 1$ vale $\left(\frac{1}{n}\right)_J = 1$;

(6) Para todo número natural $n > 1$ vale $\left(\frac{-1}{n}\right)_J = (-1)^{\frac{n-1}{2}}$;

(7) Para todo número natural $n > 1$ vale $\left(\frac{2}{n}\right)_J = (-1)^{\frac{n^2-1}{8}}$;

(8) Para números naturais $m, n > 1$ vale $\left(\frac{m}{n}\right)_J = \left(\frac{n}{m}\right)_J (-1)^{\frac{m-1}{2} \cdot \frac{n-1}{2}}$;

---

[5] Carl Gustav Jakob Jacobi (1804 – 1851).

(9) Mostre que se para um número inteiro a e um número natural $m > 1$ valha $\left(\frac{a}{m}\right)_J = -1$ então a não é resíduo quadrático módulo m;

(10) Mostre que com dados do item precedente a igualdade $\left(\frac{2}{m}\right)_J = 1$ não significaria que a é resíduo quadrático módulo m;

Sugestão: Considere $a = 2, m = 15$.

(11) Com os dados do item precedente. Mostre que a seguinte congruência não é necessariamente verdadeira para o símbolo de Jacobi:

$$a^{\frac{m-1}{2}} \equiv \left(\frac{a}{m}\right)_J (mod\, m)$$

(49) Mostre que, em geral, a seguinte igualdade não é verdadeira (veja o Exercício 44):

$$\left(\frac{-a}{p}\right) = \left(\frac{a}{p}\right)$$

Sugestão: Considere $a = 3, p = 7$.

(50) Seja ℓ um número primo de Germain. Pode achar o valor de $\left(\frac{\ell}{2\ell+1}\right)$?

6.4.1 Os seguintes são acrescentados para a segunda edição do livro

(51) Verifique se a equação cúbico $x^3 \equiv 2(mod\ 7)$ tem solução?

(52) É possível que um número natural $a > 1$ ao mesmo tempo seja resíduo quadrático módulo um número natural $m > 1$ e também resíduo cúbico?

(53) Mostre que número 2 é resíduo quártico módulo 7. Isso é o mesmo que provar que a equação $x^4 \equiv 2\ (mod\ 7)$ tem solução.

(54) Seja p um número primo ímpar. Calcule as seguintes somas e mostre que os valores delas sempre são zero:

$$\left(\frac{1}{3}\right)+\left(\frac{2}{3}\right),\ \left(\frac{1}{5}\right)+\left(\frac{2}{5}\right)+\left(\frac{3}{5}\right)+\left(\frac{4}{5}\right),\ \sum_{k=1}^{6}\left(\frac{k}{7}\right)$$

(55) Ache todas as matrizes A inteiras 2×2 que satisfazem a congruência quadrática $X^2 \equiv A\ (mod\ 7)$, onde $X = \begin{bmatrix} 1 & 2 \\ -1 & 3 \end{bmatrix}$.

(56) Seja $A = \begin{bmatrix} 1 & 2 \\ 0 & 3 \end{bmatrix}$. Pode resolver a equação de congruência matricial $X^2 \equiv A(mod\ 8)$ para X uma matriz inteira 2×2 e triangular superior?

(57) Por meio de símbolo de Legendre explique quando que é possível uma matriz inteira 2×2 diagonal seja resíduo quadrático com uma matriz inteira 2×2 também diagonal. Dê um exemplo.

(58) Para uma matriz $n\times n$ inteira, para um número primo p, se definimos $\left(\frac{0}{p}\right) = \left(\frac{p}{p}\right) = 0$ podemos definir em pelo menos duas maneiras uma versão de símbolo de Legendre, a ser chamado símbolo de Legendre matricial pelo:

(1) $\left(\frac{A}{p}\right)_M = \left(\frac{|\det A|}{p}\right)$

(2) $\left(\frac{A}{p}\right)_M = \prod\left(\frac{|a_{ij}|}{p}\right)$ onde o produto varia sobre os valores absolutos de todas as entradas da matriz A.

Qual dessas implica na outra? Elas satisfazem um resultado semelhante com o Lema 6.11, mas para matrizes?

(59) Com dados do exercício precedente mostre que uma matriz inteira $n\times n$ diagonal A é resíduo quadrático módulo um número primo ímpar p se $\left(\frac{|a_{ij}|}{p}\right) = 1$ para todas as entradas de matriz A quando n é par, e se n é ímpar $\left(\frac{A}{p}\right)_M = 1$.

(60) Com os dados do exercício precedente se sabe como calcular determinantes de matrizes $n \times n$ quando n é maior que 2, mostre que as seguintes matrizes circulantes têm determinantes zero:

$$\begin{bmatrix} \left(\frac{1}{3}\right) & \left(\frac{2}{3}\right) & \left(\frac{3}{3}\right) \\ \left(\frac{3}{3}\right) & \left(\frac{1}{3}\right) & \left(\frac{2}{3}\right) \\ \left(\frac{2}{3}\right) & \left(\frac{3}{3}\right) & \left(\frac{1}{3}\right) \end{bmatrix}, \text{ e } \begin{bmatrix} \left(\frac{1}{5}\right) & \left(\frac{2}{5}\right) & \left(\frac{3}{5}\right) & \left(\frac{4}{5}\right) & \left(\frac{5}{5}\right) \\ \left(\frac{5}{5}\right) & \left(\frac{1}{5}\right) & \left(\frac{2}{5}\right) & \left(\frac{3}{5}\right) & \left(\frac{4}{5}\right) \\ \left(\frac{4}{5}\right) & \left(\frac{5}{5}\right) & \left(\frac{1}{5}\right) & \left(\frac{2}{5}\right) & \left(\frac{3}{5}\right) \\ \left(\frac{3}{5}\right) & \left(\frac{4}{5}\right) & \left(\frac{5}{5}\right) & \left(\frac{1}{5}\right) & \left(\frac{2}{5}\right) \\ \left(\frac{2}{5}\right) & \left(\frac{3}{5}\right) & \left(\frac{4}{5}\right) & \left(\frac{5}{5}\right) & \left(\frac{1}{5}\right) \end{bmatrix}$$

(61) Calcule o polinômio contra parte de Techbycheff para $n = 5$ e $n = 7$. Eles são iguais a $T_5(x)$ e $T_7(x)$ respectivamente?

(62) (Representação matricial de polinômios de Techbycheff). Considere uma matriz quadrada simétrica $n \times n$ com entradas a_{ij} para $i, j = 1, 2, \cdots, n$. De modo que $a_{11} = x$ e $a_{ii} = 2x$ para todo $i = 2, \cdots n$ e as entradas logo acima e de baixo diagonal todos igual a 1. O determinante dessa matriz como é explicado no artigo[6] de Nash é o mesmo que o polinômio $T_n(x)$.

(1) Ache os polinômios $T_n(x)$ para $n = 1, 2, 3, 4$ utilizando o resultado de Nash.

(2) Para qual valor não zero de x o autovalor da matriz $T_2(x)$ é um número inteiro?

---

[6] Nash, P. L. Chebyshev polynomials and quadratic path integrals. Journal Math. Phys. 27, 2963, 1986.

Capítulo 7

A Teoria de AKS

Entre os muito poucos teoremas que ofereçam uma condição necessária e suficiente para que um número natural seja primo, o teorema de Agrawal, Kayal e Saxena (AKS)[1] recebeu muita atenção nos anos recentes. Em resumo, para primeira vez eles tinham provado que é possível detectar primalidade de um número natural ímpar dentro de "tempo polinomial". O trabalho deles foi publicado no ano 2004 na prestigiada revista matemática[2] e denominado aqui em nome de (AKS). A obra deles pode ser vista como uma nova teoria sobre primalidade de números. É uma teoria importante tanto do ponto de vista teórico, quanto prático. A importância teórica da teoria de AKS está baseada no fato de que oferece um teorema original com respeito de primalidade de números naturais que pode ser considerado como uma generalização polinomial de Pequeno Teorema de Fermat. A importância prática está no fato de que eles usaram este teorema para elaborar um algoritmo simples que detecta primalidade de números naturais em um tempo polinomial. Ao contrário dos algoritmos antes conhecidos, no algoritmo de AKS não existem limites ou cotas para grandeza de números de algarismos a serem testados.

Para uma introdução aos métodos de AKS precisamos iniciar com um estudo algébrico de polinômios.

7.1 Reduções módulo m de polinômios inteiros

Os polinômios têm um papel de destaque nos estudos e nas aplicações de teoria dos números. Principalmente, veremos neste capítulo

---

[1] São cientistas Indianos do Indian Institute of Technology Kanpur: Manindra Agrawal, Neeraj Kayal e Nitin Saxena que no ano de 2001 anunciaram um importante resultado sobre primalidade de números.

[2] Annals of Mathematics 160 (2) 781-793 (2004)

como eles são importantes na teoria de AKS. Este fato é muito evidente, pois através dos polinômios inteiros uma condição necessária e suficiente para primalidade de números naturais é dada, que no mesmo tempo é eficiente. Nesta seção vamos apresentar o conceito de redução módulo m de números e polinômios inteiros.

Definição 7.1. (1) Seja $m > 1$ um número natural. Seja a um número inteiro não nulo. A redução módulo m de a é um número natural $R_m(a)$ tal que:

$$0 \leq R_m(a) < m, \text{ e } R_m(a) \equiv a \ (mod \ m) \tag{7.1}$$

O número $R_m(a)$ sempre existe e ele é único com as condições desejadas. Algumas vezes podemos denotar $R_m(a)$ como $a(mod\ m)$.

(2) Para um polinômio dado $f(x) \in \mathbb{Z}[x]$ (um polinômio com coeficientes números inteiros) a redução módulo m do polinômio $f(x)$ é o único polinômio $R_m(f(x))$ cujos coeficientes são redução módulo m dos coeficientes de $f(x)$.

Algumas vezes denotamos $R_m(f(x))$ pela $f(x)(mod\ m)$. É claro que $R_m(f(x))$ sempre existe, pois $R_m(a_i)$ dos coeficientes a_i do polinômio $f(x)$ sempre existem.

Portanto, Para $f(x) = a_n x^n + \cdots + a_1 x + a_0 \in \mathbb{Z}[x]$, temos que:

$$R_m\big(f(x)\big) = R_m(a_n)x^n + \cdots + R_m(a_1)x + R_m(a_0)$$

Se o $gr\big(f(x)\big) = n$, nem sempre é verdadeiro que o grau de $R_m(f(x))$ também é n, pois na redução módulo m de a_n, este número pode ficar zero.

Por exemplo, a redução módulo 4 do polinômio $f(x) = 8x^5 + 5x^3 - 2x + 1$ é o polinômio $R_4(f(x)) = x^3 + 2x + 1$, pois $8 \equiv 0(mod\ 4)$, $5 \equiv 1(mod\ 4)$, $-2 \equiv 2(mod\ 4)$ e $1 \equiv 1(mod\ 4)$. O grau de $f(x)$ é 5, mas o grau de $R_4(f(x))$ é 3.

Como outro exemplo, considere o polinômio $g(x) = 2x^6 + 6x^3 - 13x^2 + 5$. Temos que $g(x)(mod\ 4) = 2x^6 + 2x^3 + 3x^2 + 1$.

Vamos considerar a soma de $f(x)$, e $g(x)$. Isto é $f(x) + g(x) = 2x^6 + 8x^5 + 11x^3 - 13x^2 - 2x + 6$. Neste caso $R_4(f(x) + g(x)) = 2x^6 + 3x^3 + 3x^2 + 2x + 2$. Por outro lado, temos que:

$$R_4(f(x)) + R_4(g(x)) = 2x^6 + 3x^3 + 3x^2 + 2x + 2 = R_4(f(x) + g(x))$$

Além disso, $R_4(f(x)g(x)) = 2x^9 + 3x^5 + x^3 + 3x^2 + 2x + 1$. Também, podemos calcular que $R_4(f(x))R_4(g(x)) = 2x^9 + 3x^5 + x^3 + 3x^2 + 2x + 1$. Resumindo, eles são iguais.

Voltando para a redução de um número inteiro a módulo m, observamos que de fato $a(mod\ m)$ pode ser interpretado como a classe $< a >_m$ no conjunto $\mathbb{Z}/m\mathbb{Z}$. Por isso, o seguinte lema faz sentido.

Lema 7.2. Seja $m > 1$ um número natural, a, b dois números inteiros. Então valem as seguintes:

(1) $a(mod\ m) +_m b(mod\ m) = a + b(mod\ m)$;

(2) $a(mod\ m) \cdot_m b(mod\ m) = ab(mod\ m)$.

Demonstração. Quando tem-se $s(mod\ m) = t$, então $< s >_m = < t >_m$ no conjunto $\mathbb{Z}/m\mathbb{Z}$. Neste conjunto como sabemos são válidos:

$$< a >_m +_m < b >_m = < a + b >_m$$

$$< a >_m \cdot_m < b >_m = < ab >_m$$

Traduzindo para $a(mod\ m)$ e $b(mod\ m)$ seguem as duas afirmações do lema. A demonstração está completa. □

O exemplo anterior junto com o lema anterior nos leva a concluir o seguinte:

Lema 7.3. Seja $m > 1$ um número natural e $f(x), g(x) \in \mathbb{Z}[x]$. Então:

(1) $R_m\big(f(x) + g(x)\big) = R_m\big(f(x)\big) + R_m\big(g(x)\big)$;

(2) $R_m\big(f(x)g(x)\big) = R_m\big(f(x)\big)R_m\big(g(x)\big)$.

O Lema 7.2 junto com as observações anteriores nos indica que $R_m(f(x))$ pode ser considerado como um polinômio cujos coeficientes pertençam ao conjunto $\mathbb{Z}/m\mathbb{Z}$.

Na álgebra, o conjunto $\mathbb{Z}/m\mathbb{Z}$ é um anel, pois para ele as duas operações de soma de classes e multiplicação de classes é uma operação fechada. Por outro lado, da mesma forma, $\mathbb{Z}$ é um anel e o conjunto $\mathbb{Z}[x]$ dos polinômios inteiros com variável x também é um anel.

Notação 7.4. Denotamos por $\mathbb{Z}/m\mathbb{Z}[x]$ o conjunto dos polinômios cujos coeficientes são membros do anel $\mathbb{Z}/m\mathbb{Z}$. Isso é a mesma coisa que dizer $\mathbb{Z}/m\mathbb{Z}[x]$ é o conjunto dos polinômios com coeficientes reduzidos módulo m.

O mapeamento seguinte:

$$R_m: \mathbb{Z}[x] \to \mathbb{Z}/m\mathbb{Z}[x] \tag{7.2}$$

associando a cada $f(x) \in \mathbb{Z}[x]$ o polinômio $R_m(f(x))$ é sobrejetora, mas não é injetor, pois dois polinômios diferentes podem ter as mesmas reduções módulo m. Como, por exemplo:

$$R_7(9x^4 + 3x^2 - 8) = 2x^4 + 3x^2 + 6 = R_7(2x^4 + 3x^2 + 6)$$

Mas, claramente R_m é sobrejetora, pois para cada $t \in \mathbb{Z}/m\mathbb{Z}$ sempre existe um número inteiro a tal que $a(mod\ m) = t$.

Definição 7.5. Um polinômio de $\mathbb{Z}[x]$ é dito polinômio primitivo se, e somente se, o máximo divisor comum dos seus coeficientes for igual a 1.

Lema 7.6. Um polinômio $f(x) \in \mathbb{Z}[x]$ é primitivo se, somente se, $R_m(f(x)) \neq O(x)$ o polinômio nulo, para todo $m \in \mathbb{N}$ com $m > 1$.

Demonstração. Seja um polinômio como $f(x) = a_n x^n + \cdots + a_1 x + a_0$ primitivo. Logo, não haverá um divisor comum entre os seus coeficientes exceto 1. Portanto, o polinômio $R_m(f(x))$ não será o polinômio nulo para todo número natural $m > 1$. Reciprocamente, a qualquer conjunto de n números inteiros e coprimos podemos associar um polinômio não nulo que certamente será primitivo. □

Notamos que o lema precedente pode ser demonstrado por meio da Indução Matemática também. A indução pode ser aplicada a $n > 1$.

Nós devemos observar que a soma de dois polinômios primitivos não é sempre primitivo. Por exemplo, os polinômios $f(x) = 2x + 1$ e $g(x) = 4x + 1$ são ambos primitivos, mas a soma $f(x) + g(x) = 6x + 2$ não é primitiva, pois $[6, 2] = 2 \neq 1$. Mas, o seguinte resultado de Gauss garante que o produto de polinômios primitivos sempre é um polinômio primitivo.

Antes de demonstrar o resultado de Gauss observamos que quando $f(x)$ é um polinômio primitivo, então $f(x) \not\equiv 0(mod\, p)$ para todo número primo p.

Lema 7.7 (Lema de Gauss). O produto de dois polinômios primitivos é um polinômio primitivo.

Demonstração. Quando $f(x)$ e $g(x)$ são polinômios primitivos então tem-se $R_m(f(x)) \neq O(x)$ e $R_m(g(x)) \neq O(x)$ para todo número natural m. Logo, se o produto $f(x)g(x)$ não é um polinômio primitivo deve existir um número primo p que divide todos os coeficientes de $f(x)g(x)$. Isto é que $R_p\big(f(x)g(x)\big) = O(x)$. Mas, por outro lado, isso implica em:

$$R_p\big(f(x)g(x)\big) = R_p\big(f(x)\big)R_p(g(x)) = O(x)$$

e logo, o $f(x)g(x) \equiv 0(mod\, p)$. Portanto, $f(x) \equiv 0(mod\, p)$, ou $g(x) \equiv 0(mod\, p)$. Isso é uma contradição o fato de que $f(x)$ e $g(x)$ são polinômios primitivos. □

Da mesma forma que a congruência entre números inteiros é definida, e a congruência entre polinômios inteiros módulo um número natural $m > 1$, nós também podemos definir congruências entre polinômios inteiros mas módulo um polinômio inteiro em vez de número m. Para isso, veja a Definição 7.22. Neste sentido, realmente em certos aspectos a teoria dos números está sendo reescrita para polinômios inteiros.

A seguir, definiremos divisão de polinômios.

Definição 7.8. Um polinômio não nulo $h(x)$ divide um polinômio $f(x)$ se, e somente se, existir um polinômio $g(x)$ tal que $f(x) = g(x)h(x)$.

Observamos que na definição anterior não foi indicado se $f(x)$ e $g(x)$ ou $h(x)$ são polinômios inteiros ou não, ou se são polinômios de $\mathbb{Z}/m\mathbb{Z}[x]$ ou não. Para facilitar as apresentações e notações, vamos denotar os anéis $\mathbb{Z}$, e $\mathbb{Z}/m\mathbb{Z}$ por uma letra como $\mathcal{A}$ quando não há riscos de claridade.

Definição 7.9. Um polinômio não nulo $h(x) \in \mathcal{A}[x]$ divide um polinômio $f(x) \in \mathcal{A}[x]$ se, e somente se, existir $g(x) \in \mathcal{A}[x]$ tal que $f(x) = g(x)h(x)$. Neste caso, escrevemos $h(x)|f(x)$, e dizemos que $f(x)$ é divisível por $h(x)$. E $h(x)$ e $g(x)$ são divisores de $f(x)$.

Por exemplo, se $\mathcal{A} = \mathbb{Z}$, então $f(x) = x^6 + 2x^3 + x^2 + x + 1 \in \mathcal{A}[x]$ é divisível por $h(x) = x^2 + 1 \in \mathcal{A}[x]$. De fato, para o polinômio $g(x) = x^3 + x + 1 \in \mathcal{A}[x]$ temos que $f(x) = g(x)h(x)$.

Como outro exemplo, seja $\mathcal{A} = \mathbb{Z}/5\mathbb{Z}$, $h(x) = x^2 + 3x + 1 \in \mathcal{A}[x]$ e $f(x) = x^6 + 3x^5 + 2x^3 + 2x^2 + 4x + 3 \in \mathcal{A}[x]$. Então o polinômio $g(x) = x^4 + 4x^2 + 3 \in \mathcal{A}[x]$ é um divisor de $f(x)$, pois $f(x) = g(x)h(x)$. Existem outros divisores de $f(x)$? Veja o caso a seguir.

Como terceiro exemplo usaremos o anel $\mathcal{A} = \mathbb{Z}/14\mathbb{Z}$. Neste caso, o polinômio $f(x) = 13x + 3 \in \mathcal{A}[x]$ é decomposto como produto de dois polinômios $h(x) = 7x + 3$ e $g(x) = 2x + 1$. Mas, aqui existem outros divisores para $f(x)$. Podemos escrever $f(x) = 13(x + 11)$. Logo, o número $h(x) = 13$ e o polinômio $g(x) = x + 11$ são divisores de $f(x)$. Ainda existem outras formas de decompor $f(x)$. Podemos fatorar de 3 e escrever $f(x) = 3(9x + 1)$. Quais são as outras formas de decompor $f(x)$?

A surpresa em comparação com o caso precedente é o fato de que 14 não é um número primo, então os elementos não nulos de $\mathbb{Z}/14\mathbb{Z}$ não são necessariamente todos inversíveis.

Lema 7.10. Seja $\mathcal{A} = \mathbb{Z}/m\mathbb{Z}$. Sejam $f(x)$ $g(x) \in \mathcal{A}[x]$. Tem se:

(1) Se $f(x)$ é um polinômio mônico, então:

$$gr\big(f(x) \cdot g(x)\big) = gr\big(f(x)\big) + gr(g(x))$$

(2) Se a é um elemento inversível em $\mathcal{A}$, então:

$$gr\big(af(x)\big) = gr(f(x))$$

(3) Se $f(x) \neq 0$ e $g(x) \neq 0$ e seus coeficientes dominantes são inversíveis em $\mathcal{A}$, então:

$$gr\big(f(x) \cdot g(x)\big) = gr\big(f(x)\big) + gr(g(x))$$

Demonstração. Basta provar o item (3). Seja $f(x) = a_n x^n + f_1(x)$, onde $f_1(x)$ representa a parte do polinômio $f(x)$ com potências menores que n. Seja $g(x) = b_k x^k + g_1(x)$ um polinômio de grau k, ambos $f(x), g(x) \in \mathcal{A}[x]$, e não nulo. Pela suposição a_n e b_k são inversíveis em $\mathcal{A}$, logo o produto $a_n b_k \not\equiv 0 (mod\ m)$ (por quê?). □

Por exemplo, seja $f(x) = 5x^3 + 2x + 1$ e $g(x) = 7x^5 + 8x + 1$. Ambos os polinômios satisfazem as condições do item (3) do lema precedente no anel $\mathbb{Z}/8\mathbb{Z}$, e o grau do produto deles é igual à soma de seus graus. Mas, para $f(x) = 2x^2 + 1$ e $g(x) = 4x^3 + 2x + 1$, essa condição não vale, e então o coeficiente dominante de produto $f(x)g(x)$ no anel $\mathbb{Z}/8\mathbb{Z}$ é zero. Neste anel $f(x)g(x) = 8x^5 + 8x^3 + 2x^2 + 2x + 1$ é igual a $2x^2 + 2x + 1$, que é um polinômio de grau 2.

Teorema 7.11 (Divisão de Euclides para polinômios). Seja $\mathcal{A}$ um dos anéis $\mathbb{Z}$ ou $\mathbb{Z}/m\mathbb{Z}$. Sejam $f(x), g(x) \in \mathcal{A}[x]$ e vamos supor que o coeficiente dominante de $g(x)$ é um elemento inversível no anel $\mathcal{A}$ (isso em particular implica que o polinômio $g(x)$ não é nulo). Então, existem únicos polinômios $q(x)$ e $r(x)$ tais que:

$$f(x) = g(x)q(x) + r(x);$$

$$\text{Onde } r(x) = O, \text{ ou } gr\big(r(x)\big) < gr(g(x))$$

O polinômio $r(x)$ será denominado resto da divisão de Euclides.

Demonstração. Utilizamos Indução Matemática para demonstrar a existência de polinômios $q(x)$, $r(x)$ e a unicidade deles. No primeiro, se $gr\big(g(x)\big) > gr(f(x))$, podemos expressar o polinômio $f(x)$ como a soma $f(x) = O(x)g(x) + f(x)$, onde $q(x) = O(x)$ é polinômio nulo e $r(x) = f(x)$. Logo, a existência e a unicidade no primeiro caso. Então, vamos supor que $gr\big(f(x)\big) \geq gr(g(x))$. Neste caso, sejam:

$$f(x) = a_m x^m + \cdots + a_1 x + a_0, \text{ e } g(x) = b_n x^n + \cdots + b_1 x + b_0$$

Aplicando Indução Matemática nos graus de polinômios, e supomos que $gr\big(f(x)\big) = 0$. Então, temos que $gr\big(g(x)\big) = 0$ também. Logo, $g(x) = b_0$ um constante. Por outro lado, pela nossa suposição de que o coeficiente dominante de $g(x)$ é inversível, b_0^{-1} existe e podemos observar que:

$$a_0 = b_0(b_0^{-1}a_0) + 0 \text{ (aqui } r(x) = O)$$

Pela hipótese da Indução Matemática vamos supor que o Teorema é verdadeiro para todos os polinômios $f(x)$ de grau até $m-1$. Definimos então, o polinômio $f_1(x)$ a seguir:

$$f_1(x) = f(x) - a_m b_n^{-1} x^{m-n} g(x)$$
$$= a_m x^m + \cdots + a_0 - a_m x^m - \cdots - a_m b_n^{-1} x^{m-n} b_0$$

Como podemos notar, os termos $a_m x^m$ e $-a_m x^m$ serão cancelados e o polinômio $f_1(x)$ será um polinômio de grau no máximo $m-1$. Logo, a hipótese da Indução Matemática é aplicável e existem polinômios $q_1(x)$ e $r_1(x) \in \mathcal{A}[x]$ tal que:

$$f_1(x) = g(x)q_1(x) + r_1(x),$$

com $r_1(x) = O$, ou $gr\big(r_1(x)\big) < gr(g(x))$. Portanto, podemos deduzir que

$$f(x) = a_m b_n^{-1} x^{m-n} g(x) + g(x)q_1(x) + r_1(x) = g(x)q(x) + r_1(x),$$

onde chamamos $q(x) = a_m b_n^{-1} x^{m-n} + q_1(x)$, e $gr\big(r_1(x)\big) < gr(g(x))$. Agora o $r(x)$ desejado é de fato, $r_1(x)$ determinado anteriormente. Isso completa a demonstração da existência de $q(x)$ e $r(x)$. Para completar a demonstração do teorema devemos ainda provar a unicidade de $q(x)$ e $r(x)$. Para isso, suponhamos pelo absurdo que eles não são únicos e que existem outros polinômios $Q(x)$ e $R(x)$ com as mesmas propriedades de $q(x)$ e $r(x)$, respectivamente. Em outras palavras, suponhamos que valem as seguintes:

$$f(x) = Q(x)g(x) + R(x),$$

com $R(x) = O$, ou $gr\big(R(x)\big) < gr(g(x))$. Logo,

$$\big(Q(x) - q(x)\big)g(x) = R(x) - r(x),$$

onde o grau do polinômio do lado direito é menor que n, e se $Q(x) \neq q(x)$, então o grau do lado esquerdo é maior ou igual a n. Mas isso é impossível, logo $Q(x) = q(x)$ e então, $R(x) = r(x)$. □

Por exemplo, para $f(x) = 2x^7 - x^6 + 2x^2 + 15x - 6$ e $g(x) = 2x - 1$ temos que $q(x) = x^6 + x + 8$ e $r(x) = 2$. Como outro exemplo, seja $f(x) = x^9 + 19x^7 + 3x^4 - 8x^3 + 59x^2 - 150x + 39$ e $g(x) = x^2 + 19$. Neste caso, $q(x) = x^7 + 3x^2 - 8x + 2$, e $r(x) = 2x + 1$ em $\mathbb{Z}/21\mathbb{Z}[x]$.

7.2 Mais sobre polinômios

Polinômios são ricos em informações aritméticas e geométricas. Para explicar a teoria de AKS devemos concentrar mais conhecimentos sobre propriedades e definições dos polinômios com coeficientes em $\mathbb{Z}$ ou em $\mathbb{Z}/m\mathbb{Z}$. Particularmente, quando $m = p$ é um número primo, o comportamento do anel $\mathbb{Z}/m\mathbb{Z}$ será mais compreensível e controlável, que permite entender os polinômios com coeficientes em $\mathbb{Z}/p\mathbb{Z}$ de uma forma abrangente.

Lema 7.12. Todos os elementos de $\mathbb{Z}/p\mathbb{Z}$ são inversíveis.

Demonstração. Se $a \not\equiv 0 (mod\ p)$ é um elemento não nulo de $\mathbb{Z}/p\mathbb{Z}$, então a equação $ay \equiv 1 (mod\ p)$ possui solução, e essa solução é a inversa de a. Logo, a^{-1} existe. □

Na linguagem algébrica o anel $\mathbb{Z}/p\mathbb{Z}$ é um corpo, e de fato um corpo finito. Corpos finitos já são apresentados na seção 4.5 desse livro. O lema anterior mostra que nos corpos, os elementos não nulos são inversíveis. É claro que $\mathbb{Z}$ ou anéis como $\mathbb{Z}/m\mathbb{Z}$ onde m é um número natural composto não são corpos. A razão disso é que, por exemplo, o número 5 não possui uma inversa em $\mathbb{Z}$, ou que quando m é composto uma classe como $< a >_m$ onde $[a, m] \neq 1$ não tem inversa. Considere, por exemplo, o caso $m = 8$ e $a = 4$. Neste caso a equação $4y \equiv 1\ (mod\ 8)$ não tem solução.

Um resultado imediato como consequência do lema anterior é o seguinte:

Corolário 7.13. Todos os itens do Lema 7.10 valem para o conjunto dos polinômios em $\mathbb{Z}/p\mathbb{Z}[x]$.

Definição 7.14. Um polinômio $f(x) \in \mathbb{Z}/p\mathbb{Z}[x]$ é dito polinômio irredutível se, e somente se, ele não tiver divisor próprio. Quando um polinômio não é irredutível ele é chamado polinômio redutível.

Divisor próprio de um polinômio $f(x)$ é definido no sentido de que, se $f(x) = g(x)h(x)$ e ambos $g(x), h(x) \in \mathbb{Z}/p\mathbb{Z}[x]$, então, ou $g(x)$ é constante não nulo, ou $gr\big(g(x)\big) = gr(f(x))$ e as mesmas devem valer para $h(x)$. Assim, dizemos que $g(x)$ ou $h(x)$ são divisores próprios de $f(x)$.

Por exemplo, o polinômio $x^2 + 1 \in \mathbb{Z}/2\mathbb{Z}[x]$ é redutível. A razão disso é que $x^2 + 1 = (x + 1)(x + 1)$ em $\mathbb{Z}/2\mathbb{Z}[x]$. Mas, o polinômio $x^2 + 1$ é irredutível em $\mathbb{Z}/3\mathbb{Z}[x]$, veja a explicação a seguir.

Exemplo 7.15. O polinômio $x^2 + 1$ é irredutível em $\mathbb{Z}/3\mathbb{Z}[x]$. De fato, se ele fosse redutível, ele poderia ser escrito como produto $(x + a)(x + b)$ com $x + a$ e $x + b$ no $\mathbb{Z}/3\mathbb{Z}[x]$. Logo, $x^2 + 1 = x^2 + (a + b)x + ab$. A igualdade de polinômios implica que:

$$\begin{cases} a + b = 0 \\ ab = 1 \end{cases}$$

Mas, no corpo $\mathbb{Z}/3\mathbb{Z}$ não existem elementos a, b satisfazendo esse sistema. De fato, calculando $b = -a$ da primeira equação, substituindo na segunda, veremos que $-b^2 = 1$. Não existe $b \in \mathbb{Z}/3\mathbb{Z}$ satisfazendo essa igualdade. As possibilidades para b poderiam ser $0, 1$ e 2. Mas, nenhum deles satisfaz a referida igualdade. Em particular, esse polinômio não tem divisor próprio em $\mathbb{Z}/3\mathbb{Z}[x]$.

O comportamento dos polinômios irredutíveis quando seus coeficientes pertençam a um corpo parecem com os números primos. E por isso, também podemos chamar de polinômios primos. Este pode ser observado no lema a seguir. Um resultado semelhante para equações diofantinas $ax + by = 1$ com $[a, b] = 1$ pode ser provado para polinômios.

Lema 7.16. Seja $f(x), g(x) \in \mathbb{Z}/p\mathbb{Z}[x]$, e $g(x)$ irredutível que não divide $f(x)$. Então, existem polinômios $u(x), v(x) \in \mathbb{Z}/p\mathbb{Z}[x]$ tal que:

$$f(x)u(x) + g(x)v(x) = 1$$

Demonstração. Seguimos a mesma ideia de demonstração da Proposição 1.28. Para isso definimos um "ideal" no $\mathbb{Z}/p\mathbb{Z}[x]$. Seja:

$$I = \{f(x)u(x) + g(x)v(x) | u(x), v(x) \text{ variam em todo } \mathbb{Z}/p\mathbb{Z}[x]\}$$

Esse conjunto é de fato um ideal polinomial, pois o polinômio nulo $O(x) \in I$ e $I - \{O(x)\} \neq \emptyset$ e as condições de soma e multiplicação para ideais são satisfeitas. Ainda, seja $h(x)$ um elemento de I com menor grau possível não nulo. Tal polinômio a menos de fatores constantes sempre existe, pois graus de polinômios são números inteiros não negativos e que esses números formam um conjunto com cota inferior, o mesmo que o princípio de minimalidade. Sendo $h(x) \in I$ então existem polinômios $u(x)$ e $v(x)$ ambos em I tal que:

$$h(x) = f(x)u(x) + g(x)v(x)$$

Vamos provar agora que $h(x)$ divide ambos $f(x)$ e $g(x)$. Primeiro, aplicamos a divisão de Euclides para polinômios (Teorema 7.11). Isso nos dará $f(x) = h(x)q(x) + r(x)$, onde $gr\big(r(x)\big) < gr(h(x))$, ou $r(x) = O(x)$. Mas, a primeira opção é impossível, pela nossa suposição. Logo, $r(x) = O(x)$. Também $h(x)$ divide $g(x)$ com mesma razão. Portanto, $g(x) = h(x)k(x)$ para algum polinômio $k(x)$. Por outro lado, $g(x)$ é irredutível, logo existem duas possibilidades: $h(x) = a$ um elemento inversível em $(\mathbb{Z}/p\mathbb{Z})^*$ que neste caso teremos:

$$1 = a^{-1} \cdot h(x) = \big(a^{-1} \cdot u(x)\big) \cdot f(x) + \big(a^{-1} \cdot v(x)\big) \cdot g(x)$$

Ou, $k(x) = b$ para algum $b \in (\mathbb{Z}/p\mathbb{Z})^*$. Neste caso, usando o fato de que $h(x)|f(x)$, temos então que $f(x) = h(x)\ell(x)$ para algum polinômio $\ell(x)$. Portanto:

$$f(x) = \ell(x)h(x) = \ell(x) \cdot \left(b^{-1} \cdot g(x)\right) = \left(b^{-1} \cdot \ell(x)\right) \cdot g(x)$$

Isso é uma contradição à nossa suposição, o fato de que $g(x)$ não divide $f(x)$. Logo, este caso não pode ocorrer. □

Por exemplo, seja $f(x) = x^2 + 1, v(x) = x$. Neste caso, a solução para a equação $(x^2 + 1)u(x) + xv(x) = 1$ é $u(x) = 1$ e $v(x) = -x$.

7.2.1 O polinômio $x^r - 1$

O polinômio a ser considerado nesta seção com mais destaque é o polinômio $x^r - 1$ onde r é um número natural. Ele será usado em estudos de certos polinômios por causa de seus divisores.

Os leitores que sabem assuntos básicos de variável complexa[3] observam que as raízes desse polinômio são as r-ésima raízes de unidade. Elas são denotadas w_k e são dadas pela seguinte fórmula:

$$w_k = \cos\left(\frac{2k\pi}{r}\right) + i\mathrm{sen}\left(\frac{2k\pi}{r}\right) \text{ Para } k = 0, 1, \cdots, r-1$$

Por exemplo, para $r = 2$, as raízes são 1 e -1, ou para $r = 3$ elas são dadas pelas:

$$w_k = \cos\left(\frac{2k\pi}{3}\right) + i\mathrm{sen}\left(\frac{2k\pi}{3}\right) \text{ Para } k = 0, 1, 2$$

Elas são respectivamente $w_0 = 1, w_1 = -\frac{1}{2} + i\frac{\sqrt{3}}{2}$, e $w_2 = -\frac{1}{2} - i\frac{\sqrt{3}}{2}$. Ou no caso $r = 5$ podemos usar o Exemplo 6.24 e calcular explicitamente as 5-ésima raízes da unidade.

O fato de que o polinômio $x^r - 1$ é solúvel sobre o corpo de números complexos implica que ele é completamente redutível sobre esse corpo, que quer dizer ele é decomposto como produto de fatores lineares, ou seja, polinômios de graus 1.

---

[3] Veja o livro [Sho uvc]

Como veremos a seguir este polinômio é redutível sobre o anel dos números inteiros.

A seguinte decomposição é bem conhecida:

$$x^r - 1 = (x - 1)(x^{r-1} + x^{r-2} + \cdots + x + 1) \tag{7.3}$$

Para prová-la, basta fazer a multiplicação dos fatores do lado direito e notar os cancelamentos dos termos. Notadamente, pelo fato de que todos os coeficientes de variável x são número 1 a decomposição (7.3) também vale para os anéis $\mathbb{Z}/m\mathbb{Z}$, para m primo, ou não. Tudo isso nos leva a anunciar o seguinte:

Proposição 7.17. O polinômio $x^r - 1$ para todo número natural $r > 1$ é redutível, e um dos seus divisores é $x^{r-1} + x^{r-2} + \cdots + x + 1$.

Um resultado mais geral do que a igualdade (7.3) é o seguinte:

$$x^{rs} - 1 = (x^r - 1)\left(x^{r(s-1)} + x^{r(s-2)} + \cdots + x^r + 1\right) \tag{7.4}$$

$$= (x^s - 1)\left(x^{s(r-1)} + x^{s(r-2)} + \cdots + x^s + 1\right)$$

Para todo $r, s \in \mathbb{N}$. Essas duas igualdades podem ser obtidas utilizando $u = x^r$ e outra vez $u = x^s$ e aplicando a igualdade (7.3) para u em vez de x. Como consequência disso, tem o seguinte:

Proposição 7.18. O polinômio $x^{rs} - 1$ para todo número natural r, s onde r e s são maiores que 1 é um polinômio redutível sobre o anel dos números inteiros, e tem como um dos seus divisores $x^r - 1$ ou $x^s - 1$.

Por exemplo, para $r = 2$, $s = 3$ vale:

$$x^{2\times 3} - 1 = x^6 - 1 = (x^2 - 1)(x^{2\times 2} + x^{2\times 1} + 1)$$

Ainda o nosso interesse volta para igualdade (7.3) e nos perguntamos, se além de $x - 1$ e $x^{r-1} + x^{r-2} + \cdots + x + 1$, o polinômio $x^r - 1$ tem outro divisor. É claro que $x - 1$ sobre números inteiros é um polinômio primo e nem tem divisor constante além de ± 1 que são números inversíveis in $\mathbb{Z}$. Ainda assim, pode-se demonstrar que sobre este anel o polinômio $x^{r-1} + x^{r-2} + \cdots + x + 1$ também é irredutível. Com respeito de corpo finito $\mathbb{Z}/p\mathbb{Z}$ estudamos este polinômio por meio de alguns exemplos.

Exemplo 7.18. (1) Seja $r = p = 3$. Neste caso $x^{r-1} + x^{r-2} + \cdots + x + 1$ é igual a $x^2 + x + 1$, e ele é redutível em $\mathbb{Z}/3\mathbb{Z}[x]$. De fato, ele possui a raiz $x = 2$ no corpo $\mathbb{Z}/3\mathbb{Z}$. Logo, ele é divisível por $x + 2$. Então no anel $\mathbb{Z}/3\mathbb{Z}[x]$ vale a decomposição $x^2 + x + 1 = (x + 2)(x + 2)$.

(2) Seja $r = 3, p = 5$. Neste caso o mesmo polinômio que é igual a $x^2 + x + 1$ é irredutível (veja os cálculos do Exemplo 7.15).

(3) Seja $r = p = 5$. Neste caso tem-se:

$$x^4 + x^3 + x^2 + x + 1 = (x + 4)(x^3 + 2x^2 + 3x + 4)$$

Isso é uma consequência dos seguintes cálculos:

$$x^4 + x^3 + x^2 + x + 1 = (x + a)(x^3 + bx^2 + cx + d)$$

$$= x^4 + bx^3 + cx^2 + dx + ax^3 + abx^2 + acx + ad$$

A igualdade dos polinômios implica nos seguintes sistemas:

$$\begin{cases} ac + d = 1 \\ ad \quad\;\; = 1 \\ c + ab = 1 \\ b + a \;\; = 1 \end{cases} \Rightarrow \begin{cases} d & = 1 - ac \\ a(1 - ac) & = 1 \\ c & = 1 - ab \\ b & = 1 - a \end{cases}$$

Usando c da terceira equação substituindo na segunda, concluímos que $a - a^2(1 - ab) = 1$. Usando $b = 1 - a$ concluímos que $a - a^2 + a^3 - a^4 = 1$. Esta tem a solução $a = 4$ no corpo $\mathbb{Z}/5\mathbb{Z}$. Portanto, $b = 2, c = 3$ e $d = 4$. O mesmo polinômio pode ser decomposto como produto de polinômios em outra forma, como produto de dois polinômios de grau 2. Para isso, tem-se:

$$x^4 + x^3 + x^2 + x + 1 = (x^2 + ax + b)(x^2 + cx + d)$$

$$= x^4 + cx^3 + dx^2 + ax^3 + acx^2 + adx + bx^2 + bcx + bd$$

Logo, vale o seguinte:

$$\begin{cases} c + a & = 1 \\ d + ac + b & = 1 \\ ad + bc & = 1 \\ bd & = 1 \end{cases}$$

Analisamos todas as possibilidades para o par (b, d) tal que $bd = 1$. Eles são: $\{(1,1), (2,3), (3,2), (4,4)\}$. Para $b = d = 1$ temos que $ac = -1$ e $c = 1 - a$. Logo, $ac + 1 = -a^2 + a + 1 = 0$. Isso implica que $a = c = 3$. Então:

$$x^4 + x^3 + x^2 + x + 1 = (x^2 + 3x + 1)(x^2 + 3x + 1)$$

Como o exemplo mostra, quando $r = p$, não há unicidade de decomposição, como produtos de polinômios de graus menores.

7.3 O teorema e os seis passos de AKS

Apresentamos o teorema (Lema 7.20) de Agrawal, Kayal e Saxena (AKS) que é uma versão polinomial que mostra a condição necessária e suficiente para primalidade de um número natural. E também apresentamos os seis passos de AKS. Esses passos formam um algoritmo para verificar primalidade de números naturais ímpares.

A diferença entre o algoritmo de AKS e outros algoritmos para primalidade de números naturais é o fato de que no primeiro não importa a grandeza de número de algarismos do número a ser testada sua primalidade, e o teste é dentro de um tempo polinomial. Os seis passos oferecem uma maneira simples para verificar a primalidade.

Lema 7.20 (Teorema de AKS). Seja $m \in \mathbb{N}, m > 1$, $a \in \mathbb{Z}$, e $[a, m] = 1$. Então m é um número primo se, e somente se:

$$(x+a)^m \equiv x^m + a(mod\ m) \tag{7.5}$$

Demonstração. Pela fórmula binômia temos que:

$$(x+a)^m = x^m + \sum_{0<i<n} \binom{m}{i} a^i x^{n-1} + a^m$$

Se m é um número primo, então $m | \binom{m}{i}$ (veja Lema 2.22 item (5)). Portanto, no anel $\mathbb{Z}/m\mathbb{Z}$ todos esses coeficientes são nulos. Daí, a congruência (7.5) é valida, pois pelo Pequeno Teorema de Fermat tem-se $a^m \equiv a(mod\ m)$. Agora, vamos supor que m não é um número primo. Suponhamos que $p < m$ é um divisor primo de m com $ord_p(m) = s$. Os coeficientes de x^{m-p} na expansão de $(x+a)^m$ são na seguinte forma:

$$\binom{m}{p} \cdot a^p = \frac{m(m-1)\cdots(m-p+1)}{p!} \cdot a^p$$

É claro que a $ord_p\big(m(m-1)\cdots(m-p+1)\big) = s$. Por outro lado, $ord_p(p!) = 1$, e então $ord_p\left(\frac{m(m-1)\cdots(m-p+1)}{p!}\right) = s-1$, e tem-se $p \nmid a^p$, pois $[a,p] = 1$. Logo, $ord_p\left(\frac{m(m-1)\cdots(m-p+1)}{p!} \cdot a^p\right) = s$. Portanto, temos que $\binom{m}{p} \cdot a^p \not\equiv 0(mod\ m)$ e como consequência tem-se:

$$(x+a)^m \not\equiv x^m + a(mod\ m)$$

Isso completa a demonstração. □

Suponhamos por um momento que $x = 0$ no lema anterior. Assim, a afirmação será o Pequeno Teorema de Fermat. Mas, este teorema não oferece uma condição necessária e suficiente para primalidade de números naturais, exceto a condição necessária. Mas o Teorema de AKS fornece uma condição necessária e suficiente para primalidade e por isso, além de que generaliza o Pequeno Teorema de Fermat oferece os passos de AKS.

Exemplo 7.21. (1) Seja $m = 9$ e $a = 2$. Vamos aplicar o Teorema de AKS para mostrar que de fato 9 não é um número primo. Inicialmente vamos ver se a congruência $(x+2)^9 \equiv x^9 + 2\ (mod\ 9)$ é verdadeira. Calculando, temos que:

$$(x+2)^9 = x^9 + 18x^8 + 144x^7 + 672x^6 + 2016x^5 + 4032x^4 + 5376x^3 + 4608x^2 + 2304x + 512$$

Por outro lado:

$$(x+2)^9 - x^9 - 2 = 18x^8 + 144x^7 + 672x^6 + 2016x^5 + 4032x^4 + 5376x^3 + 4608x^2 + 2304x + 510$$

Agora, observamos que 9 não divide todos os coeficientes do lado direito da soma. Portanto, não vale a congruência $(x+2)^9 \equiv x^9 + 2(mod\ 9)$. Logo, 9 não é um número primo.

(2) Seja $m = 5$. Neste caso temos que:

$$(x+2)^5 = x^5 + 10x^4 + 40x^3 + 80x^2 + 80x + 32$$

Logo, $(x+2)^5 \equiv x^5 + 2(mod\ 5)$ que garante 5 é um número primo.

É óbvio que o lema anterior indica um caminho para testar primalidade de números naturais ímpares. Mas, neste caminho, é preciso calcular a expansão de $(x+a)^m$, que dependendo de grandeza de m, pode ser um cálculo muito grande e ele poderia ter muitos termos não nulos. Para superar esta dificuldade é necessário reduzir as potências de x^k, aquelas que aparecem no cálculo de $(x+a)^m$. Para fazer isso, em vez de comparar $(x+a)^m$ com $x^m + a$ no anel $\mathbb{Z}$ (quer dizer módulo m), é melhor compará-las no $\mathbb{Z}/m\mathbb{Z}[x]$ (quer dizer módulo outro polinômio). Para isso precisamos definir congruência módulo um polinômio.

Definição 7.22. Sejam $f(x)$ e $g(x)$ dois polinômios inteiros. Dizemos que eles são polinômios congruentes módulo um polinômio inteiro não nulo $h(x)$

se, e somente se, $h(x)$ divide a diferença $f(x) - g(x)$. Neste caso escrevemos:

$$f(x) \equiv g(x)(mod\ h(x)) \tag{7.6}$$

Igualmente podemos definir a congruência entre dois polinômios em $\mathbb{Z}/m\mathbb{Z}[x]$. Neste caso $f(x), g(x)$ e $h(x)$ são elementos de $\mathbb{Z}/m\mathbb{Z}[x]$.

Muitas propriedades de congruência entre números inteiros módulo um número natural m, valem também para congruências de polinômios inteiros módulo um polinômio não nulo $h(x)$, como veremos a seguir.

A importância de considerar congruência entre polinômios módulo um polinômio $h(x)$ é entre outros para reduzir o grau dos polinômios. Antes de prosseguir, vamos considerar alguns exemplos.

Exemplo 7.23. Seja $h(x)$ um polinômio não nulo de $\mathcal{A}[x]$.

(1) Para todo polinômio $f(x) \in \mathcal{A}[x]$ vale a congruência:

$$f(x) \equiv f(x)(mod\ h(x))$$

(2) Se $f(x) \equiv g(x)(mod\ h(x))$ então:

$$g(x) \equiv f(x)(mod\ h(x))$$

(3) Se $f(x) \equiv u(x)(mod\ h(x))$ e $u(x) \equiv g(x)(mod\ h(x))$ então:

$$f(x) \equiv g(x)(mod\ h(x))$$

(4) É possível que dois polinômios sejam congruentes em $\mathbb{Z}[x]$ módulo um número natural $m > 1$, mas não em $\mathbb{Z}/m\mathbb{Z}[x]$. Como um exemplo, considere $x^p \equiv x(mod\ p)$ em $\mathbb{Z}[x]$, onde p é um número primo e pode ser visto como um polinômio constante. A validade dessa congruência é garantida pelo Teorema de Euler, ou de Fermat. Mas, tem-se $x^p \not\equiv x(mod\ p)$ em $\mathbb{Z}/p\mathbb{Z}[x]$, pois em $\mathbb{Z}/p\mathbb{Z}[x]$ o polinômio p é de fato nulo, e zero não divide $x^p - x$.

(5) Todo polinômio de Techbycheff satisfaz o seguinte:

$$T_{2k+1}(x) \equiv 0(mod\ x) \text{ e } T_{2k}(x) \not\equiv 0(mod\ x)$$

(6) Todo polinômio contra parte de Techbycheff satisfaz a seguinte:

$$S_{2k+1}(x) \equiv 0(mod\ x)$$

(7) Sejam n, k e r números naturais. Se $n \equiv k(mod\ r)$ então, para todo $a \in \mathbb{Z}$ vale a congruência $x^n + a \equiv x^k + a(mod\ x^r - 1)$ em $\mathbb{Z}[x]$, e também em $\mathbb{Z}/n\mathbb{Z}[x]$. De fato, quando $n \equiv k(mod\ r)$ podemos escrever que $n = k + tr$ para algum $t \in \mathbb{Z}$. Logo, $x^n + a = x^{k+tr} + a$, e então:

$$x^{k+tr} + a - x^k - a = x^k(x^{tr} - 1),$$

onde, o lado direito da igualdade é divisível por $x^r - 1$ em $\mathcal{A}[x]$. Portanto, $x^n + a \equiv x^k + a(mod\ x^r - 1)$.

(8) Em $\mathbb{Z}/3\mathbb{Z}[x]$, tem-se $(x+2)^3 \equiv x^3 + 2(mod\ x^2 - 1)$. A razão disso é que o lado esquerdo é igual a $x^3 + 6x^2 + 12x + 8$ enquanto que o lado direito é igual a $x^3 + 2$. A diferença entre esses dois polinômios é o polinômio $6x^2 + 12x + 6 = 6(x^2 + 2x + 1)$ isso é o polinômio zero em $\mathbb{Z}/3\mathbb{Z}[x]$ e zero é divisível por digamos $x^2 - 1$.

(9) Para nenhum número natural r vale a congruência $(x+2)^4 \equiv x^4 + 2\ (mod\ x^r - 1)$ em $\mathbb{Z}/4\mathbb{Z}[x]$, pois $(x+2)^4 - x^4 - 2 = -2$. E claro que $-2 \not\equiv 0(mod\ x^r - 1)$.

(10) Para os números naturais $r = 1, 2$ em $\mathbb{Z}/4\mathbb{Z}[x]$ vale a congruência $(x+3)^4 \equiv x^4 + 3\ (mod\ x^r - 1)$, pois $2(x^2+2) \equiv 0(mod\ x^r - 1)$. De fato, a diferença $(x+3)^4 - x^4 - 3$ em $\mathbb{Z}/4\mathbb{Z}[x]$ é igual a $2x^2 + 2$ e este é divisível por $x - 1$, e por $x^2 - 1$. De modo que $2x^2 + 2 = 2(x^2 + 1) = 2(x-1)(x+1)$, e vale também $2x^2 + 2 = 2(x^2 - 1)$.

7.3.1 Potenciação em $\mathbb{Z}/p\mathbb{Z}[x]$

Como $\mathbb{Z}/m\mathbb{Z}$ é um anel, o conjunto $\mathbb{Z}/m\mathbb{Z}[x]$ também é um anel. As operações algébricas como multiplicação e potenciação no anel $\mathbb{Z}/p\mathbb{Z}[x]$, de polinômios com coeficientes de $\mathbb{Z}/p\mathbb{Z}$, para p um número primo, têm certas propriedades peculiares. Começamos com um exemplo para explicá-las.

Exemplo 7.24. Seja $f(x) = x^4 + x + 1$, e $p = 3$. Vamos calcular o produto dos polinômios $f(x)^3 = f(x) \cdot f(x) \cdot f(x)$. Então temos que:

$$\begin{aligned} f(x)^3 &= (x^4 + x + 1)(x^4 + x + 1)(x^4 + x + 1) \\ &= x^{12} + 3x^9 + 3x^8 + 3x^6 + 6x^5 + 3x^4 + x^3 + 3x^2 + 3x + 1 \\ &= x^{12} + x^3 + 1, \end{aligned}$$

pois, no anel $\mathbb{Z}/3\mathbb{Z}$, o número 3 e seus múltiplos são zero. Nosso cálculo nos mostra que vale a seguinte igualdade:

$$f(x)^3 = f(x^3)$$

Baseado neste exemplo, pode se provar o teorema seguinte (veja Exercício 14).

Teorema 7.25. Seja p um número primo e $f(x) \in \mathbb{Z}/p\mathbb{Z}[x]$ cujos coeficientes são todos igual a 1. Então:

$$f(x)^p = f(x^p)$$

Em alguns casos temos os seguintes exemplos:

(1) Para $f(x) = 2x^2 + 1$ e $p = 3$. Tem se $f(x)^3 = (2x^2 + 1)^3 = 2x^6 + 1 = (2x^2)^3 + 1 = f(x^3)$. Ainda assim, sem que todos os coeficientes de polinômio $f(x)$ sejam iguais a 1.

(2) Para $f(x) = 2x^2 + 1$ e $m = 4$ que obviamente não é um número primo, tem-se $f(x)^4 = 1$. Isso mostra que no teorema precedente o número m em anel $\mathbb{Z}/m\mathbb{Z}$ ser primo é fundamental.

(3) Para $f(x) = 2x^2 + 1$ e m onde $[2, m] \neq 1$, como $m = 6$ o que podemos esperar de $f(x)^6 = (2x^6 + 1)^2$?

7.3.2 O algoritmo de AKS

O algoritmo a seguir em seis passos de AKS é para verificar a primalidade de um número natural.

Algoritmo 7.26 (algoritmo de AKS). Para determinar se um dado número natural n é primo ou não pode ser verificado por meio das seguintes operações:

Passo 1. Se $n = a^k$ para algum $a \in \mathbb{N}$ e algum $k \in \mathbb{N}$ com $k > 1$, então, n é um número composto e a operação termina.

(Para esse passo, o problema em se de determinar se um dado número natural é de forma de uma potência como a^k, em geral é complicado. Mas, com uso de algoritmo a ideia é variar o número $k = 1, 2, \cdots$ calculando $n^{\frac{1}{k}}$ até chegar a um número natural a caso de fato $n = a^k$ fosse verdadeira. Por exemplo, considere $n = 2187$. Neste caso $2187^{\frac{1}{k}}$ para $k = 1, 2, \cdots$ nos dará os valores: $2187^{\frac{1}{1}} = 2187$ não é uma novidade, mas os seguintes fornecem novidades:

$$2187^{\frac{1}{2}} = 46{,}7653; 2187^{\frac{1}{3}} = 12{,}9802; 2187^{\frac{1}{4}} = 6{,}8385;$$

$$2187^{\frac{1}{5}} = 4{,}6553; 2187^{\frac{1}{6}} = 3{,}6028, \cdots$$

e finalmente $2187^{\frac{1}{7}} = 3$. Logo, o número $n = 3^7$ e, portanto, não é um número primo. Como podemos notar o processo de calcular $n^{\frac{1}{k}}$ eventualmente tende para 1 quando que k tende para infinito).

Passo 2. Determinar o menor número natural r coprimo com n tal que valeria a desigualdade $\exp_{\mathrm{r}}(n) > (\log_2 n)^2$

(Para definição de expoente veja Definição 5.33 e Notação 5.35. Por exemplo, para $n = 17$. Tem-se $\log_2 17 = 4{,}0874$, e $(\log_2 17)^2 = 16{,}7073$. Então, tem que achar o número natural r tal que satisfaz simultaneamente duas condições: o menor número natural x, e o menor número natural $r > 16{,}7073$ tal que $17^x \equiv 1\ (mod\ r)$. Nós podemos começar com $r = 18$. Neste caso para $x = 2$ temos que $17^2 - 1 \equiv 0 (mod\ 18)$, pois $17^2 = 289$, e $289 - 1 = 288 = 16 \times 18$. O menor número r maior que $16{,}7073$ que satisfaz a referida congruência é $r = 18$. Obviamente $[18, 17] = 1$).

Para a escolha de r devemos mencionar que existe um resultado de AKS (Lema 7.27) a seguir, que oferece uma cota superior baseada no valor de n.

Passo 3. Para todo número β com $\beta \geq 2$ e $\beta \leq \min\{r, n-1\}$, se ter que β não divide n, o número n é composto.

(No caso $n = 17$ e $r = 18$ tem-se $\min\{18{,}16\} = 16$. Para todo $2 \leq \beta \leq 16$ obviamente β não divide 17).

Passo 4. Se $n \leq r$, então n é um número primo e a operação termina.

($n = 17 \leq 18$. Então $n = 17$ é primo, já que sabemos como verificar no Passo 1 que ele não é uma potência).

Passo 5. Para todo número a de 1 até $\lfloor \sqrt{\varphi(r)} \log_2 n \rfloor$, se $(x+a)^n \neq x^n + a (mod\ x^r - 1)$ em $\mathbb{Z}/n\mathbb{Z}[x]$, então o número n é composto.

(Isso é o teorema de AKS, o Lema 7.20).

Passo 6. Caso contrário o Passo 5, n é um número primo.

O tempo polinomial como é demonstrado pelos autores no artigo [AKS] o número dos possíveis a e, dos possíveis r apropriados são limitados por um polinômio em $\log n$, e então, o algoritmo funciona em tempo polinomial.

O problema de como escolher r é resolvido em [AKS]. A solução desse supera a dificuldade de existência de números compostos n que satisfazem a seguinte congruência de AKS:

$$(x + a)^n \equiv x^n + a(mod\ x^r - 1) \tag{7.7}$$

em $\mathbb{Z}/n\mathbb{Z}[x]$, para alguns a e r. Com respeito de escolha de número r que é central no algoritmo precedente, o seguinte resultado oferece uma cota superior em tentativa de achar esse número.

Lema 7.27 (AKS). Existe um número para r tal que $r \leq \max\{3, \lceil(\log_2 n)^5\rceil\}$ e tal que $\exp_r(n) > (\log_2 n)^2$.

Por exemplo, para $n = 17$, a cota superior para o r é o máximo valor entre 3 e $1141{,}008365$. E o nosso cálculo acima mostrou que $r = 18$.

Em todos os passos de AKS e estudos que levaram à teoria de AKS os detalhes devem ser estudados com atenção, pois todos são importantes.

7.4 Exercícios do capítulo 7

As soluções e comentários dos 16 exercícios seguintes são encontradas no livro [Sho 457].

(1) Determine a redução módulo 13 do seguinte polinômio:

$$f(x) = 1211x^4 + 891x^3 - 201x^2 + 8001x - 200$$

(2) Determine a redução módulo 2 de polinômio $T_{2k+1}(x) - S_{2k+1}(x)$.

(3) Determine a redução módulo 5 do polinômio $(x+3)^5$.

(4) Determine a redução módulo 5 do polinômio $(x+5)^3$.

(5) Mostre que todo polinômio de Techbycheff $T_{2k}(x)$ é primitivo.

(6) Verifique se $h(x) = x^2 + 1$ divide $f(x) = x^5 + x^4 + x^3 + 2x^2 + 1$ em $\mathbb{Z}[x]$.

Sugestão: Verifique se existem números inteiros a, b e c tais que vale a igualdade $f(x) = (x^3 + ax^2 + bx + c)(x^2 + 1)$.

(7) Verifique se $h(x) = 2x^3 + x^2 + 1$ divide o seguinte polinômio:

$$f(x) = 2x^7 + x^6 + 3x^4 + 5x^3 + 2x^2 + x + 2$$

(8) Mostre que para todo número natural $n > 1$ vale a congruência seguinte:

$$T_{n+1}(x) \equiv T_{n-1}(x)(mod\ 2x)$$

(9) Verifique se $h(x) = x^2 + 1$ divide $f(x) = 3x^5 + 2x^4 + 3x^3 + 3x^2 + 1$ em $\mathbb{Z}/5\mathbb{Z}[x]$.

Sugestão: Verifique se existem números naturais a, b, c e d entre 0 e 4 satisfazendo $f(x) = (ax^3 + bx^2 + cx + d)h(x)$

(10) Calcule o produto dos polinômios seguintes no conjunto $\mathbb{Z}/9\mathbb{Z}[x]$:

$$4x^5 + 41x^3 - x^2 + 20x + 1 \text{ e } 3x^3 + 21x^2 - 90x + 81$$

(11) Calcule o produto de $T_4(x)$ e $T_6(x)$ no conjunto $\mathbb{Z}/41\mathbb{Z}[x]$.

(12) Mostre que quando p é um número primo, sempre é possível fazer a divisão de Euclides para polinômios não nulos em $\mathbb{Z}/p\mathbb{Z}[x]$.

(13) Mostre que $x^5 + 2$ é divisível por $x + 2$ em $\mathbb{Z}/3\mathbb{Z}[x]$. Ele é divisível por $x + 2$ em $\mathbb{Z}/5\mathbb{Z}[x]$?

(14) Demonstre o Teorema 7.25.

(15) Por meio dos passos de AKS prove que 23 é um número primo e 21 é um número composto.

(16) Pode ser desenvolvido um método em passos para resolver a equação diofantina polinomial seguinte:

$$f(x)u(x) + g(x)v(x) = 1$$

quando $f(x)$ e $g(x)$ satisfazem a condição do Lema 7.16?

7.4.1 Os seguintes são acrescentados para a segunda edição do livro

(17) Pode achar um número natural $n > 2$ para que o número de Mersenne M_n seja uma potência? Existe um número natural n tal que M_n seja uma potência a^k, para $n > 2, a, k > 1$ números naturais?

(18) O mesmo do exercício precedente pode ser feito para números de Fermat F_n?

(19) Quais dos números na sequência de Fibonacci que você conhece que são números de potência?

(20) Ache o menor número natural r para dado número $n = 31$ em Passo 2 de algoritmo de AKS.

(21) Faça o mesmo para número $n = 32$ e $n = 37$.

(22) Com respeito dos dois exercícios precedentes, aplique o lema de AKS (Lema 7.27).

(23) Seja $a = -1, m = 5$. Verifique a validade da congruência (7.5).

(24) Por meio de um exemplo, mostre que a congruência (7.5) não é válida quando $[a, m] \neq 1$.

(25) Mostre o caso particular da congruência (7.5) diretamente para todo número natural a e $m = 2$.

(26) Mostre diretamente que o Teorema de AKS (Lema 7.20) vale para $m = 2$ e todo número natural a e em vez de x qualquer polinômio $f(x)$.

(27) É verdade que no Teorema de AKS em vez de x pode ser colocado qualquer polinômio inteiro? Pode seguir a demonstração desse teorema e substituir $f(x)$ em lugar de x?

Índice Remissivo

A

B

C

D

E

F

G

H

I

L

M

N

O

P

Q

R

S

T

U

V

Referências Bibliográficas

[A] Apostol, T., *Introduction to Analytic Number Theory*, editora Springer-Verlag, 1980, Berlin

[AKS] Agrawal, M., Kayal, N., Saxena, N., Primes in P, Annals of Mathematics, 160(2) 781-793, 2004.

[Cost] Costello, P.J., New amicable pairs of type (2,2) and type (3,2), Math. Comp. Vol. 72, No.241, pp 489-497, 2002.

[D] Dietzfelbinger, M., *Primality Testing in Polynomial Time*, Berlin: Springer, 2004.

[Dau] Dauben, J. W., *Georg Cantor: His Mathematics and Philosophy of the Infinite*, Princeton, New Jersey: Princeton University Press, 1979.

[Pep] Pépin, P., Sur la formule $2^{2^n} + 1$, Computes Rendus Acad. Sci. Paris: Vol. 85, pp 329-333, 1877.

[Rie] te Riele, H., On the generating new amicable pairs from given amicable pairs, Math. Com. No. 42, pp 219-223, 1984.

[Sho alg1] Shokranian, S., *Álgebra 1*, editora Ciência Moderna, 2. Ed em preparação. Rio de Janeiro, 2010.

[Sho uvc] Shokranian, S., *Uma Introdução à Variável Complexa*. Rio de Janeiro: Editora Ciência Moderna, 2011.

[Sho not] Shokranian, S., *Números Notáveis*, **3. Ed**. Rio de Janeiro: Editora Ciência Moderna, 2015.

[Sho crip] Shokranian, S., *Criptografia para Iniciantes*, **2. Ed**. Rio de Janeiro:Editora Ciência Moderna, 2008.

[Sho tmc] Shokranian, S., *Tópicos em Métodos Computacionais*. Rio de Janeiro: Editora Ciência Moderna, 2009.

[SSG] Shokranian, S., Soares, M. V., e Godinho, H., *Teoria dos Números*, **2. ed**. Brasília: Editora Universidade de Brasília (UnB), 1999.

[Tatt] Tattersall, J. J., Elementary Number Theory in Nine Chapter. Oxford:editora Cambridge University Press, 1999.

As seguintes são acrescentadas para a segunda edição do livro

[Poll] Pollard, J. M., A Monte Carlo method for factorization. BIT Numerical Mathematics 15 (3) pp 331-334 (1975).

[Sho 457] Shokranian, S., *Soluções e Comentários dos 457 Exercícios do Livro: Uma Introdução à Teoria dos Números do mesmo Autor*. Rio de Janeiro: Editora Ciência Moderna, 2016.

[Sho ex4] Shokranian, S., *Exercícios em Álgebra Linear IV*. Rio de Janeiro: Editora Ciência Moderna, 2021.

[Sho uia] Shokranian, S. *Uma Introdução a Álgebra Linear*. 2. Ed. Rio de Janeiro: Editora ciência moderna, 2009 [Sho ubh] Shokranian, S., *Uma Breve História de Teoria dos Números no Século Vinte*. Rio de Janeiro: Editora Ciência Moderna, 2010.

[Sho altn] Shokranian, S., *Álgebra Linear e Teoria dos Números*.

[Sho exem1] Shokranian, S., *Exemplos em Álgebra Linear Sobre Corpos, Volume 1 Corpos Finitos*. Rio de Janeiro: Editora Ciência Moderna, 2015.

[Sho gh] Shokranian, S., Geometria Hiperbólica e Teoria dos Números. Rio de Janeiro: Editora Ciência Moderna, 2013.

Impressão e acabamento
Gráfica da Editora Ciência Moderna Ltda.
Tel: (21) 2201-6662